以创造性内容成就卓越领导者

中国人工智能简史

第 1 卷

林军 岑峰 著

从 1979 到 1993

人民邮电出版社
北京

图书在版编目（CIP）数据

中国人工智能简史 : 从1979到1993 / 林军，岑峰著
. -- 北京 : 人民邮电出版社，2023.8
ISBN 978-7-115-61601-2

Ⅰ. ①中… Ⅱ. ①林… ②岑… Ⅲ. ①人工智能－简史－中国－1979-1993 Ⅳ. ①TP18

中国国家版本馆CIP数据核字(2023)第062054号

内容提要

本系列图书全面讲述中国人工智能40多年的发展史，几乎覆盖了中国人工智能学科的所有领域，包括中国人工智能研究的起源、各个分支在中国的发展情况、当下与产业相结合的情况以及未来的研究方向等。以宏观的视野和生动的语言，对中国人工智能领域进行了全面回顾和深度剖析。

作者团队深入采访了全国十余所重点高校、中科院多个研究所老中青三代人工智能研究者，重点介绍中国人工智能领域杰出的科学家，以及他们创造非凡成果的有趣故事。

本书为该系列第一卷，梳理了自1979年至1993年中国人工智能领域初期十多年的发展历程，用轻松而真诚的笔触，讲述了为中国人工智能发展寻路的奠基者，并介绍了重要历史事件的来龙去脉，带领读者深入了解中国人工智能发展早期鲜为人知的历史。

本书供人工智能领域的研究者、从业者和相关专业的大学师生阅读。

◆ 著　　　林　军　岑　峰
　责任编辑　王振杰
　责任印制　胡　南

◆ 人民邮电出版社出版发行　　北京市丰台区成寿寺路11号
　邮编　100164　　电子邮件　315@ptpress.com.cn
　网址　https://www.ptpress.com.cn
　文畅阁印刷有限公司印刷

◆ 开本：720×960　1/16
　印张：22.25　　　　2023年8月第1版
　字数：321千字　　　2023年8月河北第1次印刷

定价：99.80元

读者服务热线：(010)84084456-6009　印装质量热线：(010)81055316
反盗版热线：(010)81055315
广告经营许可证：京东市监广登字20170147号

推荐序一

从倡议到出版，这本书历经五年之久。

我是本书的倡导者之一。2018年年初，在发起新一代人工智能联盟后，我决意开始组建鹏城实验室，在身体力行迎接第三代人工智能浪潮的同时，也觉得需要对中国人工智能产学研的历史进行梳理和总结。

在与清华大学博士后高峰的讨论中，林军的名字跳了出来。

我与本书作者之一、雷峰网的创始人林军相识多年，用他的话说就是："高老师，我在本科的时候就上过你的课。"他是哈尔滨工业大学（下文简称"哈工大"）学生中有名的"笔杆子"，曾帮助《哈工大报》做了不少文字工作，他的很多同学是我在哈工大计算机系当系主任时的学生，如微软亚洲研究院的研究员吕岩、中科院计算所的山世光、鹏城实验室的曾炜……他们那批1993级的学生的整体素质是很拔尖的。为从小培养高峰对计算机编程的兴趣，我会带他去实验室，山世光他们同学几个还手把手教高峰编程。而在此之前，高峰有个想法是与林军合作，对中国的人工智能领军人物进行一对一的访谈，高峰负责做插画，林军负责写文字。后来，高峰建议不如直接做成"中国人工智能简史"这样一个项目。

雷峰网也是国内有影响力的知名科技媒体，与中国计算机学会多有合作，包括从2016年开始的"全球人工智能与机器人峰会"（CCF-GAIR），每年连接上百位人工智能产学研的牛人，也赢得了业内外人士的良好口碑。

我很快与林军通了个视频电话，视频那头能隐约听到海浪声，画面中蓝天白云，晴空万里。林军告知我，他当时在圣地亚哥陪女儿过圣诞节，正在科罗拉多的白沙滩转悠，追寻当年爱德华八世不爱江山爱美人的往事，言语中满是兴奋。听到我的建议，他很快答应下来。

林军之前写过一本中国互联网史《沸腾十五年》，当时正在编写它的续作《沸腾新十年》，也接触了不少关于当下火热的人工智能的内容。但同时写两本书，林军表示很有压力，他提议雷峰网的总编辑岑峰也一起参与到该书的写作中来。

一周后，在国家自然科学基金委员会给我配的专家办公室里，我见到了正在倒时差的林军。我们进行了一个多小时的交谈。从我的角度来看，人工智能在中国发展了几十年，经历了不少曲折与困难，现在人工智能火了，不少研究者对过去的历史缺乏了解，不了解中国人工智能的前世今生、来龙去脉。不知脉络，不知过往，也就有了许多的似是而非。我希望，这本书能把人工智能在中国经历的起起落落的故事展示出来，成为供后来者借鉴的一本读物。

我当时刚见完我的老师、年过八十的哈工大计算机系老主任王开铸，我还和林军分享与王开铸见面时的一些见闻，催促着林军先去东北一趟，去吉林大学见王湘浩的学生刘大有以及回哈工大把老教授都采访一遍，当时我看林军穿得很单薄，开玩笑说就这身衣服去东北可不行。林军说，许久没有在冬天回哈尔滨了，家里最厚的衣服都带上了，他自嘲在广东待久了，不怕冷。我也想起当年同学里最不怕冷的就是来自广东和福建的。我还给林军组建了一个顾问委员会，这里有浙江大学的陈纯教授，有清华大学的杨士强，有北京大学的金芝教授，有中科院计算所的钱跃良，还有白硕等人。这里面有一半人在“863-306”专家组和我并肩共事过。

中国的人工智能研究刚好赶上 20 世纪 70 年代末开始的第二波人工智能浪潮，是一个“承前启后”的重要时期。在这一阶段，我们不仅在符号主义人工智能的研究上取得了世界级的成果，也赶上了神经网络研究的浪潮，更重要的是，在前人研究和论证的基础上，国家决定启动“863 计划”的研究。在 20 世纪 90 年代国际人工智能研究进入低谷的时候，“863-306 计划”的实施培养了一大批进入国际高技术前沿的计算机人才，为我国实现创新驱动战略奠定了人才基础。

与“863 计划”结缘和参与到中国人工智能发展的历史中来，这是我个人的一段终生难忘的经历。在担任智能接口责任专家的几年间，通过课题评审、课题考察、学术交流，我逐步对汉字识别、语音识别、中文信息处理、工程图与文本识别、图像与视频编码、多媒体通信、智能交互技术、虚拟现实方向有了深入理解，与这些领域的专家们进行了充分的交流与合作，经历了人工智能发展的波峰和波谷。今天国内人工智能界的领军人物，许多是“863 计划”等主题的专家。可以说，“863-306”是人工智能人才的大熔炉。

这段经历也让我体会到，人工智能的发展是一个螺旋式前进的过程。在前一波 AI 浪潮沉寂了一段时间后，前两年大家都觉得 AI“大风”来了，必须赶快前进，不要掉队；这两年人工智能有所降温，大家冷静下来后开始发现，AI 还是面临很多挑战。而当下 ChatGPT 的爆火，又让公众对人工智能有了新的兴趣。

以史为鉴，可以帮助我们懂得在科研工作中把握规律，不随波逐流，更好地迎接这些挑战。

AI 现在主要的缺陷或者说不足是在机器学习方面。深度学习，即深度神经网络是机器学习的一种方法，这种方法确实可以解决很多问题，也取得了很大的成功。但深度学习也要发展。我去美国开会，马里兰大学一位知名的 AI 专家调侃说，现在“深度学习有深度而无学习”（Deep Learning — Deep YES，Learning NO）。这是因为这样的学习严格来说不是学习，而是训练，是用大数据在训练一个数学模型，而不是真的学习到知识。

更大的问题是人们不知道机器学习是怎么解决问题的。在神经网络里，有很多东西没有办法被定性和解释，这是比较难的一个问题。解决了这个问题，AI 可能又会迎来一波大的浪潮。

用人的一生来比喻，今天的人工智能水平大概是刚上小学的程度，后面还有很长的路可走。对于未来，我们需要思考 AI 现在做了多少事，未来还有多少事需要做。

事实上，我们现在所解决的 AI 问题还是很小的一部分。AI 涉及的问题可以分为四类。

第一类是可统计可推理的 AI 问题。这一部分在工业界已经可以使用，可以应用于机器人，应用于各种各样的知识决策系统。

第二类是不可统计可推理的 AI 问题。这类 AI 问题靠大数据解决不了，只能靠传统的逻辑和规则来处理。

第三类是可统计不可推理的 AI 问题。有大数据，通过大数据都能统计出规律，但是用语言表述逻辑和因果关系相当复杂。这方面的曙光已经初现，但是也需要更多的突破。ChatGPT 正是在这个问题上取得了大的飞跃。

第四类是不可统计不可推理的 AI 问题。这是最难的 AI 问题。没有模型和数据，这类问题未来机器人不可能涉足，也不可能胜过人。

通过分析这四类 AI 问题，我们可以看出，第一类问题研究的比较成熟，已经能够成功应用了。第二类、第三类问题正在突破，是 AI 1.0 向 AI 2.0 过渡的主要研究内容。也不难看出，未来 AI 会在哪些方面超过人、在哪些方面不可能超过人。第四类 AI 问题短期内难以突破。

AI 给全社会，尤其是给自动化领域、机器人领域带来的机遇是非常多的。过去几十年，我们经历了比较大的浪潮，第一波是 PC 浪潮，它给信息领域带来了颠覆性的影响。之后是互联网浪潮，它成就了一大批互联网公司，如谷歌、百度。紧接着是移动互联网的新一波浪潮，苹果、华为等都是乘着这一波浪潮起来的公司。下一波是什么？一定是 AI，下一波公司中如果能再出现苹果、华为这样的公司，那它一定是 AI 公司。

目前，我国的人工智能发展正从 AI 1.0 向 AI 2.0 过渡。总体来讲，我国发展人工智能有优势也有短板。优势有四个：强有力的政策支持、庞大的数据、丰富的应用场景、非常多的有潜力的年轻人。同时有四个短板：基础理论和原创算法薄弱、关键核心元器件薄弱、开源开放平台建立不足、高端人才不足。

既然有这四个短板，我们该怎么办？实际上，科技部在新一代人工智能发展规划方面已经有了一个很好的前瞻性考虑，基本原则有四个：一是科技引领，二是系统布局，三是市场主导，四是开源开放。目标是在2020年中国的人工智能能够和世界同步，到2025年其中一部分能够达到领先水平，到2030年总体上能够走在前面。

从事人工智能研究30多年来，我曾与不少科学家共事和交换意见。尤其是在上一波人工智能浪潮中，他们在诸多不利因素下，克服了种种困难，突破了自己的学科和背景所带来的局限，他们的献身精神和科学态度令我感动，也为今天的研究者们树立了榜样。在新一轮人工智能浪潮中，中国已经有了与世界同步发展的实力，以古鉴今，本书对中国人工智能发展的总结和梳理恰当其时，有助于新时代的人工智能研究者更好地了解人工智能的发展规律，同时可以让前人的积累成为代代相传的宝贵的精神财富。

未来的人类和未来的AI，一定会共同在开放环境中前进。

高文

鹏城实验室主任、中国工程院院士、前中国计算机学会理事长

推荐序二

雷峰网发给我待出版的《中国人工智能简史》第1卷电子版，希望我写一篇序言。我一口气读完了这本史料丰富、动人心弦的大作，感到中国人工智能的发展既波澜壮阔，又蜿蜒崎岖，可歌可泣。

我与此书的作者交往不多，较深入的接触只有雷峰网的一次采访。读完此书以后，我深深佩服作者纵览全局的广阔视野和媒体人旁搜博采的功夫。在我看来，这本简史有四个特点。

第一是中立客观，尊重历史。人工智能涉及的学科很多，门派也很多，各人有各人的说法。本书作者站在客观的立场上，尽量还原历史。既不一味夸赞伟人，也不抹杀一线科技工作者的贡献。对于历史上的是非功过不做武断的评价，而是充分用事实说话。中国的人工智能界没有明斯基、麦卡锡、司马贺、费根鲍姆、辛顿这样的权威学者，但有许许多多为人工智能发展做出贡献的科技工作者。如果说中国的人工智能界是一座花园，这里没有参天的乔木，但灌木丛生，百花盛开。作者如同一位热心的导游，心平气和地向来访者介绍每一朵鲜花的特点。

第二是纵观全局，眼观六路。虽然国际上将人工智能看成计算机学科的一个分支，但实际上人工智能涉及哲学、数学、计算机、自动控制、心理学等诸多学科。特别是在中国，早期许多人工智能学者并非出自计算机领域。这本简史讲述了与人工智能有关的各个领域学者的贡献，主要的贡献者几乎没有被遗漏。

第三是人事交融，脉络清晰。一部简史，如果只按时间顺序分章叙述各种技术的发展，就会给人凌乱的感觉；如果按照逻辑推理、机器学习等不同的技术分章叙述，见事不见人，就会呆板无味。这本简史基本上以年份为章节，每一章突出一种技术和几个重点人物，把人的故事融入技术发展之中，既写了事，又写了人，技术发展的脉络也十分清楚，找到了兼顾人和事的史书写法。

第四是细节动人，以事寓理。一本史书可以写得干巴巴的，充满八股气，也可以笔翰如流，让人读得津津有味，这全看作者的功底。这本简史每写到一个人物或一桩往事，都能旁征博引，信手拈来，全无痕迹，可读性很强，充分显示了作者知识渊博，兼有媒体人的敏锐和学者的底蕴。

这本书是《中国人工智能简史》的第 1 卷，从 1979 年开始，写到 1993 年。这 15 年内，中国人工智能界经历了许多重要的事件，其中一件大事是国家启动了“863 战略高技术计划”，信息领域有一个主题是智能计算机，代号“863-306”。“863 计划”启动之时正是人工智能的辉煌时期，由于日本第五代计算机的失败和人工智能研究遇到发展瓶颈，20 世纪 90 年代全球人工智能又一次跌入低谷。在这一转折的时刻，“863-306”主题通过持续的投入，在高性能计算机、智能接口、智能应用等方面取得了一批重大的科研成果。更有价值的是，这为我国发展人工智能培养了一大批人才，奠定了较为坚实的人才基础。今天中国有能力在人工智能技术上与美国抗争，“863 计划”功不可没。本书第 8 章和第 15 章讲述了“863-306”主题激动人心的故事。

我于 1990 年担任国家智能计算机研究开发中心（NCIC，下称“智能中心”）主任，被选为第二届智能计算机专家组成员，1992 年担任专家组副组长（组长是汪成为），参与了“863-306”主题早期的决策和部署。智能中心于 1990 年成立，2004 年以后并入中科院计算所，活跃期不到 15 年，但在历史上留下了光辉的痕迹。这个中心最鼎盛时也只有 100 余人，但培养出 3 位院士、8 位正局级科技领导人才，以及曙光、海光、北京君正、中科星图、汉王等十几家高技术公司的总裁，公司市值总和超过 5000 亿元，还走出了好几位国际著名的大学者，如被誉为“AI 预测蛋白质结构全球第一人”的许锦波等。社会上普遍知道的是，智能中心研制成功了“曙光一号”

“曙光 1000”等多个系列的高性能计算机。其实，智能中心还做了许多与人工智能有关的科研工作。每年智能中心进行的汉字识别和语音识别测试有力地推动了我国智能接口技术的发展。智能中心和中国自动化学会、中科院合肥智能机械所合办的《模式识别与人工智能》是我国人工智能界的核心刊物。科大讯飞公司的母体是智能中心中国科大分中心，当年负责语音库的建设。汉王公司的总裁刘昌平也出自智能中心。智能中心的理论组只有十余人，就走出了白硕、蒋昌俊、姚新、程学旗、刘群、卜东波等多位人工智能领域的知名学者。本书第 14 章称智能中心是“年轻人才的特区”恰如其分。智能中心对年轻人高度信任，敢压重担，促使人才辈出，这一体制机制改革的成功经验值得传承。

特别值得一提的是，1996 年 3 月，智能中心和 Motorola 公司合作成立联合实验室（Motorola-NCIC JDL），从事多媒体、人工智能、人机先进通信等技术研究，双方轮流选派 JDL 负责人。高文是国家智能中心推荐的 JDL 第一期负责人，他现在是鹏城国家实验室主任。JDL 在视频编码、模式识别、人工智能等领域培养了一批领军人才，如王海峰、陈熙霖、黄铁军、徐波、吴枫、李锦涛、陈益强、山世光、黄庆民等，当时的年轻人现在都已成为我国人工智能界的风云人物，其中不少是院士候选人。Motorola-NCIC JDL 不愧为培养人工智能人才的摇篮。

我 1981 年到美国普渡大学攻读博士学位，从事与人工智能有关的研究。1984 年，我在 AAAI（国际先进人工智能协会）大会上发表了论文，是较早在 AAAI 发表论文的中国学者。后来我陆续在 IEEE（电气与电子工程师协会）*Computer* 等国际一流期刊和 ISCA（国际计算机体系结构研讨会）等顶级国际会议以及国内的期刊上发表了几十篇与人工智能有关的论文，包括几篇关于智能计算机的特约长篇综述文章。我与我的导师华云生（Benjamin Wah）合作编著了 *Computers for Artificial Intelligence Applications*，这本书连续 3 年都是 IEEE 最畅销的出版物，在人工智能界产生了一定的影响，应当说我算是第二波人工智能的“弄潮儿”之一。1987 年回国工作后，我将重心放在高性能计算机的研制上，管理工作任务繁重，没有在人工智能的科研中做出影响很大的成果，这是我终生的遗憾，但我从未停止过对人工智能的关注。读了这本简史以后，我有一些感想和看法，写出来供大家参考。

中国人工智能学会最初没有挂靠在中国科学技术协会，而是挂靠在中国社会科学院，这看起来有点奇怪，但实际上有着深刻的社会背景。人工智能不是纯粹的自然科学，因为与人的智能有关，所以它必然与哲学有天然的联系。早期哲学家的强势介入可能使一部分计算机领域的人工智能学者远离人工智能学会，但是到了今天，语言大模型的出现对认识论产生了巨大冲击，机器可能具有与人不同的认知方式，特别需要哲学家和人文学者介入人工智能。尤其是人工智能的伦理问题越来越突出，更需要社会科学领域的学者参与讨论，制定合理的政策。

从提出图灵测试开始，人工智能研究的主流就是拿机器与人比，模式识别、自然语言理解等领域都是用“是否达到人类的水平”作为考核人工智能的标准，这方面的研究已取得很大的成功。但从实用和工程的角度来说，人工智能的目标是解决复杂的问题。在创建人工智能学科的达特茅斯会议上，会议的主角之一司马贺曾建议把这一学科叫作“复杂信息处理”。如果当时采纳了他的意见，世上就没有“人工智能”这个术语，也许今天的人们会更加重视如何对付复杂性这个难题。目前人工智能发挥巨大作用的领域，不论是视觉听觉感知、自然语言理解，还是蛋白质结构预测等科学研究，面对的都是复杂性极高的问题，用传统的演绎推理和归纳推理无法解决。有些学者批评机器学习没有形式化的公理体系和简洁的数学公式，我想这是“不能也，非不为也”，解决复杂问题需要新的科学范式。希望人工智能界更加注重“解决复杂问题”，走出一条发展人工智能的新路。

中国最早从事人工智能研究的学者大多有数学和数理逻辑背景，吴文俊、金岳霖、胡世华、王湘浩、吴允曾等人工智能的前辈都是数学家或逻辑学家，他们的弟子很多，对我国人工智能的发展有深远的影响。但是人工智能的核心是算法（algorithm），而中国对算法的研究起步较晚。在 20 世纪 90 年代以前，中国的书店里只有“计算方法”教科书，算法方面的书极少。所谓“计算方法”，实际上是讲数值分析（numerical analysis），与计算机科学中的算法不是一个概念。1995年，李明和堵丁柱在中国创办了计算与组合学国际会议（COCOON），为我国推广算法研究做出了重大贡献。2004年，姚期智先生回国以后，举起了算法的大旗，培养了一大批从事算法研究的学生，中国的算法研究开始出现蓬勃发展的新局面。我们要正视中国算法研究基础薄弱的短板，只有高度重视算法研究，人工智能研究才不会偏离主流。

解决人工智能的重大应用问题需要算法、模型、软件和系统结构的密切配合。我的博士论文题目是《组合搜索的并行处理》，研究内容既涉及算法又涉及计算机体系结构，我回国以后延续了这一传统。我指导的博士姚新后来又指导了中国科技大学的陈天石，他和他的哥哥陈云霁，一个做神经网络算法，一个做芯片设计，在国际上率先推出了神经网络机器学习芯片"寒武纪"，体现了算法与系统结构密切配合的优势。1991年9月17日在北京召开的全国第一次人工智能与智能计算机学术会议上，我代表"863-306"主题专家组在国内第一次提出了"顶天立地"的战略口号，指出当时的智能计算机只处于初级阶段。30多年过去了，我现在仍然认为智能计算机还处在初级阶段。ChatGPT等语言大模型的出现是联结主义技术路线的巨大成功，但还只是相当于20世纪40年代的电子管计算机，其能耗之大令人无法忍受。大模型的困境从低功耗的角度说明传统计算机结构已快走到尽头，必须有类似晶体管和集成电路这样的重大发明，智能计算机才能走上广泛普及的道路。

近十年来，联结主义攻城略地，所向披靡，深度学习大模型的巨大进展和不可解释性引起了人们对人工智能基本问题的反思，令我想起1991年1月《人工智能》期刊关于人工智能基础的一场大辩论和1992年夏天在智能中心举办的"AI Summer School"。本书第14章讲述了这场具有历史意义的大讨论的来龙去脉。在整理旧物时，我发现了一篇自己未正式发表的文章——《AI理论研究的方法论问题》。这是1992年我和白硕为智能中心内部出版的有关人工智能理论问题的论文集写的序言。这篇文章指出："几十年来，AI研究之所以走过不少弯路，除了其本身的困难性外，研究方法与指导哲学上也存在问题，值得我们反思。迄今为止，在AI研究中使用的主要方法还是唯理性主义和简化论，这类方法曾在自然科学领域取得辉煌成功，但未必适用于 AI 研究，因为 AI 的基础是思维科学，其研究对象与研究方法和一般的自然科学不同，必须有方法上的创新。”希望人工智能界摆脱传统思想的束缚，从更高的维度看待“不可解释性”和“可言传性”，化解对人工智能的恐惧，将人工智能引上良性发展的轨道。

我国在人工智能领域发表论文的数量已经达到世界第一，但大多数还是跟踪式的研究。渐进式的跟踪研究也是有价值的，因为随大流的研究可以形成一个科研群体的高原，而只有在高原上才能形成“一览众山小”的世界高峰。按照库恩的科研范式理论，范式是在某个学科内从事科学研究的一套基本完善的规则和行为标准，或者说，是做研究的“官方”途径，遵循范式做研究可以得到资金和荣誉，大多数科研工作者为了生计难以摆脱范式的束缚。但是，科学的进步是一次又一次范式的改变完成的，带头实现范式转变的往往是一些眼光超群又坚持不懈的年轻人，他们不按常理出牌，最终会引起同行学者信仰的变化。目前人工智能界很流行所谓 SOTA 刷榜，即将标准测试的性能提高一点点，赚取一次世界领先。这样的研究工作难以实现范式转变，应当鼓励更多的学者从事有趣的非主流范式的研究，追求未来在性能和能效上取得数量级的进步，而不计较起步时的性能低下。范式转变往往是长期努力的结果，辛顿从 20 世纪 80 年代初开始探索深度神经网络，坐了 30 年以上的冷板凳。我们要探索更节能、更安全的人工智能新路，至少要有面壁 20 年的思想准备。

本书是一本值得认真阅读的好书，它为我们展示了中国第一代人工智能研究者们筚路蓝缕的艰苦历程。以史为鉴，可以知兴替。历史的经验教训弥足珍贵，历史可以照耀未来。衷心希望年轻的科技工作者可以继承老一辈学者的优良传统，提升科学研究的品位，开创人工智能研究和产业发展的新天地。

中国工程院院士、中国计算机学会名誉理事长

推荐序三

人工智能是由计算机、数学、认知科学、哲学等多学科融合的交叉学科，主要研究、开发用于模拟、延伸和扩展人的智能的理论、方法、技术及应用系统等。现代人工智能技术的发展以 20 世纪 50 年代图灵测试方法的建立，以及达特茅斯学院的人工智能研讨会的召开为重要标志，人工智能先后经历了 3 次发展浪潮，分别以符号推理、知识工程、机器学习为其重要特征。

中国的人工智能发展兴起于20世纪70年代，在进入20世纪80年代后逐渐活跃。与以符号主义为标志的第一代人工智能浪潮不同，中国的人工智能研究在起步阶段深受认知科学的影响。20 世纪 80 年代初期，钱学森等人提倡从人工智能、脑科学、认知心理学、哲学等 11 个方面开展人工智能技术的研究，受到重视。2012 年，由深度学习推动的人工智能浪潮兴起，时至今日仍推动着科技、医疗、电子、金融等行业的智慧化升级和快速发展，在产业赋能的过程中展现出显著的“头雁效应”。

人工智能在获得快速发展的同时，依然存在着很多局限：开放场景中鲁棒性和自适应能力问题、可解释性问题、计算能效比问题等。这些瓶颈问题的解决迫切需要我们追根溯源，进一步深化人工智能与脑科学、认知科学等方面的交叉融合，开拓出新的人工智能模型发展之路。与此同时，人工智能模型的复杂度急剧攀升，传统计算芯片已在算力支撑上形成瓶颈，我们需要在光计算、量子计算等新质计算技术领域进一步探索算力的颠覆性突破路径。

我国人工智能已呈现出快速发展的势头，但依然处于应用强势、基础薄弱的状态。抓住人工智能新一轮发展的机遇，强化原始创新，避免陷入“无源之水”的困境是我国人工智能发展破局的重中之重。

这些也正是本书所昭示的。

大风泱泱，大潮滂滂，百年变局，唯有自强！

戴琼海

CAAI 理事长，中国工程院院士，清华大学信息学院院长、教授

目　录

第 9 章
1987 年：机器人的曲折向前　177

第 10 章
1988 年：声图文组合拳让哈工大独占鳌头　197

1979

第 1 章

1979 年：符号主义与数学家

1979 年在中国是一个重要的年份。这一年发生了诸多大事，也被视为中国在政治、经济、科技、文化等多个领域的一个重要转折点和中国近现代历史重要的时期断代点之一。相比 1979 年所开启的波澜壮阔的新时代，中国人工智能（Artificial Intelligence，AI）研究在 1979 年的起步只能算历史大潮中的一朵不起眼的浪花，但在中国人工智能的历史里，这是开天辟地的大事件。

人工智能最早的学派是符号主义学派，最早一批人工智能科学家多半是数学家和逻辑学家，他们在计算机诞生后把计算机与自己的研究结合起来，从而进入人工智能领域。在中国，同样是由数学家翻开了人工智能研究的第一页。在 1979 年，无论是机器证明中的“吴方法”走向世界，还是堪比达特茅斯会议的计算机科学暑期讨论会的举办，其背后都有着数学家的身影。也正是从这一年起，中国人工智能迈开了追赶世界的脚步。

1.1 吴文俊推开了中国人工智能走向世界的大门

1979 年 1 月，应普林斯顿高等研究院的邀请，数学家吴文俊怀揣 2.5 万美元，登上了赴美交流的班机。

与他同行的是数学家陈景润。二人是中美正式建交后第一批应邀赴美学习访问的科学家，将在普林斯顿高等研究院学习和交流一段时间。陈景润交流的主题自然是“1+2”[1]，而吴文俊此行交流的主要内容，除了他的老本行拓扑学，更多的是中国古代数学史和数学机械化，他想用自己携带的 2.5 万美元购买一台计算机，用于数学机械化的研究。

吴文俊在 1979 年获得中国科学院（下称“中科院”）自然科学一等奖时，数学机械化已经成为他的主要研究方向。这个研究方向也受到世人瞩目，吴文俊的研究方法在机器定理证明界被称为“吴方法”，中国智能科学技术最高奖“吴文俊人工智能科学技术奖”就使用了吴文俊的名字，以纪念吴文俊作为中国研究者在人工智能相关领域取得的成就。

不经意间，吴文俊推开了中国人工智能研究走向世界的大门。

吴文俊对中国古代数学史的研究始于 1974 年前后。当时中国科学院数学研究所

1 “1 + 2”是陈景润最出名的研究，陈景润也因此被邀请在 1978 年国际数学家大会（ICM78）上作 45 分钟的报告（后因故未参加）。

（下称“中科院数学研究所”）副所长关肇直让吴文俊研究中国古代数学。吴文俊很快发现了中国古代数学传统与由古希腊延续下来的近现代西方数学传统的重要区别，对中国古代算术进行了正本清源的分析，在许多方面产生了独到的见解。

20 世纪 70 年代，对外学术交流开始逐步恢复。1975 年，吴文俊赴法交流，并在法国高等科学研究所作了关于中国古代数学思想的报告。这时吴文俊已经复原了日高公式的古代证明，并注意到了中国古代数学的“构造性”和“机械化”的特点。1977 年春节，吴文俊用手算验证了几何定理机器证明方法的可行性，这一过程历时两个月。

机器定理证明最初的思想源自戈特弗里德·威廉·莱布尼茨（Gottfried Wilhelm Leibniz）的演算推论器，以及之后演化而来的符号逻辑。后来，戴维·希尔伯特（David Hilbert）在此基础上于 1920 年推出了“希尔伯特计划”，希望将整个数学体系严格公理化。简单来讲，如果这一计划实现，就意味着对于任何一个数学猜想，不管它有多难，我们总能够知道这个猜想是否正确，并且证明或否定它。希尔伯特说的“Wir müssen wissen, wir werden wissen”（我们必须知道，我们必将知道）便是这个意思。

然而，就在此后不久的 1931 年，库尔特·哥德尔（Kurt Gödel）就提出了哥德尔不完备定理，彻底粉碎了希尔伯特的形式主义理想。但不管怎么说，哥德尔在关上这扇门的时候还是留了一扇窗。法国天才数学家雅克·埃尔布朗（Jacques Herbrand）的博士论文为数理逻辑的证明论和递归论奠定了基础，埃尔布朗在哥德尔不完备定理被提出后，检查了自己的论文，留下一句话——哥德尔和我的结果并不矛盾，并向哥德尔写了一封信请教。哥德尔回复了埃尔布朗，但埃尔布朗没能等到这封信，他在哥德尔回信两天后死于登山事故，年仅 23 岁。后来，定理证明领域的最高奖项也以埃尔布朗的名字命名，吴文俊在 1997 年获得了第四届埃尔布朗自动推理杰出成就奖。

其他数学家对哥德尔定理也进行了补充。就在哥德尔证明“一阶整数（算术）是不可判定的”之后不久，阿尔弗莱德·塔尔斯基（Alfred Tarski）证明了“一阶实数（几何与代数）是可以判定的”，这也为机器证明奠定了基础。

1936 年，图灵在他的重要论文《论可计算数及其在判定问题上的应用》（*On*

Computable Numbers, with an Application to the Entscheidungsproblem）中对哥德尔在1931 年证明和计算限制的结果重新进行了论述，并用现在叫作图灵机的简单形式的抽象装置代替了哥德尔的以通用算术为基础的形式语言，证明了一切可计算过程都可以用图灵机模拟。这也是计算机科学和人工智能的重要理论基础。人工智能最早的学派——符号学派也正是在形式逻辑运算的基础上延伸而来的。

回过头来说吴文俊，他在 20 世纪 70 年代到生产计算机的北京无线电一厂工作，并在那个时候开始接触计算机和机器定理证明。“如何发挥计算机的威力，将其应用到自己的数学研究上”成为吴文俊感兴趣的内容。后来，吴文俊开始研究中国古代数学史，并总结出中国古代数学的几何代数化倾向和算法化思想。在发现中国古代数学与西方数学的不同思路后，他决定换一种方法来做几何定理的机器证明。

那个时候，吴文俊阅读了很多国外的文章，充分了解了机器证明。当时，机器定理证明最前沿的研究来自数理逻辑学家王浩，他在西南联大数学系读书期间曾师从著名哲学家、“中国哲学界第一人”金岳霖，后前往美国哈佛大学，在著名哲学家、逻辑学家威拉德·冯·奎因（W. V. Quine）门下学习奎因创立的形式公理系统并获得博士学位。早在 1953 年，王浩就已经开始思考用机器证明数学定理的可能性了。

1958 年，王浩在一台 IBM 704[1] 计算机上使用命题逻辑程序证明了《数学原理》[2] 中所有的一阶逻辑定理，次年又完成了全部 200 条命题逻辑定理的证明。王浩之工作的意义在于宣告了用计算机进行定理证明的可能性。他在 1977 年回国时参加了多个影响我国科技长远发展的讨论会，并在中科院作了 6 次专题演讲，对国内机器证明研究有着重大的影响。

言归正传，王浩此前对《数学原理》中命题逻辑定理的证明和吴文俊想要实现的几何定理机器证明之间还存在着鸿沟，前者符号逻辑的成分更多，后者则有推理的成分在内。当时，国外有很多对几何定理机器证明的研究，但都以失败告终。

1 是 IBM 700 科学计算机系列的第一款计算机，专为工程和科学计算设计，于 1955 年推出。

2 由英国哲学家伯特兰·罗素和他的老师怀特海合著的一部关于哲学、数学和数理逻辑的著作。

1.2 从中国古代数学思想的机械化到“吴方法”

在吴文俊看来，失败的经验也是很重要的，它会告诉你哪些路是走不通的。他受笛卡儿思想的启发，通过引入坐标，把几何问题转化为代数问题，再按中国古代数学思想把它机械化了。吴文俊甚至把笛卡儿思想与中国古代数学思想结合起来，提出一个解决一般问题的路线：

> 所有的问题都可以转变成数学问题，所有的数学问题都可以转变成代数问题，所有的代数问题都可以转变成解方程组的问题，所有解方程组的问题都可以转变成解单变元的代数方程问题。

中国古代数学与西方的现代数学是两套不同的体系。吴文俊在不借助现代数学中的三角函数、微积分、因式分解法、高次方程解法等“现代工具”的情况下，按古人当时的知识和惯用的思维推理复原了《周髀算经》[1]《数书九章》[2]中的“日高图说”“大衍求一术”“增乘开方术”的证明方法。他认为中国古代数学有着自己的独到之处，秦九韶的方法具有构造性和可机械化的特点，用小计算器即可求出高次代数方程的

1 原名《周髀》，是中国最古老的天文学和数学著作，约成书于公元前 1 世纪。

2 南宋数学家秦九韶所著数学著作。

数值解。在当时缺乏高性能计算设备的情况下，吴文俊能充分利用中国古代数学思想降维进行研究，也是难能可贵的事情。

吴文俊按照这一思路证明的第一个定理是费尔巴哈定理，即证明了“三角形的九点圆与其内切圆以及三个旁切圆相切”。这是平面几何学中十分优美的定理之一，吴文俊的审美可见一斑。当时没有计算机，吴文俊就自己用手算。“吴方法”的一个特点是会产生大量的多项式，证明过程中涉及的最大多项式有数百项，这一计算非常困难，任何一步出错都会导致后面的计算失败。1977 年春节，吴文俊首次用手算成功验证了几何定理机器证明的方法，后来，吴文俊又在一台由北京无线电一厂生产的长城 203[1] 上证明了西姆森定理。

吴文俊将相关的研究文章《初等几何判定问题与机械化证明》发表在 1977 年的《中国科学》上，并将文章寄给了王浩。王浩高度评价了吴文俊的工作，并复信建议吴文俊利用已有的代数包，考虑用计算机实现吴方法。王浩没有意识到这个时候中美两国最顶尖的学者所使用的计算机的差别：长城 203 可以使用机器语言，但不同计算机的指令系统并不通用，利用已有的代数包行不通。所以，后来吴文俊干脆从中科院数学研究所里借了一台来中科院数学研究所访问的外国人赠送的小计算器，把所给命题转化为代数形式，再用秦九韶的方法来计算高阶方程的解。

吴文俊几何定理机器证明的研究得到了关肇直的大力支持。关肇直曾在法国留学，是中国科学工作者协会旅法分会的创办人之一，团结了一批优秀的爱国知识分子，吴文俊就是其中之一。当时，吴文俊所在的中科院数学研究所关系复杂，有一派认为做机器证明是“离经叛道”，希望他继续从事拓扑学研究；从拓扑学和泛函分析转入控制理论的关肇直却格外支持和理解他，放话说吴文俊想干什么就让他干什么。后来，关肇直在 1979 年“另立山头”，成立中科院系统科学研究所时，吴文俊也跟随关肇直到了中科院系统科学研究所（图 1-1）。

1　中国第一代百万级电子计算机，于 1974 年 6 月研制成功。

图 1-1 20 世纪 80 年代初中科院系统科学研究所原办公楼（现融科大厦）
（左起：许国志、吴文俊、印度学者、关肇直）

要证明更复杂的定理，需要有更好的机器。时任中科院声学研究所所长的汪德昭院士指点了吴文俊。他告诉吴文俊中科院党组书记、副院长李昌何时何地会出现，结果真被吴文俊守到了。李昌非常开明，在 20 世纪 50 年代担任哈尔滨工业大学（下称“哈工大”）校长期间把哈工大办成了全国一流大学。在 1954 年确定的全国六所重点大学中，哈工大是唯一一所不在北京的大学。李昌对吴文俊的工作同样给予了很大支持，吴文俊去美国买计算机的 2.5 万美元外汇就是由李昌特批的。有了这台计算机，很多定理很快被证明出来了。

20 世纪 70 年代也是机器定理证明的黄金时代。1976 年，两位美国数学家用高速电子计算机耗费 1200 小时的计算时间证明了四色定理，数学家们 100 多年来未能解决的难题得到解决。四色定理之所以能被证明，是因为不可约集和不可避免集是有限的，四色定理的“地图涂色”问题看似有无穷多的地图，实际上可以把它们归结为 2000 多种基本形状，之后利用计算机的计算能力暴力穷举，一个个去证明即可。打个比方，这种方法如同复原魔方——将魔方拆散并重新拼好——虽不优雅但确实有效。我们现在说 GPT-3[1]“大力出奇迹”，其实四色定理的证明才是“大力出奇迹”的始祖。

然而，这种利用计算机计算能力暴力破解定理证明的做法并不能得到推广。定理证明的第一步，即定理的形式化，需要完整和严谨的表述。关于这一点，有一个关于数学家的小故事。一个天文学家、一个物理学家和一个数学家乘坐火车到苏格兰旅行，他们看到窗外有一只黑色的羊，天文学家开始感慨：“怎么苏格兰的羊都是黑色的？”物理学家纠正：“应该说苏格兰的一些羊是黑色的。”而最严谨的表达则来自数学家：“在苏格兰至少存在着一块天地，至少有一只羊，这只羊至少有一侧是黑色的。”还有一个段子，说数学问题分两类：一类是“这也要证？”，一类是“这也能

1 GPT 即 Generative Pre-trained Transformer（生成型预训练变换器）的缩写。由 OpenAI 开发、2020 年发布的 GPT-3 自回归语言模型号称“史上最大 AI 模型”，拥有 1750 亿个参数，使用的最大数据集在处理前容量达到了 45 TB，训练 GPT-3 模型需要的算力达到 3640 pfs-day（约等于训练 AlphaZero 算力的两倍），被视为利用算力解决人工智能研究问题的典型。

证？”。由此可知，一个证明要得到其他数学家的认可是多么不容易。同样，要在一个交互式定理证明器里形式化一个定理，需要填补所有的技术细节，才能完成推理的“自动化”，最终用一种可行但是计算量很大的解题思路来代替对定理的证明。

换言之，这种方式仍然依赖数学家对定理的理解，只能做到“一理一证”，只能算定理的计算机辅助证明。所以，在四色定理被计算机证明后，包括王浩在内的一批逻辑学家提出了不同意见：四色定理算被证明了吗？这种证明方式算传统证明，计算机只是起到了辅助计算的作用。一直到 2005 年，乔治・贡蒂尔（Georges Gonthier）才完成了四色定理的全部计算机化证明，其每一步逻辑推导都是由计算机完成的。目前人们已经用计算机证明了数百条数学定理，但这些定理大多是已知的，“机器智能”还未对数学有真正意义上的贡献。

机器定理证明依赖于算法。在早期阶段，研究者们往往试图找到一个超级算法去解决所有问题，而吴文俊则将中国古代数学思想应用于几何定理的机器证明领域，做到了“一类一证”。这一点也得到了王浩的赞同，他认为自己的早期工作和吴文俊使用的方法具有共同点，即先找到一个相对可控的子领域，然后根据这个子领域的特点找出最有效的算法。吴文俊在 1979 年访美的时候还特地去洛克菲勒大学拜访了王浩，他的工作在机器定理界受到重视也和王浩的力荐有着一定的关系。

“吴方法”真正传播开来，让机器定理证明在 20 世纪 80 年代第一次取得突破性进展，还有赖于曾经听过吴文俊机器定理证明课程的一位在美留学生——周咸青。周咸青本想考吴文俊机器证明方向的研究生，不过他认为微分几何是自己的弱项，害怕考不上，最终考到中国科学技术大学（下称“中科大”），后来到中科院计算技术研究所代培，就此旁听了吴文俊的几何证明的课程。

1981 年，周咸青到得克萨斯大学奥斯汀分校留学，当时得克萨斯大学奥斯汀分校堪称定理证明界的王者，该校的两个研究小组都曾获得定理证明的最高奖赫布兰德奖。周咸青向罗伯特・博耶（Robert Boyer）提及了吴文俊的工作，博耶觉得很新鲜，便继续追问，但周咸青只知道是将几何转化为代数，具体细节则讲不出所以然。

之后，伍迪·布莱索（Woody Bledsoe）便让周咸青和另一位学生王铁城去搜集资料，周咸青的博士论文便是吴方法的实现。吴文俊很快寄来了两篇文章，文章上都有他给布莱索的签名。在此后两年，这两篇文章被得克萨斯大学奥斯汀分校复印了近百次寄往世界各地，吴方法开始广为人知。

1983 年，全美定理机器证明学术会议在美国科罗拉多州举行，周咸青在会议上作了题为“用吴方法证明几何定理”的报告。周咸青开发的通用程序能自动证明 130 多条几何定理，其中包含莫勒定理、西姆森定理、费尔巴哈九点圆定理和笛沙格定理等难度较大的定理的证明。之后，这次会议的论文集作为美国《当代数学》系列丛书第 29 卷于 1984 年正式发表，吴文俊寄来的两篇相关论文也被收录其中。

1986 年 6 月，图灵奖获得者约翰·霍普克罗夫特（John Hopcroft）等人组织了一场几何自动推理的研讨会，讨论会的部分报告被收录在 1988 年 12 月的《人工智能》特辑中，特辑的引言文章特别介绍了吴文俊提出的代数几何新方法，认为该方法不仅为几何推理的进步做出了巨大贡献，在人工智能的三大应用问题（机器人和运动规划、机器视觉、实体建模）中也都具有重要的应用价值（图 1-2）。霍普克罗夫特此后与中国多所高校密切合作，在上海交通大学、北京大学、香港中文大学（深圳）均有由他牵头的研究机构，吴文俊和吴方法大概就是他有中国情结的开始。

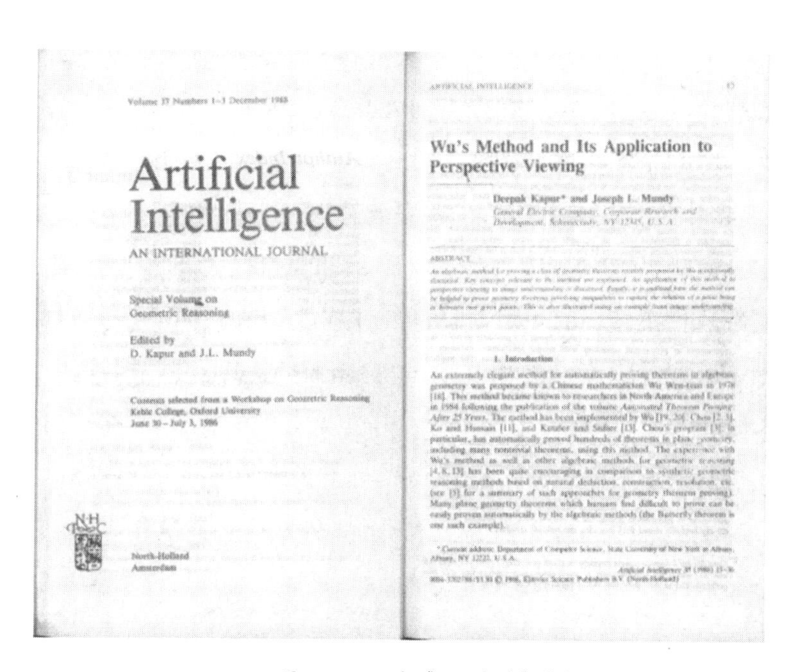
Volume 37 Numbers 1–3 December 1988

Artificial Intelligence

AN INTERNATIONAL JOURNAL

Special Volume on
Geometric Reasoning

Edited by
D. Kapur and J.L. Mundy

Contents selected from a Workshop on Geometric Reasoning
Keble College, Oxford University
June 30 – July 3, 1986

North-Holland
Amsterdam

Wu's Method and Its Application to Perspective Viewing

Deepak Kapur* and Joseph L. Mundy
General Electric Company, Corporate Research and Development, Schenectady, NY 12345, U.S.A.

ABSTRACT

1. Introduction

An extremely elegant method for automatically proving theorems in algebraic geometry was proposed by a Chinese mathematician Wu Wen-tsun in 1978 [18]. This method became known to researchers in North America and Europe in 1984 following the publication of the volume *Automated Theorem Proving: After 25 Years*. The method has been implemented by Wu [19, 20], Chou [2, 3], Ko and Hussain [11], and Kutzler and Stifter [13]. Chou's program [3], in particular, has automatically proved hundreds of theorems in plane geometry, including many nontrivial theorems, using this method. The experience with Wu's method as well as other algebraic methods for geometric reasoning [4, 8, 13] has been quite encouraging in comparison to synthetic geometric reasoning methods based on natural deduction, construction, resolution, etc. (see [5] for a summary of such approaches for geometry theorem proving). Many plane geometry theorems which humans find difficult to prove can be easily proven automatically by the algebraic methods (the Butterfly theorem is one such example).

* Current address: Department of Computer Science, State University of New York at Albany, Albany, NY 12222, U.S.A.

图 1-2 1988 年《人工智能》特辑开篇对吴方法的概述

1.3 数学机械化学派

尽管这些学术活动把吴文俊的名字与人工智能的概念自然而紧密地联系在了一起，但吴文俊自己依然对“人工智能”的提法有所保留。按他的说法就是：“人工智能的程序是我亲手一条一条编写的，每一条指令都是必须机械执行的动作，它根本没有智能，所谓‘人工智能’就是机械化执行人的思维过程，并不是计算机有了智能。”所以，吴文俊用王浩提出的“数学机械化”来描述自己的工作。在 1977 年发表于《中国科学》的论文《初等几何判定问题与机械化证明》中，吴文俊特地写了一个附注，阐明机械化思想的起源：

> 我们关于初等几何定理机械化证明所用的算法，主要牵涉到一些多项式的运用技术，例如算术运算与简单消元法之类。应该指出，这些都是 12 至 14 世纪宋元时期中国数学家的创造，在那时已有相当高度的发展。……事实上，几何问题机械化与用代数方法系统求解，乃是当时中国数学家的主要成就之一，其时间远在 17 世纪出现解析几何之前。

人工智能是一门交叉学科，数学自然也是与人工智能相关的基础学科之一。但从上述表述看，吴文俊机器证明的目的还是更好地去证明和辅助发现数学新定理，这和人工智能的研究是两个圈子。在当时人工智能被批判和质疑的背景下，吴文俊对人工智能的保留实际上是他的一种自保策略，乌镇智库的尼克[1]就曾说吴文俊先生是数学家中的“人精”。

在 1979 年吉林大学举办的“计算机科学暑期讨论会”上，虽然分组讨论的是人工智能的内容，但对外还是叫“智能模拟”。讷于言而敏于行，这或许也是吴文俊未受重大冲击的原因。

“吴方法”开启了自动推理与方程求解的数学机械化中国学派。从 1983 年起，吴文俊开始陆续招收研究生从事机器证明的研习。较早的几位学生包括胡森（1983—1986，获硕士学位）、王东明（1983—1987，获博士学位）、高小山（1984—1988，获博士学位）、刘卓军（1986—1988，获博士学位）、李子明（1985—1988，获硕士学位）等。这批学生后来成为国内数学机械化研究的中坚力量。

受吴方法影响的，还有两位北大数力系才子洪加威和张景中。当时，吴文俊最早的两位研究生胡森和王东明发现，许多图形若画出来是对的，就可能是定理。这一点不久被洪加威变成定理，洪加威使用的方法是用一个例子去证明一个几何定理，也称单点例证法。

张景中是群英荟萃的北大数力系 1954 级的学生，比洪加威高一级（其实北大数力系 1955 级也人才济济）。张洪两人交情颇深，张景中在 1957 年被调往新疆，后来北大的老师寻找张景中时，还是从洪加威那里知道的消息。

另一个与张景中交情颇深的数学家是杨路。在二十世纪六七十年代，张景中就和杨路一起讨论几何算法和函数迭代，杨路提出通过点与点的距离关系，不建立坐标系而直接研究几何图形的性质。这与吴文俊将中国古代数学思路与笛卡儿思想相结合有一定的相通之处。

1979 年，张景中调往中科大工作，1985 年又调往中科院成都数理科学研究室，杨路也几乎同时完成自己的工作调动，两个人正是张不离杨，杨不离张。也就是在 20 世纪 70 年代末，张景中和杨路开始进入机器定理证明领域。

---

1 尼克著有《人工智能简史》，由人民邮电出版社于 2017 年出版。

1984 年洪加威构思例证法的时候，张景中就和他建议，用一组例子比一个例子更容易实现。1989 年，张景中和杨路发展了洪加威的方法，提出了数值并行法，举例的思路有所不同。张景中的工作得到吴文俊的指点和支持，1992 年 5 月，张景中到美国威奇塔州立大学游学，吴文俊给张景中写了三页纸的英文推荐信。张景中对中国人工智能的又一贡献，是和成都七中 1990 年数学综合实验班的带队老师谢晋超合作做吴方法的机器定理证明的实现，具体做这个工作的，正是谢晋超当时的得意门生王小川，他是 IOI[1] 1996 年金牌得主，后来创办了搜狗公司，任首席执行官。

回过头说吴文俊，吴文俊从 20 世纪 80 年代起一直致力于数学机械化的研究与推广，并得到了北大教授程民德的支持。程民德、吴文俊和另两位数学大家陈省身、胡国定是“中国数学要在 21 世纪率先赶上世界先进水平”的提出者，是数学天元基金的创始人，程民德的另一身份是中科院信息技术科学部信息学组的副组长，他和信息学组的组长常迥对中国信息化以及人工智能的发展有着不小的贡献，他们的故事笔者将在后续章节中另行叙述。

1990 年年初，程民德指导编写了一份关于机器证明研究的国际反馈材料呈交国家科学技术委员会（下称“科委”）领导。当时，日本第五代智能计算机的研究一度呈现出火热的状态，但最终因数学理论和方法存在重大缺陷而放弃，而吴方法的研究有望给智能计算机的研制提供新的数学理念。6 月，国家科委基础研究高技术司（下称“基础司”）领导到中科院系统科学研究所座谈，就如何进一步支持吴文俊的机器证明工作听取了意见，吴文俊、程民德等人参与了座谈会。座谈会结束后不久，基础司拨出 100 万元专款支持机器证明的研究。有了这笔拨款，吴文俊很快在中科院系统科学研究所成立了数学机械化研究中心，吴文俊任主任，程民德任学术委员会主任，日常工作由北京市计算中心的吴文达主持。程民德还和石青云院士合作将吴方法应用于整体视觉，并指导研究生李洪波开创了几何定理机器证明的新方向。

---

1 国际信息学奥林匹克竞赛（International Olympiad in Informatics），中国从 1989 年第一届起即派队参赛。

数学机械化研究中心成立之后，吴文俊又从应用出发，对符号和数值混合算法进行进一步研究。他在 20 世纪 90 年代初指出，符号计算和数值计算是两种不同的解决科学和技术发展中问题的计算方法，符号计算可以得到问题精确的完备解，但计算量大且表现形式往往十分复杂；数值计算可以快速处理许多实际应用问题，但一般只能得到局部近似解。吴文俊曾提出一切工程问题最终都要转化为数学问题，一切数学问题最终都要转化为方程求解的问题，混合算法的研究也为数学机械化研究中心在后续负责的数学机械化与自动推理平台及国家重点基础研究发展计划（973 计划）项目“机构学及数控技术中的数学机械化方法”中提出求解最优化问题等提供了有效的综合方法。近年来，机器证明不仅应用在证明和辅助发现数学新定理方面，还创造或发展出一些新的方法和代数工具，用来解决计算机辅助设计、机器人控制、计算机视觉以及其他有关的数学问题。

1.4 王湘浩和吉林大学

除吴文俊外，当时国内还有一位数学家在机器定理证明领域闻名，他就是吉林大学的王湘浩。与吴文俊不同的是，王湘浩并没有局限于将计算机应用于数学研究，而是跳出数学圈子，致力于发挥计算机的威力，对人工智能的体系化发展起到了关键作用。

王湘浩 1915 年出生于河北省安平县，从小喜欢数学。1946 年夏天，王湘浩获得美国国务院奖学金赴普林斯顿大学留学。他选择代数学作为研究方向，导师是当代著名代数学家埃米尔·阿廷（Emil Artin），所以他与沃尔夫奖、阿贝尔奖获得者约翰·泰特（John Tate）是师兄弟。王湘浩仅用一年时间就取得了硕士学位。在剩下的两年时间里，他又拿下了博士学位。能在如此短的时间拿到硕士、博士学位，除了比常人更加勤奋和努力，另一个原因大概是助学金不够用（这也是当时留美的学生常见的状态），想赶紧念完书。可见，人在压力下的潜力是无穷的。

王湘浩通过博士论文答辩后于 1949 年回国，被母校北京大学数学系聘为副教授，讲授代数数论等专业课及其他基础课程。当时的学生中就包含后来的北大校长丁石孙。吴文俊于 1951 年回国后一开始也在北京大学数学系任教，两人从那时便相熟起来。后来，王湘浩到吉林大学主持工作，博士生论文答辩一般会邀请吴文俊进入答辩委员会，其他常被邀请的还有陆汝钤、董蕴美等。加上王湘浩，一场博士答辩，四个院士坐镇，阵容十分豪华。

1952 年全国院系大重组，吴文俊被调往中科院数学研究所，王湘浩则北上吉林大学，先后成为吉林大学数学系和计算机系的首任系主任，并任副校长之职。1955 年，凭借此前在代数数论方面的研究与对格伦瓦尔德定理的补充，王湘浩当选为中国科学院第一批学部委员（也就是后来的科学院院士），是数学方向最早的 9 位学部委员之一，而吴文俊则是数学方向第 10 位学部委员，所以说王湘浩比吴文俊还要资深一些。

王湘浩也是最早从数学方向转向计算机方向的院士。1955 年，王湘浩在吉林大学数学系制定了研究规划，其中就包含了计算数学。次年，国务院完成了《1956—1967 年科学技术发展远景规划》（简称《十二年科技规划》）的制定，将计算机、自动化、电子学、半导体列为需要重点快速发展的领域，这也加速了吉林大学计算数学专业建设的步伐。

1957 至 1959 年，吉林大学聘请苏联专家梅索夫斯基赫开办了计算数学讲义班，参加的老师包括北京大学的徐卓群和徐萃薇、复旦大学的蒋尔雄、武汉大学的康立山等人。两年的讲义班让李荣华、李岳生、冯果忱等一批本土教师成长起来，再加上有王湘浩坐镇，已经足以奠定吉林大学在国内计算数学领域的领先地位。在这一时期，王湘浩兼任计算数学教研室的主任，他也从数学转到计算机领域，成了吉林大学计算机学科的创始人。

王湘浩当时主要研究的是归结原理，这也是定理证明的三种算法之一。归结原理由约翰·阿兰·罗宾逊（John Alan Robinson）在 1965 年改进埃尔布朗定理后提出，但其应用范围比较窄，王湘浩和他的学生刘叙华在此基础上对归结原理进行了很多改进，提出了广义归结和锁语义归结，并指出了国外提出的有序线性归结（OL 归结）的错误，提出了修改后的有序线性归结（MOL 归结）。王湘浩在吉林大学建立了多个研究小组，成果最丰硕的当数他领头的多值逻辑小组，自动机小组、计算机代数小组等也都发展得不错。后来，吉林大学在 1976 年成立计算机系，计算机系的几个主要研究方向也都是从之前的小组演化而来的，并且在向人工智能靠拢的过程中又逐步形成了两大方向：自动推理模型及其证明、专家系统与知识工程，前者由刘叙华担纲，后者由管纪文负责。这些基础理论研究的重要成果也为王湘浩之后在国内首先倡导人工智能研究打下了基础。

20 世纪 70 年代的吉林大学由于计算数学研究开展得早，老中青三代师资力量齐备，又有这一领域资历最老的学部委员王湘浩坐镇和组织，已然成为当时计算机与人工智能研究的中心。当时正值国内多所院校建立计算机系，吉林大学也接待了不少来“取经”的老师，这也为 1979 年的“计算机科学暑期讨论会”的召开打下了基础。

1.5 中国的“达特茅斯会议”

1979 年 7 月 23 日到 30 日，刚刚恢复活动不久的中国电子学会计算机学会（中国计算机学会的前身）在吉林大学召开了“计算机科学暑期讨论会”，会议由吉林大学、北京大学、中科院计算技术研究所、吉林省计算机技术研究所共同筹办，王湘浩担任会议领导小组组长，会议小组其他成员包括吴允曾、吴文俊、刘声烈、陆汝钤、曹履冰、吴治衡、张兆庆、罗铸楷、陈炳从、金淳兆、张鸣华、许孔时等，吴文俊、吴允曾、陆汝钤、张鸣华在全体会议上作了专题学术报告。会议分为智能模拟[1]（人工智能）、计算机科学基本理论与操作系统、形式语言及编译理论、硬件理论及应用四个专题（图 1-3）。

人工智能是这次讨论会最重要的一个方向——1978 年 3 月全国科学大会制定了《1978—1985 年全国科学技术发展规划纲要》（简称《八年规划纲要》），将“智能模拟”列为计算机科学的重要研究方向，也带动了一批研究者涉足人工智能领域。而吴文俊刚刚完成几何定理机器证明的吴方法，这一突破引起国内外诸多研究者的兴趣。在 1979 年 7 月 25 日上午的大会报告环节，吴文俊作了关于几何定理机器证明的报告。

---

1 智能模拟和人工智能是中国人工智能发展早期经常并列出现、有一定联系但侧重点有所不同的两个概念。在当时的环境下，由于“人工智能”一词被认为具有唯心主义色彩，故早期的人工智能研究者通常用“智能模拟”一词来涵盖它。中科院院士张钹在 1996 年的《智能模拟与人工智能系统》一文中提到，人工智能有两方面研究任务：其一是以计算机为工具研究人类智能规律，即智能模拟；其二是以计算机为手段建造人造智能系统。前者侧重于智能规律探讨，后者追求建造实用的智能机器，但建造人工智能系统不必先彻底了解人类智能机制再加以仿造。

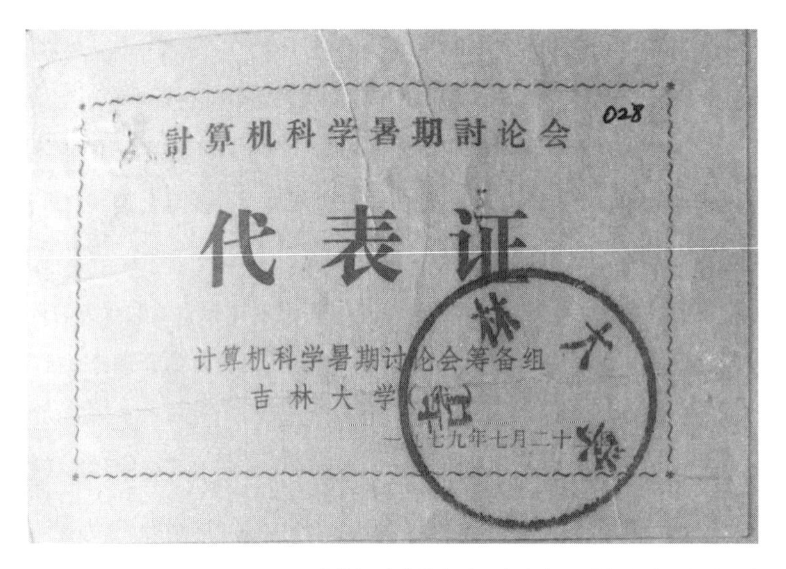

028

計算机科学暑期討论会

代表证

计算机科学暑期讨论会筹备组

吉林大学(代)

一 七九年七月二十

图 1-3 计算机科学暑期讨论会代表证（提供者：何华灿）

在分组讨论中，他亲自担任智能模拟组的组长。有吴文俊坐镇，智能模拟组的讨论也比其他几个组要热闹几分。

在吴文俊之后作报告的是中科院计算技术研究所的陆汝钤，报告主题是“软件移植的工程实现”。陆汝钤也是数学家出身，1959 年毕业于德国耶拿大学数学系，1972 年“转行”进入计算机科学领域，在 1975—1981 年倡导并主持旨在软件机械生成和自动移植的系列软件计划（下称“XR 计划”）。当时，计算机研究在国内逐步展开，但软件数量少，编写成本高（按陆汝钤的统计，一条计算机指令的开发成本大概在 10 美元），软件成了阻碍计算机普及的绊脚石。XR 计划以我国广泛使用的几类计算机为对象，解决了不同平台之间的软件移植问题，推动了当时国产机软件缺乏问题的解决。陆汝钤之后将这种基于知识的智能化软件工程思想进一步延伸到知识工程语言 TUILI（推理）和国家七五攻关项目“专家系统开发环境”中，并因在人工智能领域的突出贡献获得了首届吴文俊人工智能科学技术奖。

第二天上午的另两个大会报告也和人工智能有关。吴允曾来自主办方之一的北京大学，他是著名的数理逻辑学家和计算机科学家，先后在北京大学哲学系、数学系和计算机专业任教，由哲学到数学，从数理逻辑到计算机，在每一个领域均取得相当大的成就。吴允曾很早就意识到哲学和数理逻辑是计算机科学的基础，在本次大会上，他的报告主题是“希尔伯特第十问题与计算机化”。希尔伯特第十问题是一个与解方程有关的问题，哥德尔、丘奇、图灵等大师对这一问题均有关键性的研究，这一问题的计算机化正是对计算本质的理解与探索，颇具指导意义。

最后一名报告嘉宾是来自清华大学的张鸣华。张鸣华 1952 年从清华大学数学系毕业后留校，是清华大学开展计算数学教学时最早的任课教师之一。他之后专攻计算理论和计算机科学基本理论的研究，著有《可计算性理论》一书。可计算性不仅是计算机科学的基础，也是人工智能的关键。可计算理论的基本思想被用于程序设计，产生了递归过程和递归数据结构，他在大会所做的报告主题是“数据流分析”。张鸣华在本届大会上还有一篇名为《框图格式的等价问题》的论文发表，该论文被评为大会优秀论文并被推荐到全国计算机年会。

这场会议实际上也是中国人工智能研究的一个“摸底会”。不少参会者是从“智能模拟”被列为计算机科学的重要方向之后才开始接触人工智能的，到这场会议召开时不过一年时间，很难有深入的了解和研究，而吉林大学则显示出在人工智能研究上的先发优势，王湘浩的《广义归结》、管纪文的《线性自动机的极大周期定理》和《线性自动机的奇偶性》、刘叙华的《锁语义归结原理和模糊逻辑》均入选大会优秀论文。

另外一所表现突出的学校是武汉大学。曾宪昌的两个学生刘初长和代大为的论文（分别为《代德景问题的机械算法》和《Dedekind 问题的图表算法》）也入选大会优秀论文。

与吴文俊、王湘浩并称“机器证明三杰”的曾宪昌也是从数学转向计算机的。曾宪昌出生于数学世家，父亲是颇有影响力的数学史专家和历算专家、中国数学会的创建人之一曾昭安。1928 年国立武昌中山大学改建为“国立武汉大学”时，曾昭安就是筹备委员会委员。曾宪昌是数学家汤璪真的学生，他在 20 世纪 40 年代末留美，和父亲一样在哥伦比亚大学学习数学，并遵照父亲曾昭安的嘱咐，对 20 世纪 40 年代末出现在美国费城的世界上第一台电子计算机进行实地考察。曾宪昌回国时带回一批有关计算机科学的资料，这批资料在 20 世纪 70 年代创设武汉大学计算机系时发挥了重要的参考作用。

曾宪昌长期从事数学和计算机科学的教学工作，他学识渊博，功力深厚，通晓英、俄、德、法、日五种语言，在数学系和计算机科学系为本科生主讲过数论、高等代数、方程式论、代数整数论、近世代数、方程式的机械求解等课程，为研究生开设过定理机器证明、机器学习、智能软件工程等课程，编写出版了《方程式论》《高等代数》《代数数论》《代数结构》等重要教材。由于在数学理论和计算机科学的定理证明方面取得了突出的学术成就，他被教育部任命为中国代表团团长，出席了在美国华盛顿召开的国际计算机 1979 年年会；同年底，又出席了在美国底特律近郊举行的 1979 年国际并行处理会议，发表了两篇论文，刊登在该会的论文集上，受到国内外同行的瞩目。

武汉大学历史上出过不少学术世家，曾家父子算是其中的佼佼者。1958 年武大在新三区马路对面修了两栋“校长楼”，一号门住的就是曾昭安、曾宪昌父子。20 世纪 70 年代，武汉上马“一米七轧机”工程，项目召集武汉各高校相关研究者协同攻关，前期的不少技术文档就是由曾昭安翻译的，曾宪昌也参与了用计算机对“一米七轧机”工程进行优化的工作。

1978 年，武汉大学成立计算机系，曾宪昌也成了武汉大学计算机系首批招收研究生的导师。当时成立计算机系时武汉大学的研究生招生已经结束，学生已到校报到，数学系临时从这一批已经学习了两个多月的学生中调配了三个人去计算机系读曾宪昌的研究生，曾宪昌为这一批研究生选定的研究主题，正是机器定理证明。

王湘浩和曾宪昌研究机器定理证明的终极目标是实现自动推理，这也是很多数学家研究到一定程度后自然而然关注的方向。菲尔兹奖得主弗拉基米尔·沃沃斯基（Vladimir Voevodsky）[1] 从代数几何转向研究自动推理、形式化验证，就是因为他的一些工作被人构造出反例后，他对自己的很多工作、很多证明产生怀疑，于是开始试图用可靠的机器验证代替不可靠的人工检查。吴文俊自认依然是数学家，但王湘浩、曾宪昌跳出了数学研究本身，从自动推理入手，并将自动推理的能力应用到其他场景中去实现智能化。

由于具有相同的目标和类似的背景，王湘浩和曾宪昌两个团队之间也多有合作。如研究生毕业答辩，按规定必须有校外专家参加，武汉大学计算机系和吉林大学计算机系便商定，两个学校的研究生一起答辩，这样就不用再从别的单位请人了。曾宪昌在计算机系最早招收的研究生刘初长向笔者回忆称，当时两校成立了 5 人答辩委员会，吉林大学有王湘浩教授、管纪文教授和刘叙华教授，武汉大学有曾宪昌教授和胡久清教授。由于吉林大学计算机系研究生多，所以答辩总是安排在吉林大学进行。之

1 普林斯顿高等研究院研究员，2002 年因在代数几何方面革命性的创见荣获菲尔兹奖。

后，刘叙华、管纪文、刘初长等还共同组织举办高校人工智能学术会议、全国首届自动推理学术讨论会等多个学术活动，这是后话。

除此之外，值得一提的是来自西北大学的何华灿。何华灿在大会上有一篇名为《仿智学概论》的论文发表，在诸多刚进入人工智能领域的研究者中算是比较突出的。何华灿也因此被王湘浩和吴文俊选中担任人工智能小组的副组长，辅助吴文俊进行小组成员的召集工作。

从上述论文的内容看，这一时期的人工智能仍然是狭义的人工智能，研究者们研究的重点也大多局限在定理证明和形式逻辑上——这并不奇怪，20 世纪 70 年代是符号主义的时代，数学与逻辑学是人工智能的主流。

这场大会帮助吉林大学树立了人工智能研究执牛耳的地位，吉林大学的人工智能研究也进入一个空前繁荣的时期。除在中国早期人工智能领域起到积极的推动作用外，吉林大学也培养了几代优秀学者，管纪文、刘叙华、刘大有等均在其中；在海外开花结果的校友包括美国工程院院士、中国工程院外籍院士、普林斯顿大学教授李凯，以及《人工智能》杂志第一篇华人文章作者、澳大利亚人工智能理事会主席张成奇，他们均出自吉林大学，受过王湘浩的指点。

大会后到吉林大学了解人工智能的兄弟院校越来越多。1980 年，教育部委托吉林大学举办人工智能研究班，清华大学、北京航空学院[1]等 16 所高校派出老师来到吉林大学学习人工智能。在这个研究班上，何华灿作为西北工业大学教师代表也参加了学习，并因此引出另一段故事。这段故事容后再叙。

1 1988 年改名为北京航空航天大学，简称“北航”。

附 1：中国人工智能学者与 IJCAI 1979

1979 年，随着国门的打开，中国人工智能的学者们不仅仅对内加强交流，也积极走出去，了解外面的世界。

1979 年在日本举行的 IJCAI（International Joint Conference on Artificial Intelligence，国际人工智能联合会议）成为中国人工智能学者们登堂入室的开始。

当时 IJCAI 1979 的参与者之一、清华大学计算机系的林尧瑞教授就当时的情形向笔者回忆道：

> 我们开始做调研、找资料，因为只有弄明白什么是人工智能，才能有目的地去学习、转方向，并将这个方向搞起来，这便是我们当时的一个比较浅显的想法。我们其中有一部分人去北方和南方的兄弟院校进行调研，结果他们也有这种想法，与我们不谋而合，这也就更加坚定了我们转人工智能方向的信心。
>
> 在确定方向之后，清华大学计算机系的老师们也开始正式地学习人工智能相关的知识。然而当时国内关于人工智能的相关资料很少，只能在当时还一直保留着一点国际学术交流的中科院图书馆查到，我便经常去中科院图书馆，并在查找相关资料的过程中意外找到了自 1969 年开始出版的

IJCAI 论文集，据此了解到第六届 IJCAI 将于 1979 年在日本召开。

找到这本论文集后，我便时不时将上面的一些资料翻译过来分享给同事们进行交流。依稀记得当时是在这本杂志的扉页上看到日本要在 1979 年举办 IJCAI 的。当时我们就想，既然要搞人工智能，你就得了解一下国际的动向，于是我就着手去写申请报告。我在报告中提到国外人工智能研究了十多年，我们希望能够去国外学习。当时学校也非常积极，马上将这个报告申报给了教委，当时也是中国初开国门参加国际会议，最终教委批下来的名单中除了我，还有担任教育部考察团团长的王湘浩老师，以及来自华中工学院的彭嘉雄老师。

在向学校申请的过程中，林尧瑞教授也与大会的程序委员会联合主席辻三郎教授通信，联系参会事宜。经过几个月的信件来往，林尧瑞教授顺利拿到了从日本寄来的邀请函。

在前往日本的时候，林尧瑞、王湘浩和彭嘉雄在北京的机场偶遇了中科院的四人代表团：来自沈阳自动化研究所的蒋新松老师、刘海波老师，来自中科院合肥智能机械研究所的陈晓肯老师，以及来自中国科学院的张玉良老师。

于是，最后由两个代表团的七位老师共同代表中国首次参加了 IJCAI。

七人代表团代表中国参加 IJCAI，实现了中国在人工智能领域研究与国际的首次接轨，也在真正意义上为中国人工智能的发展拉开了序幕。

对于当时的参会情景，林尧瑞教授时隔 40 年后仍记忆犹新：

跟其他会议一样，IJCAI 在大会开幕式以后，有很多个研究小组进行论文报告，我们感兴趣就听一下，然后拿些资料准备回去研究。说实在的，当年我们在人工智能方面的底子非常薄，虽然做过一些数学研究，但都是比较肤浅的，所以没有论文被会议录用，更何况论文得至少提前一年半提

> 交，我们也来不及提交论文。因此我们那次参会的目的也就是去学习、了解这个方向。不过王湘浩老师带着他的定理证明和归纳法的研究成果去了，印了一些小册子，在大会后面的场地散发给其他的参会人员。那个时候大会是允许这样做的。

林尧瑞教授滔滔不绝地分享起他们当年参会的经历，其中还提到了他印象比较深刻的住宿细节：

> 参会的时候，教委在经费方面管得紧，我们只能根据有限的预算选择住了一个小旅馆，而在模糊数学领域非常有名的扎德教授以及其他多位美国教授，也跟我们住在同一个旅馆，每天也都坐地铁去开会地点开会。

说完，林尧瑞教授还拿出当年参会随身携带的笔记本给笔者看，上面详细记录了参会时间、地点和议程，还记录了在参会之前，他们在教委招待所花了两三天学习相关文件和外交等事宜。

会议结束之后，林尧瑞、王湘浩和彭嘉雄三位老师也跟中科院的四人代表团一起参观了日本十几家人工智能相关的研究室，研究方向包括语音、机器人和听觉等。对于当时的所见所闻，林尧瑞教授也感慨道："现在我们中国在语音识别方面的研究工作做得很好，但是当时我们对这些都还不清楚，还在学习中。"

同时，林尧瑞教授还提到，他们也一同去东京工业大学参观了无人驾驶汽车。"无人驾驶汽车就是我们现在所说的智能汽车，那个时候他们就开始研究了，但是很遗憾，他们也就是搞搞实验，只是为了得出实验结果来发表论文。当时我们在现场只能从录像中看到无人驾驶汽车的行驶状态，我们也估计他们的无人驾驶汽车根本没法实际应用。"

对蒋新松一行来说，在日本访问期间最大的收获是拜访了日本产业机器人工业会常务理事米本完二。米本向他们介绍了日本产业机器人的研究和应用情况，其中机器人提高效率，与人类工作形成互补的经验给蒋新松留下了深刻的印象，也解答了蒋新松“中国人口众多，是否需要发展机器人”的疑问。回国后，蒋新松更加积极地推动人工智能和机器人的研究，并在所里提出了工业机器人示教再现机械手和水下机器人两个课题。

在参加 IJCAI 之后，两个代表团分别向教育部和中科院提交了大会的考察报告，为兄弟单位和有关部门的决策提供了具有指导性和建设性的信息。

1980

第 2 章

1980 年：人工智能研究班与中国人工智能学会的筹备

人工智能是一门以计算机科学为基础，由计算机、数学、自动控制、心理学、神经科学、哲学等多学科交叉融合的交叉学科。在数学家们开始探索人工智能的秘密的同时，其他领域的研究者们也从未停止对这一新兴领域的思考。

标志性事件乃是从 1980 年起中国人工智能学会的筹备及成立。尽管当中有诸多故事和波折，但在创立后的十余年里，经过几任领导者的努力，中国人工智能学会终于将拥有不同学科背景、不同研究目的但对人工智能有着相同热爱的人凝聚在一起，使他们成为中国人工智能领域的一股重要力量。

2.1 在长春举办的人工智能研究班

作为 1979 年计算机科学暑期讨论会的后续，经过一年的筹备，1980 年暑假，经教育部批准，由吉林大学主办、面向国内高校教师的人工智能研究班在吉林长春举办。研究班共有 16 所高校派教师参加。

参加研究班的有一年前参加计算机科学暑期讨论会的“故人”。西北工业大学（下称“西工大”）的何华灿、华中工学院（现华中科技大学）的黄文奇、清华大学的石纯一等均参加过一年前的计算机科学暑期讨论会。

而北京航空学院（现北京航空航天大学，下称“北航”）的裴珉、中国科学技术大学的蔡庆生、复旦大学的廖有为、中山大学的侯广坤、山西大学的郭炳炎等人则是新加入的新生力量。

相比起一年前来到长春，何华灿此次带来的是新出版的《人工智能》的课件——在过去一年里，何华灿对在计算机科学暑期讨论会上发表的论文《仿智学概论》进行了修订和扩充，使之成为适合向学生讲授的一门课程，并开始在西工大向学生讲授，反响良好。借这次高校系统研究班的机会，何华灿希望听取同行的意见，进一步完善该课程。这也是国内学者最早自主编写的人工智能教材之一。

华中工学院的黄文奇也再度来到长春。黄文奇是北大数力系 1957 级的学生，在 20 世纪 60 年代曾向吴文俊请教“为射击静止目标写出以解析表达式为形式的射表”二元解析函数问题，20 世纪 70 年代调往华中工学院做“将 N 个球放入特定空间的解法”的研究时再次得到吴文俊的帮助，之后相关论文被吴文俊推荐发表在《应用数学学报》上，这也是华中工学院在《应用数学学报》的第一篇论文。为此，黄文奇称吴文俊是自己“学术研究的领路人”。黄文奇参加计算机科学暑期讨论会的目的之一是当面感谢吴文俊对自己多年的帮助，而在听了吴文俊的报告以及人工智能组的其他讨论后，黄文奇被吴文俊领入了人工智能的世界。

1991 年，南开数学研究所在陈省身的提议下举办“计算机数学年”的活动，支持吴文俊开创的数学机械化研究，黄文奇是任课教师之一。1996 年，黄文奇获得第三届国际 SAT 算法竞赛冠军，是国内最早在国际算法竞赛中取得好成绩的研究者。

清华大学的石纯一同样参加过 1979 年举办的计算机科学暑期讨论会。清华大学 1977 年开展“专业归队”，对院系进行大调整。电子工程系自动控制教研组（后来划归计算机系）将人工智能作为调整后的一个重点方向，石纯一就是最早推动这一波学科建设的老师之一，中国人工智能方向最早的研究生之一贾培发就出自石纯一门下（人工智能方向最早的那一批研究生中还有郑南宁、潘云鹤、宋柔等人）。如前所述，为确定计算机学科的发展方向和兄弟院校对人工智能的看法，石纯一和另一位老师林尧瑞一同到吉林大学和沈阳自动化研究所进行调研，听取开展人工智能教学的意见。加上计算机科学暑期讨论会，这次已是石纯一三上长春学习取经了。由于石纯一当时已经是副教授，再加上清华的名头，大家便推荐他当研究班的班长。

担任研究班副班长的是北航的裴珉。裴珉 1958 年毕业于北航航空飞行器设计专业。1978 年北航成立计算机科学与工程系，裴珉是建系之初调入的教师之一，同批调入的还有李未、渠川璐、钱士湘、孙怀民等人。改革开放后，北航积极选派基础好、能力强的教师出国进修，这批教师回国后对计算机系的发展发挥了重要作用，当中也诞生了不少人工智能领域的风云人物。

中科大派出了蔡庆生前去学习。中科大是国内最早一批拥有计算机专业的大学之一，华罗庚出任应用数学和计算技术系首任系主任，“中国计算机之母”夏培肃出任第一任计算机教研室主任，中国第一台自主设计的通用电子计算机 107 机就诞生在中科大。蔡庆生后来成为中科大人工智能研究的重要开创者，国内最早的机器学习会议——第一届全国机器学习研讨会 1987 年在黄山召开，蔡庆生正是大会的主要组织者。蔡庆生还成立了全国机器学习学会并担任前三届的理事长，该学会至今每年都会组织学术会议。

山西大学的代表是郭炳炎。山西大学是中国最早的三所国立大学之一，在多年的办学中形成了“中西会通、求真至善、登崇俊良、自强报国”的传统，建立了一批有特色的院系。郭炳炎和同事刘开瑛在全国范围内较早从事计算语言学相关研究，并奠定了山西大学自然语言处理的基础。由郭炳炎、刘开瑛编写，1991 年科学出版社出版的《自然语言处理》是国内较早的自然语言处理教材，直到今天，这本书依然是学习自然语言处理的学生的入门参考书之一。

前来进修的老师还有北京邮电学院（现北京邮电大学）科研院的王文、昆明师范学院（现云南师范大学）数学系的张森、南开大学数学系的朱耀廷、北京工业大学二分校（后来的北京计算机学院）的许曼玲、西北大学数学系的周国栋、复旦大学计算机系的廖有为、大连工学院（现大连理工大学）数学系的王天明、国防科技大学电子系的薛啸宇、中山大学计算机系的侯广坤、吉林师范大学数学系的高珍等，他们回到各自学校后对学校的人工智能研究大都起到了积极的作用。

吉林大学的参与者则包括研究班的倡议人王湘浩教授，以及管纪文、刘叙华、金成植等老师。在为期近两个月的研究班中，吉林大学的几位老师分享了自己在人工智能方面的研究和经验，并对从全国各地前来学习的老师们提出的问题进行了讨论和解答。研究班是一个传授经验、为各高校播下人工智能火种的进修班，研究班结束后，大家一致同意成立全国高校人工智能研究会，由吉林大学刘叙华担任会长。研究会每年举办一次人工智能学术讨论会，对高校人工智能研究产生了深远影响。

2.2 渠川璐登高一呼，李家治用心经营

就在吉林大学主办的人工智能研究班进行之时，华北电力学院（现华北电力大学）北京研究生院一名叫袁萌的老师也来到了长春。袁萌并不在研究班进修的教师名单上，他在报纸上看到了吉林大学主办人工智能研究班的消息，此次来长春是希望从研究班上找一名教师，为华北电力学院北京研究生院的研究生们讲授人工智能。

袁萌最终找到的老师人选是何华灿。实地考察了研究班的讨论内容后，袁萌感觉吉林大学的几位老师讲的都是人工智能领域某个比较具体的内容，例如自动推理、线性自动机等，对未接触过人工智能的学生来说有难度，而何华灿带来的《人工智能》讲义侧重于介绍人工智能相关的基础知识和概念，更适合初学者。于是，袁萌和何华灿商定，研究班结束后何华灿先不回学校，而是在北京待上两个月，给研究生们普及一下人工智能的知识。

何华灿欣然应允，于是在研究班结束后来到北京。

袁萌教的是模糊数学，在这个领域，北京师范大学的汪培庄是袁萌的领路人，袁萌也请了汪培庄一起参与。于是，汪培庄和袁萌、何华灿一起，发起了面向北师大和华北电力学院研究生的全国模糊数学和人工智能中级研讨班，汪培庄主讲模糊数学，何华灿主讲人工智能。

北航就在北师大的隔壁，而且在长春的人工智能研究班上，何华灿从副班长裴珉

那里知道了北航还有另一位研究人工智能的大师，叫渠川璐。借这个机会，何华灿也想拜访一下北京人工智能的领军人物，于是住进了北师大旁边的北航的招待所。

和裴珉一样，渠川璐也是北航自己培养的毕业生。他 1956 年从北航毕业后留校任教，1957 年，保送清华大学自控系攻读研究生学位，毕业后返回北航。1978 年，北航建立计算机科学与工程系，渠川璐在第一批老师之列。

渠川璐是山西祁县渠氏家族后人。渠氏家族是明清以来的晋中巨商之一，他们的茶庄长裕川声名卓著，票号三晋源汇通天下。新中国成立后渠氏后人多从事文化、教育、科技工作，渠川璐便是其中的佼佼者。

渠川璐也是 1977 年之后比较早出国进修的老师之一，在美国期间他接触到了人工智能，归国后便成了人工智能的重要布道者，并有意效仿 AAAI（国际先进人工智能协会）成立类似的学术组织——CAAI（中国人工智能学会）。活动能力很强的渠川璐召集了一众对人工智能感兴趣的研究者，开始筹划这件事情。

与渠川璐一起筹划中国人工智能学会成立的，是另一位人工智能领域的大师——李家治。

按照何华灿的回忆，在这批人中，李家治和渠川璐是对等的召集人，不少筹备讨论就是在李家治和渠川璐的家中进行的。在渠川璐的引荐下，何华灿和袁萌一并参与到了筹备讨论中。

李家治是中国科学院心理研究所研究室主任，从 20 世纪 70 年代开始进行人工智能的心理学研究。从心理学角度进行人工智能研究是当时的主要流派之一。

1978 年底，中国科学院自动化研究所（下称“中科院自动化所”）在山西太原举办年会，在这个年会上宣读了由李家治、汪云九、涂序彦、郭荣江等人撰写的文章《人工智能国外研究情况综述》，这是国内较早系统介绍人工智能的文章之一。文章最后一句的结论是“人工智能的前景是光明的”，事实也是如此。1978 年到 1979 年，各类期刊刊登的关于人工智能的文章在数量上有一个质的飞跃，研究环境日趋宽松，中国人工智能研究也开始有了更广泛的社会基础。

这篇文章除了李家治还有三个联合作者，其中一个是中国科学院生物物理研究所的汪云九。汪云九也是最早研究神经网络的人，这篇文章引用了他对神经网络国外情况的调查结果，因此请他联合署名。另外二人涂序彦和郭荣江则同属中科院自动化所，其中涂序彦为一室理论组组长。

涂序彦生于 1935 年，1957 年考入中科院自动化所，师从中国自动电力拖动学科创始人之一的疏松桂。疏松桂 1955 年与钱学森一同搭乘“克利夫兰总统号”回国，后调入组建中的中科院自动化所。涂序彦参与的第一个大项目，就是疏松桂从 1957 年起开始负责组织各单位研究的三峡通航电力拖动问题。1960 年，疏松桂根据国家需要，调到二机部从事原子弹的研制工作，涂序彦继续从事电力拖动的研究。1978 年，疏松桂从国防战线调回中科院自动化所，负责天文卫星姿态控制系统的研制，随后中科院自动化所在 1979 年将涂序彦所在的一室理论组及其他几个小组重组为八室，由疏松桂担任八室主任。

中国第一个医学专家系统——关幼波肝病诊疗专家系统，正是 1978 年后涂序彦和郭荣江一起完成的作品。

涂序彦在年会上宣读的另一篇文章是《关于大系统理论的几个问题》。大系统理论立足于钱学森的工程控制论，继承和发展了第二代控制论的很多成果，将控制理论、信息科学、经济管理学、生物与生态学相结合，并通过模糊集合论（Fuzzy sets theory）方法取代传递函数、状态方程等确定性数学描述方法，以解决大系统中既有物的因素又有人的因素这一传统工程控制论难以解决的问题。

大系统理论后来成为涂序彦的代表性研究。1985 年在北京钢铁学院（现北京科技大学）举办的首届“系统科学与优化技术”学术讨论会上，涂序彦提出在大系统理论与人工智能相结合的基础上，创建大系统控制论这一新学科的思想，并得到了参与本次大会的钱学森的支持。关幼波肝病诊疗专家系统中对广义知识的表达方法就应用了大系统理论的方法。

涂序彦既有理论素养，又有创新成果，因此在秦元勋之后担任了中国人工智能学会的理事长。这是后话了。

渠川璐的登高一呼和李家治的用心经营让中国人工智能学会开始聚集更多的有生力量，但还是缺乏高层次的支持，找到成立的契机是关键。当时虽然有长春的人工智能研究班在前，但也只是来自 16 所高校的老师在单纯讨论学术，并没有一个全国性的面向大众的人工智能学术会议，因此大部分筹委会成员认定举办一场有社会影响力的人工智能学术会议后再成立中国人工智能学会是顺理成章的事情。

碰巧李家治所在的心理研究所还有一位世界顶级外援，他就是中国人民的老朋友赫伯特·亚历山大·西蒙（Herbert Alexander Simon），中文名为司马贺。司马贺是 20 世纪最重要的社会科学学者之一，曾多次访华，1994 年被聘为中科院外籍院士。司马贺的“逻辑理论家”在达特茅斯会议上出尽风头，他和约翰·麦卡锡（John McCarthy）、马文·明斯基（Marvin L. Minsky）、艾伦·纽厄尔（Allen Newell）被公认为人工智能的奠基人。这位老先生很能折腾，在卡内基梅隆大学给校长支招专攻计算机。卡内基梅隆大学能从全美一百名开外的学校变成美国 CS（Computer Science，计算机科学）数一数二的名校，司马贺功不可没。

1975 年，司马贺凭借在人工智能领域的诸多贡献获得了计算机领域的最高奖项图灵奖。但此时司马贺觉得研究计算机太没挑战了，于是跑去心理学系做研究，又拿了心理学界的三个重要奖项——美国心理学会杰出科学贡献奖、美国心理学基金会心理科学终身成就奖、美国心理学会终身贡献奖。司马贺也没有落下自己的本行经济学，在大学授课之余，他琢磨出一个融合管理学、社会学、心理学和信息学的“满意原则”，在 1978 年获得了诺贝尔经济学奖。这几个奖中拿一个已属天纵之才，这位老先生却毫不费力地全部拿到手，说是“开挂”也不过分。司马贺据说有 9 个博士学位，真是奇才。

司马贺与中国结缘于 1972 年中美关系破冰，他作为随尼克松访华的美国科学家代表团成员访问了中国，从此爱上了中国。司马贺就是他因为仰慕中国文化给自己起的中文名字。司马贺与很多当时中国的科学家有深交，还成了书法大师和汉语大师。

从 1972 年起，他与我国学术界建立了长期的合作关系，甚至还亲自指导过中国研究生。他还担任了北京大学、天津大学、西南师范大学（简称“西师”，现西南大学）的名誉教授，其中西南师范大学可以说是受司马贺影响最大的国内院校。20 世纪 80 年代司马贺访问西师，与西师计算机系的邱玉辉、张为群等一众教师就“符号主义是否能解决问题”进行了激烈的讨论。邱玉辉曾担任中国人工智能学会副理事长，20 世纪 90 年代创建西师人工智能研究所并担任所长，他还是中国发行量最大的科技和科普类报纸《电脑报》的主要创始人之一。《电脑报》能诞生于西南一隅而非北京这样的计算机科学中心，司马贺起到了很大的带动作用。

司马贺与中科院心理研究所的李家治进行合作，开展了人工智能方面的研究，更多的是从认知心理学的角度来研究，包括人是怎么做到理解古汉语的。

司马贺曾多次访华，李家治便想到顺路邀请司马贺来助阵。

1980 年 10 月 17 日，由李家治、渠川璐、涂序彦、何华灿等人发起的第一届全国人工智能学术会议暨人工智能学会筹备会在北京科学会堂举行，司马贺作为嘉宾作了“人工智能发展史”及“利用电子计算机自动发明”两个学术报告，轰动一时。

2.3 中国人工智能学会理事长的人选

第一届全国人工智能学术会议的成功举办促进了中国人工智能学会的成立，不过，俗话说得好，火车跑得快全凭车头带。中国人工智能学会的筹备也是如此，最重要的一个问题是如何选出学会的领头人。这个领头人要有很强的业务能力，有足够的资历，有威望，能调动资源，这样才能促进学会的发展。

从各种角度看，吴文俊都是最容易想到的人选。吴文俊是世界知名的科学家，是大众眼中人工智能研究的领军人物，是 20 世纪 50 年代的老学部委员，但吴文俊始终认为自己是一个数学家，定理证明的研究是为数学研究服务的。

此前，何华灿与袁萌等人举办全国模糊数学和人工智能中级研讨班时曾经希望邀请吴文俊来作报告。当时何华灿、袁萌以及上海计算技术研究所的李太航来到吴文俊上海的家中，吴文俊热情地接待了他们，但婉拒了作报告的请求。按何华灿的回忆，吴文俊一向认为自己研究的是“数学机械化”，而不是“人工智能”，因此回绝了他们。在讨论理事长人选时，何华灿向筹备组说了吴文俊对人工智能的态度，再加上后来筹备组讨论定下一个原则，即理事长最好常驻北京以便协调和解决问题，请吴文俊出山一事才作罢。

在第四任理事长钟义信的推动下，中国人工智能学会把自己的最高奖项命名为吴文俊人工智能科学技术奖，也算另一种形式的聚首。

另一位业务能力足够强且有足够资历的理事长人选是王湘浩。王湘浩也是老学部委员，资历比吴文俊还要老，而且当时吉林大学在人工智能领域也已经形成影响力。在中国人工智能学会筹备期间，王湘浩也积极参与，但最后王湘浩与理事长一职擦肩而过。一种说法是王湘浩年龄偏大，1915 年出生的他当时已经过了 65 岁，开始逐步从一线上退下来，交棒给自己的学生，比如人工智能研究班之后成立的全国高校人工智能研究会会长一职就交给了刘叙华。但这种说法无法解释为何几乎在前后脚，王湘浩与李家治、何志均、石纯一、刘叙华、马希文就在中国计算机学会下面成立了人工智能学组。1985 年中国计算机学会升级为一级学会，人工智能学组与模式识别学组合并为人工智能与模式识别专委会，王湘浩继续担任合并后的专委会的主任，直到 1991 年才交棒给已经当了三届副主任委员的中国计算机学会资深理事何志均。

更接近事实的说法是王湘浩虽然也承认人工智能是一个复合学科，但他认为人工智能是以计算机应用为前提的前沿学科，与数学、心理学、哲学等学科的结合也是基于计算机应用来开展的，所以他的出发点一直是团结和影响更多的计算机学者与其他学科的人一起合作研究人工智能。正是因为在发展路线上与渠川璐和童天湘等人的意见有所不同，再加上“理事长最好常驻北京”的原则，王湘浩当选中国人工智能学会理事长的事情也不了了之。

有意思的是，中国计算机学会人工智能学组成立的时候，李家治位列副主任委员。1989 年，为了中国人工智能联合会的成立召开了中国人工智能联合学术研讨会（CJCAI），主席就是何志均和李家治。李家治当时还是国家自然科学基金委员会人工智能方向的专家。中国人工智能的早期研究者，应该没有人不认识李家治吧。作为发起人之一的李家治出任理事长也是一种选择，但有一个不成文的规定，那就是各种学会理事长要么是学部委员，要么是大学校长。因为这个硬条件，李家治同样与中国人工智能学会理事长一职擦肩而过。

最终担当“火车头”角色的，是来自中科院应用数学研究所的秦元勋院士。秦元勋是当时应用数学研究所的副所长，曾是原子弹工程中九所理论部的“八大主任”之一，从事核武器设计中的威力计算方面的工作，与约翰·冯·诺依曼（John von Neumann）在美国核武器研制中扮演的角色相仿（见图 2-1）。在我国首颗原子弹爆炸前夕，在直送中央专委的“保证成功概率超过 99%”的备忘录上，秦元勋是三名签

图 2-1　再现第一颗原子弹理论突破时期民主讨论场景的油画《当代英雄》

（前排围桌者左起：周毓麟、邓稼先、彭桓武、周光召、朱光亚、程开甲、秦元勋、郭永怀）

字人之一。同时，109 丙机和 J-501 机两台计算机的研制也是他建议的。此外，秦元勋的业务能力也很强，他在常微分方程的定性理论、运动稳定性、近似解析、机器推理等方面的研究，在中国处于开创者的地位。

看上去秦元勋是当时最好的选择，资历足够深，特别在中科院体系里有着极高的威望，是能和周光召等院领导说上话的人。这自然而然建立起一种屏障，中国人向来讲井水不犯河水，有秦元勋坐镇，其他大科学家也不便对中国人工智能学会的事情指手画脚。

秦元勋出任中国人工智能学会理事长的一个争议点是他和人工智能的关联不大，但他在 1979 年利用计算机的符号运算，开创了常微分方程的计算机推导公式的先河，开始进入人工智能领域。

不过秦元勋本人的兴趣不在人工智能上，而是在计算物理和教育上。1982 年，秦元勋自行创立了全国计算物理学会，担任理事长。之后，秦元勋又把大部分精力放在了黄河大学的筹办上，这两件事情大大分散了他的精力，让他无法投入太多的时间在中国人工智能学会上，导致他在任时存在感较弱。

为什么让秦元勋这样一个有争议的人物来担任中国人工智能学会的理事长呢？理由只有一个，那就是中国人工智能研究一开始就处于争议的漩涡中。

“人工智能”一词，长期以来被认为在意识形态上不过关，带有浓烈的唯心主义色彩，因此广受批判。很多人觉得“机器怎么会有智能呢”，因此需要在哲学意识形态上进行辩论。

关于人工智能的哲学讨论早已出现。1956 年，信息论创始人克劳德·艾尔伍德·香农（Claude Elwood Shannon）在《自动机研究》的序言中指出，图灵准则是行为主义性质的，只能说明机器在行为上和人等价，并不能区分机器是通过思维解答问题的还是通过背诵答案解答问题的。在控制论领域，虽然诺伯特 · 维纳（Norbert Wiener）认为机器可以比人聪明，但他曾经的合作者、计算机之父冯 · 诺依曼却说人脑的语言不是数学的语言，他认为人脑和计算机在控制和逻辑结构上都有着很大的差异。

苏联科学院院士柯尔莫哥洛夫（Kolmogorov）在 1961 年“自动机和生命”的报

告中大胆提出用控制论方法制造能繁殖、进化且有感情、有理性的“活物”，他认为创造出这种十足的活物原则上是可能的。在 1962 年苏联召开的控制论的哲学问题会议上，部分技术专家和数学家针对这一问题也倾向于给出肯定的回答，不过在国内这种观点是没有市场的“修正主义”。

提到控制论，不可不提到的一位科学家是钱学森。

中国曾一度追随苏联批判控制论，钱学森的《工程控制论》去除了控制论的“唯心主义成分”，使控制论在中国得以传播。

《工程控制论》中有不少关于人工智能、神经网络和图像识别的内容，但当时的钱学森并没有把推进人工智能当作自己最重要的工作。从 20 世纪 70 年代末开始，钱学森就致力于现代科学技术体系的梳理和系统科学的研究推广，而控制论只是系统科学“老三论”[1]之一，人工智能作为控制论的交叉衍生内容，更不在钱学森的主要“战场”。

顺便说一句，中国人工智能学会筹委会也曾考虑过找钱学森担任首任理事长，但钱学森事务繁忙，所以没有将他列入最终的候选名单。

钱学森对现代科学技术体系的描述最早是在 1977 年 10 月在中共中央党校作关于现代科学技术发展状况的报告中，之后在此基础上，于 1978 年提出了科学知识体系的“1+3”模式，“1”指最高层次的马克思主义哲学，“3”指第二层次的自然科学、数学、社会科学这 3 个基础科学部类。1980 年提出的“1+4”模式增加了思维科学，1981 年提出的“1+6”模式又增加了系统科学和人体科学。

钱学森认为，思维科学是一门处理意识与大脑、精神与物质、主观与客观的科学，并主张发展思维科学要同人工智能、智能计算机的研究工作结合起来，并以自己亲身参与应用力学发展的例子，说明研究人工智能、智能计算机应借鉴应用力学的发展路线，走理论联系实际，实际以理论为指导的道路。

后来司马贺再次访华时了解到钱学森对思维科学的阐述，便致信希望和钱学森讨论一些问题，不过两人最终未能见面。

1　一般指系统论、控制论和信息论。

2.4　农村包围城市：中国人工智能学会成立

1981 年 2 月 10 日，来自全国各地的近 50 名从事人工智能研究的专家、学者聚首北京。会议只有一个主题，即倡议尽快成立中国人工智能学会。

1981 年 2 月的这次会议不仅是倡议，还确立了以秦元勋、王湘浩为首的 16 人常务筹备小组。

小组成员来自各个领域，有王湘浩、曾宪昌等因机器定理证明方面的研究而有一定地位的计算机专家，有蒋新松、涂序彦、楼启明等自动化领域的实力派，有范继淹这样的计算机语言学的开拓者，有李家治这样的心理学学者，有童天湘这种主张“哲学先行”的研究者，有华东师范大学的万嘉若、湖南大学的文中坚这样的“地方派”，还有渠川璐、何华灿、袁萌这样的活跃组织者。筹备小组成员的不同背景反映了人工智能交叉学科的性质，同时也体现了当时人工智能研究的复杂关系，更预示了中国人工智能学会的先天不足。

毫无疑问，这样的架构在一定程度上可以减小关于人工智能的争议所带来的阻力，但也使得中国人工智能学会在早期处于一种多头平衡的状态，直到 20 世纪 90 年代末，随着人工智能和特异功能的界线逐步清晰，以及中国人工智能学会从中国社会科学院（下称“社科院”脱离，中国人工智能学会才慢慢步入正轨。这是后话。

这次的筹备会起草了《关于成立中国人工智能学会的申请报告》，并把它呈交给社科院和中国科学技术协会（下称“科协”）这两家单位。

社科院和科协是当时推进国家人工智能研究的两大主管机构，于光远时任国家科委副主任兼社科院副院长，钱学森时任国防科工委副主任兼科协副主席。

最终出现在成立大会上的是于光远。于光远实际上是连接两大组织的关键人物，他虽然没有在科协挂职，但因为当时科协受国家科委领导，所以于光远与科协的渊源也颇深。

还有一点就是，第一届全国人工智能学术会议的主办方是《自然辩证法通讯》。该杂志创刊于 1979 年，由中科院主管，杂志的第一任总编辑是于光远。于光远从 1964 年起就担任了国家科委副主任，1975 年又兼任了社科院副院长。于光远学识渊博，学贯自然科学和社会科学，是国务院政策研究室负责人之一，许多经济建设和经济体制改革中的重大理论问题是由他率先或较早提出的，他也参与了许多重要的决策，是中国当代思想解放运动和改革开放的重要参与者和见证人。

但在到底找谁挂靠上，筹备会并没有取得一致意见。

有意思的是，一般的学会是先成立总会再成立各地分会，而人工智能学会是先成立分会再成立总会。1981 年 6 月 23 日，中南人工智能学会在长沙成立，由武汉大学计算机科学系知名教授曾宪昌担任理事长。中国革命有“农村包围城市”的传统，当时中国人工智能学会的高层仍存在分歧，在等待有关部门批示拍板的时候，中南地区成了中国人工智能革命的策源地。

曾宪昌之所以领衔中南人工智能学会，而不是湖北省人工智能学会，是因为当时在推动中南分会成立的力量里，湖南大学的文中坚起到了积极的作用。

文中坚也是中国人工智能学会 16 人常务筹备小组成员之一，在讨论成立大会召开的地点时，文中坚力陈在长沙举办的好处，最终打动了筹备小组。在长沙举办，可以远离关于人工智能与特异功能的争议，在某种程度上是一件好事。1982 年由中南人工智能学会主办的全国第一份人工智能学术刊物《人工智能学报》在长沙创刊，文中坚担任杂志的首任主编（图 2-2）。

图 2-2《人工智能学报》创刊号[1]

1　图片中存在印刷错误（LENG 应为 NENG）。

2.5 中国人工智能学会成立

中南人工智能学会的率先成立加速了中国人工智能学会的成立。

1981 年 9 月 19 日，在挂靠问题没有形成共识的情况下，中国人工智能学会常务筹备小组在长沙湘江宾馆召集发起人会议，协商产生了第一届理事 48 人，并推选秦元勋任理事长，万嘉若、王湘浩、李家治、范继淹、涂序彦、曾宪昌、渠川璐、蒋新松、楼启明 9 人担任副理事长，渠川璐兼任秘书长，童天湘担任办公室主任，林尧瑞等 26 人担任常务理事。

与此同时，9 月 20 日至 9 月 22 日，在湘江宾馆召开了中国人工智能学会成立大会暨全国第二届人工智能学术会议。

由于没有取得一致意见，所以这次会议并没有决定具体挂靠在社科院还是科协，但从态势上来说，在这次决定人工智能走向的讨论中，于光远的表态至关重要。

于光远应邀参加了中国人工智能学会的成立大会并发表了讲话。在讲话中，于光远依然不忘批评特异功能，他表示：

> “人工智能我积极支持，人体科学我赞成，但人体特异功能我不支持。我来的时候有人问我人工智能是不是人体特异功能，我说不是，只有两个字是相同的，一个是‘人’字，一个是‘能’字……第一届人工智能讨论会上，西蒙教授讲话，那次我到会听了。西蒙提出‘学习论’，我承认这个学科，我认为这个学科很重要，但对于如此宣传的‘特异功能’，那根本不是事实。”

1982 年 6 月 8 日，社科院最终接受中国人工智能学会的挂靠。

我们推测原因有二：一是为了将人工智能与特异功能彻底分开，给人工智能一个更纯粹的环境；二是经费因素，因为科协只是受科委领导的社会团体，而社科院属于有编制的机构，经费更为充分。

虽然从今天来看有点不可思议，但在当时复杂的环境下，这是最优解。

但这种组织结构也带来了诸多问题。

还有一个是学术路线和团结谁的问题。中国社会科学院哲学研究所科学技术室主任童天湘作为于光远的研究生，是人工智能哲学先行的代表人物。童天湘在 1978 年 4 月的《光明日报》和《国外社会科学》上分别发表了《控制论的认识论问题》和《关于机器思维问题》。

在长沙举办的全国第二届人工智能学术会议上，人工智能与哲学相关的文章超过三十篇，是研讨会的第一大研究类别，该类的论文数量是第二、三类的总和。1982 年中国计算机学会人工智能学组的讨论会上论文总数也不过四十多篇，可见人工智能与哲学这一类别的论文的数量之多。中国人工智能学会挂靠社科院，促使人工智能与哲学的研究成为中国人工智能学会主办的学术会议的第一显学。

这就决定了一开始的时候中国人工智能学会中模式识别和自动化方向的学者缺乏话语权（他们主要在中国自动化学会活动），中国人工智能学会的成员也与各个大学计算机系出身的做人工智能研究的博士和硕士（他们主要在中国计算机学会）没有什么重合。虽然先后有涂序彦、何华灿、钟义信、蔡自兴等人不断在上述两个圈子中“合纵连横”，但在此后约 20 年中，也就是中国智能学会挂靠社科院期间，中国人工智能学会并没有起到它应有的作用。童天湘退休后，在第四任理事长钟义信的争取下，中国人工智能学会挂靠北京邮电大学，成为中国科协的正式成员，与计算机、自动化圈子的关系日渐紧密，逐步走上主流。

1981

第3章

1981年：模式识别风起与信息科学金三角

相比其他学科，人工智能最有意思的一点就是，如果你去问一些从事人工智能工作的人什么是人工智能，你或许会得到许多截然不同甚至互相矛盾的回答。仔细算来，人工智能这一学科是在很多学科的基础上成长起来的，自这一概念在1956年的达特茅斯会议上被提出以来，不同领域的研究者从不同的角度理解“智能”，对于人工智能的定义自然也有不同的看法。

模式识别就是一个例子。

模式识别方法最早可追溯到 1929 年，当时欧洲出现了光学字符识别的专利，而在计算机出现后，20 世纪 50 年代初就开始有一系列关于模式识别的论文发表。模式识别中的“模式”一词，指的是事物的标准样式，是时间和空间中具有可观测性、可度量性和可区分性的信息，反映出具有自我重复与规律性变化的特点。中国科学院院士、中科院自动化所资深研究员戴汝为将“Pattern”一词翻译为“模式”，实际上体现的正是控制论中对信号、图像、声音、文字所反映的内在规律的分类识别的过程。对应地，感觉功能的机器模拟在控制论中被称为模式识别，这也是模式识别最早一批研究者来源于自动化领域，而模式识别有时又被称为分类技术的原因。随着计算机技术的发展，人们开始研究和探索如何利用计算机实现原来由人来完成的智能活动，特别是人能够完成的模式识别智能感知活动，这也促进了人工智能、计算机智能信息处理的迅速发展。

从学科的发展历史上看，模式识别概念的提出要早于人工智能，二者的目的都是让机器达到类似人的智能的效果，但最初的区别在于前者关注用计算机模仿思维的过程，后者则注重让计算机用二进制的数据结构和算法去达到人脑的智能效果。

相对于人工智能，中国人在偏向应用的模式识别上更早取得突破。

3.1 ICPR 迈阿密风暴和傅门八君子

1980 年 12 月 1 日，在美国迈阿密海滩举办的第五届 ICPR（国际模式识别大会）的会场，突然涌入不少中国人。之所以能分辨出他们的身份，是因为他们穿着式样统一的崭新西装，当他们结队出现的时候很难不被注意到。

不过，单是这样并不能引起 ICPR 参会者们的特别关注，ICPR 本身有着深厚的华人背景，与亚洲有着不解的缘分。

1973 年，在美国电气与电子工程师协会（IEEE）的组织下，首届国际联合模式识别大会（International Joint Conference Pattern Recognition，IJCPR）[1] 在美国华盛顿特区举行。这届大会的主席就是傅京孙。

傅京孙是浙江丽水人，1954 年毕业于台湾大学电机系，后赴加拿大、美国留学，1961 年起在普渡大学电机工程系执教，是当时华人计算机界和模式识别领域的领袖，因在模式识别上的突出贡献被称为“国际模式识别之父”。之后的两届 IJCPR，傅京孙均担任主席。

第四届 IJCPR 在亚洲的日本举办。IJCPR 的参会者们还是见过世面的，不会把中国人当大熊猫来看待，但当这些中国人登台宣读自己的论文时，还是让不少参会者吃了一惊。

这是中国第一次有规模、跨单位、成体系派出代表团参加 IJCPR。代表团成员包括中国科学院 1 人（胡启恒）、教育部 3 人（清华大学的常迵、华中工学院的万发贯、

1 ICPR 的前身，1980 年以后改名为 ICPR。

复旦大学的汪凯仁）及来自中国精密机械公司北京研究院的 2 人共 6 人，各高校、科研机构在美进修的 10 余名教师也参加了大会。这次大会有来自 20 多个国家的学者共 600 余人参加，共收录论文 305 篇，论文数量之多和范围之广都远远超过以前的各届会议。而第一次有论文发表的中国就以收录 9 篇论文的成绩，排在美国、日本、法国、德国、英国之后，与瑞典并列第六。

此次大会收录的 9 篇中国论文包括：

- 卢道铮、A. M. Smith 和 D. G. Childers 所著《声音识别中消除噪声的问题》;
- 吴立德所著《关于线段编码的 Freeman 推测》;
- 黄德明所著《沃尔什—阿达马—哈尔混合变换》;
- 汪凯仁所著《扇形扫描下图像再现的数学方法》;
- 陈传娟、石青云所著《用于癌细胞识别的形状特征》;
- 徐建华所著《图像增强的一种自适应滤波方法》;
- 鲍成志所著《结构法用于汉字识别的基元描述和抽取》;
- 戴汝为所著《句法模式识别中具有属性的并行树状文法与自动机》;
- 张寿萱所著《识别手写数字的正则表达式的推断》。

在这 9 篇论文中，除《扇形扫描下图像再现的数学方法》是由作者汪凯仁从复旦大学来参会和进行宣讲的之外，其他 8 篇均由在美国进修的教师完成并进行宣讲，“走出去”的策略初见成效。

其中陈传娟、石青云的《用于癌细胞识别的形状特征》一文，在傅京孙 1979 年回国访问期间，曾给他留下了深刻的印象。这篇论文紧跟了生物医学信号的识别这一模式识别的热点应用领域，利用论文中介绍的方法得出的优异的识别结果也引起了参会人员的关注。文章讨论了细胞边界的傅里叶展开与链码之间的关系，然后根据傅里叶展开式的系数引出细胞边界圆滑度、细长度、扩散度、凹度等项的定量定义并进行分类。利用这种特征对 127 个细胞进行分类的结果表明，除两个稍不典型的细胞外，所得分类都是正确的。后来石青云能接替常迵进入国际模式识别协会（IAPR）管理委员会，多少也与其在模式识别研究中的突出表现有关。

据中科院自动化所资料记载，1979 年傅京孙仅在中科院自动化所就开了十场讲座，内容包括句法模式识别、图像处理及模式识别的应用等，共有 370 人听课。傅京孙数次回国讲学，每一次都会被老友常迵抓住点评博士生的工作。

常迵还会把最近一期的中国模式识别大会的论文集给傅京孙过目，而傅京孙也会加班连夜全部看完，并指出国内研究与国际上的差距，对模式识别在中国的发展起到了积极的作用。

1980 年在美国迈阿密海滩举行的第五届 ICPR 上刮起的“中国风暴”，很大程度上与傅京孙的这次来访有关。

傅京孙是句法模式识别领域的开山鼻祖，他于 1974 年在美国出版专著《模式识别中的句法方法》，奠定了句法模式识别这一科学分支的基础。他创办的《IEEE 模式分析和机器智能汇刊》（*TPAMI*）是计算机视觉和相关领域的权威期刊之一，直到今天，该期刊仍然是中国计算机学会人工智能方向的 A 类期刊。国际模式识别协会后来设立的模式识别领域的终身成就奖“傅京孙奖”也以傅京孙的名字命名。

1979 年傅京孙应邀回国访问期间，在中科院自动化所、北大、清华等单位举办了多场模式识别方面的讲座。对许多刚接触模式识别的研究人员来说，傅京孙的讲座无疑为他们打开了一扇大门。

伴随这扇大门的打开，留学大潮开始恢复。1978 年政府首次公派 52 人，1979 年又增至 500 人。

政府并不是不想派更多的人员留学，只是最初的外派方式是由周培源等老一代学者敲定的，他们并不清楚美国的大学会向研究生提供大量资助，因此一开始与美国科学院约定的方式是自掏腰包派出访问学者，而当时政府手头拮据，原本设想的 5000 人都要分几批派出。

1978 年，诺贝尔物理学奖得主李政道教授再一次来到北京，带来了 CUSPEA（中美联合培养物理类研究生计划）。CUSPEA 组织美国著名大学在常规的研究生招收计划之外在中国联合招考研究生，由美国的大学出全额奖学金，学生学成后回国。

CUSPEA 从 1979 年开始实施，在当时中国没有托福（TOEFL）、留学研究生入学考试（GRE）的情况下，CUSPEA 作为担保让一批国内优秀青年学子有机会到美国一流大学深造。后来 CUSPEA 委员会委员之一、中科院研究生院英语外语教研室主任李佩又将 CUSPEA 推广开来，在外语教研室的外教玛丽·沃特（Mary Van de Water）的帮助下 200 多名学生完成了国外大学与奖学金的申请。消息传出去后，北大、清华等学校的学生也纷纷提出申请，自费留学成了公派之外的另一条出国进修的途径。

傅京孙在 1979 年举办的学术交流活动，使国内越来越多的研究者了解模式识别理论的最新进展，也使他本人对国内模式识别的研究进展有了直接的认识，中科院自动化所和北京大学、清华大学、复旦大学等高校正在进行的相关研究，都给他留下了深刻的印象。于是在傅京孙的邀请下，中科院自动化所的戴汝为、北京大学的石青云、清华大学的边肇祺等人成为公派的访问学者，到普渡大学进修模式识别技术。

傅京孙当时并没有意识到，在往后的几年里，随着自费出国的人越来越多，有更多的留学生来到普渡大学并投在他的门下。在这一波出国潮中，普渡大学因为拥有一流的工科院系而受到国内众多学生的关注，当时普渡大学在 EECS[1] 方向上除傅京孙外，还有黄铠、华云生等一批热心与国内交流的华裔名师。

另一位著名的计算机视觉与模式识别大师黄煦涛也曾在普渡大学任教至 1980 年。戴汝为在 1982 年第 6 期《国外自动化》上发表《美国模式识别研究的进展》一文，该文章中曾提到过黄煦涛离开的原因，文中说“当时关于图像理解（image understanding）的研究呼声较高，普渡大学几个教授申请到一笔经费，建立了一个实验室，开展图像理解研究。1980 年，经费突然停止，这项研究也就被取消，不久那位主要负责的教授

1 美国学校多把电气工程（Electrical Engineering，EE）与计算机科学（Computer Science，CS）作为一个院系，合称 EECS。

也离开了普渡大学”。黄煦涛的故事在之后的章节里会详细介绍。

华人教授对中国学生的认可度，以及给刚刚走出国门的留学生带来的亲近感是外国导师无法相比的。普渡大学也在这一波出国潮中吸引了大批的中国学生。1981 年，普渡大学成立了美洲大陆第一个中国访问学者和留学生的联谊会——PUCSSA，该联谊会是美国最活跃的中国学生社团之一。直到今天，普渡大学的中国学生数量在全美高校中也名列前茅。

除了参加国家和部委的公派考试去普渡大学的学者，当时国内派遣至普渡大学的第一批访问学者多为国内各单位培养的骨干，如傅京孙接收的中科院自动化所的戴汝为、北京大学的石青云、清华大学的边肇祺，进入华云生的实验室的中科大陈国良，选择黄铠作为导师的清华大学的郑衍衡。之后，有更多的学者自己联系学校争取资助，名义上仍然算政府公派，这种留学形式叫作“自费公派”。

普渡大学的“自费公派”学生包括后来主持研制曙光超级计算机的李国杰。李国杰在中科大时并未获得中科大的公费出国名额（当时中科大为吸引优秀学生，曾答应为叶志江等部分 1978 年入学的研究生安排公费出国），他转入中科院计算所委培后，由在中科院计算所的导师夏培肃牵线，与来北京讲学的黄铠教授联系，获得了在华云生门下攻读博士学位的机会，是第一批去普渡大学攻读博士的国内学者。清华大学计算机系的徐光佑，在申请普渡大学访问学者之前和傅京孙并没有打过交道，选择傅京孙是因为他的名气最大，查到很多论文有他的名字，最后徐光佑也被傅京孙接收，获得了“自费公派”到普渡大学做访问学者的机会。类似的还有来自中南大学的访问学者蔡自兴，他到美国后与傅京孙联系，从内华达大学转到普渡大学。光 1980~1984 年，傅京孙就接收了来自国内的 20 余位访问学者，实验室变成了一个 Chinatown（中国城），他也成了接收中国访问学者较多的教授之一（图 3-1）。

图 3-1 傅京孙与学生在一起

（前排左起：周曼丽、傅京孙、承恒达；后排左起：蔡自兴、徐光佑）

傅京孙曾总结过自己的研究方向：20 世纪 60 年代主要关注统计模式识别，20 世纪 70 年代主要关注句法模式识别，20 世纪 80 年代主要关注人工智能。

傅京孙门下的戴汝为、石青云、边肇祺、蔡自兴、徐光佑、舒文豪、周曼丽、承恒达均活跃在人工智能与模式识别的第一线，为中国的人工智能与模式识别的发展做出了突出贡献。上述 8 人大多跟随傅京孙进行模式识别或计算机视觉等相关研究，其中例外的是蔡自兴。在 1983 年傅京孙第二次回中国的时候，曾应常迵的邀请答应为中国研究者写一本介绍人工智能的书，傅京孙回到美国后，便将这一任务交给了刚刚转学来到普渡大学的蔡自兴和另一位来自清华大学的访问学者徐光佑。在傅京孙的指导下，蔡自兴与徐光佑完成了我国第一部人工智能自主产权著作《人工智能及其应用》，该书由清华大学出版社在 1987 年出版，是 20 世纪给中国人工智能领域带来很大影响的图书之一。

3.2 常迵和国际模式识别协会

在 1980 年的 ICPR 上还发生了一件对中国模式识别学术界影响深远的大事。在这次的大会全体会议上，大会主席阿兹瑞尔·罗森菲尔德（Azriel Rosenfeld）宣布中国加入国际模式识别协会，成为会员国。常迵作为中国代表加入了管理委员会。

常迵，1935 年考入北京大学物理系，后转入清华大学电机工程系，在南迁的西南联大完成学业，和西南联大“三剑客”之一的张守濂（另两位分别是杨振宁、黄昆）是莫逆之交。常迵后来在麻省理工学院和哈佛大学这两所顶级名校攻读硕士和博士学位，1947 年回国到清华大学任教，在信号与系统、天线理论和发送技术等方面造诣精深。1970 年，清华大学将与自动化相关的部分专业合并成中国第一个自动化系，之后常迵从电子系来到了自动化系支援自动化系建设，帮助完成了自动化系几大研究方向的布局。在自动化系，常迵从信号处理方向的研究扩展到模式识别的研究，后来他率先在清华筹建和领导了信息处理与模式识别研究室，设立模式识别与智能控制专业博士点和博士后流动站，取得了世界领先的多项研究成果。

常迵不仅身体力行进行模式识别研究，还组织中国学者们集体转型。

1979 年，中国自动化学会模式识别和机器智能专业委员会成立，常迵任主任委员，中科院自动化所的研究员陈贻如是秘书长。这一年也举办了第一届中国自己的模式识别大会，最开始仿效 ICPR，以两年一届的频率举办，1983 年起改为一年一届。1983 年在上海举办的中国模式识别大会是与中国计算机学会一起举办的，也是从这一年起，中国计算机学会开始组建模式识别学组，于是就有了 1986 年中国计算机学会下的人工智能学组和模式识别学组的合并，这是后话，容后再叙。

到 1987 年常迵因病远离模式识别学术圈子前，中国自动化学会模式识别与机器智能专业委员会主办了七次全国性的模式识别与机器智能学术会议，在普及、推动国内模式识别领域的研究和学科发展上发挥了巨大的作用。

打开国门后特别是在 ICPR 上反映出的一些前沿趋势进一步推动了国内对模式识别的重视和发展。

模式识别在 20 世纪 60 年代作为一门单独的学科在国外得到了迅速发展，它作为现代技术的基础，其重要性逐渐为人们所认识。在农业科学、空间勘测、地质学、医学、军事科学、通信、法律、工业上的质量控制、机器人和语言学等领域，模式识别都为解决实际问题提供了新理论和新方法。中科院自动化所等单位派出代表团，自然也是希望了解当下火热的模式识别的前景与应用。如果说之前中国模式识别研究者只能拿着过去的论文袭人故智的话，这次大会的现场交流大大开阔了他们的眼界。新方法、新理念的碰撞，交流得到的启发，从这些参会者逐步传播到整个模式识别的圈子中。

基础研究方面最早感受到这种变化。统计模式识别是一种传统的模式识别方法，具体来说就是抽取模式的特征，并用特征向量表示这个模式，然后对其进行分类。这种模式识别方法是很容易让人理解和接受的。但傅京孙提出的句法模式识别需要将模式和语言中的句子类比，借鉴语言中句子的构成、产生及识别。国内人员对以这种方法为基础的形式语言了解不多，往往感到句法方法不容易接受，应用起来困难。就在大会后不久，派出代表参会的复旦大学和华中工学院也相继开设了形式语言的课程。

在应用方面，随着对模式识别的关注，在 1981 年“六五”期间，模式识别首次进入“六五”科技发展规划，成为重点攻关项目遥感技术下的课题之一，在农作物估产、勘察等方面得到应用。在此后的“七五”“八五”科技规划中，模式识别在大规模集成电路自动键合、印刷电路板的检验、指纹识别、模式识别图像数据库等方面得到了广泛应用。

1980 年的 ICPR 给国内模式识别带来的最大变化是人才培养机制的转变。代表团意识到，要缩小我国模式识别与国际水平的差距，除了派人员到国外进修，聘请外国学者来我国讲学等，还应立足于国内，充分利用国内的人力物力来培养自己的科技队伍。

这次大会中国虽然有 9 篇论文被收录，但由于历史原因，相对于大会“大部分研究工作是年轻人做的，其中包括不少研究生的科研成果”，后续年轻人才的培养上仍然存在断档。

3.3 模式识别国家重点实验室

1982 年前后，第一批学习模式识别的公派访问学者开始集体回国。

首先回归的是戴汝为。回国后，戴汝为将傅京孙的句法模式识别理论在中国发扬光大，中科院自动化所“孵化”的最成功的公司汉王科技，其主打产品“汉王笔”的识别原理就用到了句法模式识别，而汉王科技的创始人刘迎建正是戴汝为指导的研究生。

戴汝为之后将研究方向转向人工智能，并在中科院自动化所筹办了人工智能实验室，这或许与戴汝为对自动化学科的发展趋势的观点有关。他认为自动化的趋势是智能化，智能自动化的核心问题可以划分为智能科学与智能工程两个方面，前者研究系统中如何采用人工智能的原理使系统智能化，后者探索如何在自动化领域发展新的原理来丰富智能的研究，从这个角度来看，人工智能才是自动化升级换代的关键因素。或许是出于这个原因，后来中科院自动化所筹办模式识别国家重点实验室时，戴汝为反而不在其中。

张罗推动模式识别国家重点实验室成立的是中科院自动化所的另一位强人，也是在 1983~1989 年担任中科院自动化所领导的胡启恒。

胡启恒家学渊源深厚，舅舅是范文澜，哥哥是胡启立。

胡启恒生于 1934 年，在新中国成立初期的 20 世纪 50 年代，国内曾选派一批优秀人才留学苏联学习技术建设祖国，胡启恒就是那个时候被派遣留学苏联的。胡启恒在 1963 年获得技术科学副博士学位，回国后她在中科院自动化所先后从事生产过程自动控制、模式识别等方面的研究工作，是中国在模式识别与人工智能领域较早的探索者。

与戴汝为同期，在 1980~1981 年，胡启恒也在美国做访问学者，她去的是凯斯西储大学（CWRU），邀请她的是凯斯西储大学的教授包约翰（Yoh-Han Pao），包约翰同时是美国国家科学基金会的学部主任（1978~1980 年）。除了胡启恒，中科院自动化所的另一位科学家黄翼泰也在这所大学做过两年访问学者。

包约翰因中美交流与胡启恒结识，并邀请她做访问学者。按照胡启恒自己的描述，正是在做访问学者期间，美国的计算机联网给她留下了深刻的印象，这也促使她在 20 世纪 90 年代担任中科院副院长期间大力推动互联网进入中国，在中国互联网历史上留下了不可磨灭的一笔，而此举最重要的一个人物正是包约翰的前同事、美国国家科学基金会的主任尼尔·莱恩（Neal F. Lane）博士，这个世界不大。

包约翰并非外界所认为的技术官僚，相反，他不仅是当时模式识别领域的大师，之后也是神经网络的大师之一，他的《自适应模式识别和神经网络》一书也被马颂德等人翻译并在中国出版。在中科院自动化所模式识别国家重点实验室的专家委员会委员里，包约翰也位列其中，是唯一的外籍顾问。他门下的一位博士生得过 1996 年的诺贝尔化学奖。

包约翰与傅京孙也很熟悉。包约翰在中国最重要的合作伙伴是华南理工大学计算机科学与工程学院教授、中国自动化学会副理事长陈俊龙。陈俊龙博士毕业于普渡大学，他在普渡大学读博士时所在的智能制造团队与傅京孙建立的美国工程研究中心同属一个大团队。陈俊龙的导师乔治·李（C. S. George Lee）曾与傅京孙合著了一本机器人的经典教材《机器人学：控制、感知、视觉和智能》（*Robotics: Control, Sensing, Vision, and Intelligence*），陈俊龙在当中干了不少活，但他在普渡大学并未和包约翰打过交道，两人结识于俄亥俄州的德顿空军基地的制造记忆体的合作项目，包约翰当时在空军基地担任首席科学家。包约翰对陈俊龙的早期发展影响至深，陈俊龙近年来最具代表性的研究“宽度学习系统”就深受包约翰提出的随机向量函数链接神经网络

（Random Vector Functional Link neural Network，RVFLNN）的影响。

傅京孙生前出席的最后一个在帕罗奥图举办的中美学者共同参与的计算机中文信息处理讨论会，包约翰也应邀参与，同时参与的还有加州大学戴维斯分校的林文振教授。包约翰也是傅京孙创办的中文计算机学会的成员。

回过头来说中科院自动化所，该所一直是中国科学家对外交流的“先遣部队”。

1978 年底，中国科学院组织 6 人代表团（中科院自动化所 5 人，沈阳自动化所 1 人）前往日本京都参加第四届 LCPR，这也是我国第一次正式参加 LCPR。在会议前后，中科院自动化所相继邀请了日本模式识别权威坂井利之教授、美国著名专家周绍康（C. K. Chow）、法国著名专家西蒙（Simon）、来自加拿大的孙靖夷（C. Y. Suen）教授等访问中科院自动化所并进行模式识别方面的学术交流，对之后中科院自动化所的对外学术交往和研究生培养做出了很大贡献，模式识别也成为中科院自动化所的三大支柱研究方向之一。

中科院自动化所是 1971 年“7150”识别系统演示项目的承担单位，71 是当时的年份，50 代表建党 50 周年。真正具有实用性的研究则是之后的手写数字识别机。1974 年底，中科院自动化所二室（模式识别和遥测遥控）完成了能识别字体限制较少的手写阿拉伯数字的实验室系统。在此基础上，1975 年到 1977 年，中科院自动化所进行了分拣系统的课题研究，于 1977 年 8 月为我国第一条全自动邮政信函分拣线提供了手写体阿拉伯数字识别机样机，该项目也因此获得了 1978 年全国科学大会的重要成果奖。作为我国第一台手写体数字识别机，这台机器对人工分拣的变革具有重要意义，特别是对我国此后发展模式识别学科起了先导作用。

当时邮政手写识别样机研究的参与人包括胡启恒、林鹏、宁汉悦、吴峰风、潘尚总、戴汝为等，项目负责人是当时中科院自动化所二室副主任、模式识别组组长胡启恒。

不论是对模式识别的实践，还是对模式识别先进趋势的把握，或是在模式识别人才团队的宽度和厚度上，中科院自动化所当时在模式识别领域里都是数一数二的。

因此，让模式识别国家重点实验室依托于中科院自动化所的呼声不绝于耳。

我国的国家重点实验室建设起步于 20 世纪 80 年代。早在 1977 年，中国科学院就通过了《1978–1985 年控制与信息系统学科规划纲要》。这是中国信息科学领域的一份指导文件，明确了控制与信息系统学科的主要研究内容为：系统控制理论及应用；信息和图像信息处理；模式识别及理解系统；智能控制系统。围绕着这几个领域，中科院与相关高校开始进行相关国家重点实验室的建设，由此推动中国的人工智能研究向前一大步。

先建哪个方向的实验室，围绕谁来建，选择谁来筹建，学术委员会由谁来领衔等问题，就落在了中科院技术科学部的信息学组身上。

常迵于 1980 年当选院士，他与北京大学的程民德院士搭档，分别担任中科院技术科学部信息学组的正副组长，这个学组后来升级为拥有上百位院士的信息学部，现在的人工智能研究就属于这个学部。

按理说，常迵出身清华，那么，先依托清华创建控制方向的国家重点实验室，给其他重点实验室打个样，是理所当然的事情，但事实是，信息科学领域的三家国家重点实验室，第一个落实的是依托中科院自动化所建设的模式识别国家重点实验室。

在我们看来，之所以会出现这种情况，客观原因是院系之间多次调整，使清华大学系统控制理论及应用，以及智能控制系统的相关研究分散在自动化系、计算机系、电子工程系等多个系中，清华的计算机系、自动化系和电子工程系之间本身又有着错综复杂的分合关系，到底以谁为主，谁打配合，不容易形成共识。这三家国家重点实验室最后落成的是清华大学的智能技术与系统国家重点实验室，该实验室也是清华的这三个系通力合建的。

主观原因在于，常迵虽然出身清华，但他还是中科院信息学组的组长，肩负着团结足够多的学者参与到国家信息科学中，使中国的信息科学上一个新台阶的使命。先在清华建国家重点实验室，不利于团结大多数学者。

更重要的是，在 20 世纪 80 年代初，模式识别和理解系统发展很快，这是当时最流行最火热的研究方向，在规划圈定的四个方向里，模式识别是优先级最高的方向。

在这个领域，清华原有的累积并不多，常迵也是转到自动化系后开始从信号处理往模式识别的方向演进的。常先生有两个重要的助手，一个是边肇祺，他被常迵送到傅京孙那里做访问学者，另一个是 1991 年当选中国科学院院士的李衍达，他被常迵送到麻省理工学院，师从著名的信号处理专家艾伦·奥本海姆（Alan V. Oppenheim）教授学习数字信号处理，1981 年回国也加入模式识别国家重点实验室。整个常迵团队都是从 20 世纪 80 年代开始做模式识别的，起步晚，包袱也重。

甚至在模式识别领域，北大的积累要比清华多。

北大的模式识别的带头人是程民德，程民德本身也是信息学组的副组长。程民德与常迵同龄，是普林斯顿大学的博士，1950 年与华罗庚同船回国，回国后在北大数学系任教。

北大计算机与信息科学方向后来的几位带头人杨芙清、石青云、王选、马希文等在 20 世纪 50 年代均上过程民德的大课。

程民德算著名数学家陈建功的学生，他本人也是中国负有盛名的数学家之一。前文提到，吴文俊在 1990 年成立数学机械化研究中心的时候，还特别邀请程民德担任研究中心的学术委员会主任。

常迵与程民德相识于 20 世纪 50 年代初，相近的经历及研究方向的交集使两人在此后的研究中多有交流，为推动中国信息科学、智能科学，尤其是模式识别、信号与图像处理等学科的发展与交流做出了突出的贡献。

程民德在多重三角级数唯一性理论、多重傅里叶级数求和与逼近理论方面取得了具有开创性并产生深远影响的成果，而逼近理论正是傅京孙提出的句法模式识别的基础之一。1973 年，程民德从高维沃尔什变换入手，开始研究模式识别与图像处理，组织了跨学科的讨论班并在北大创建了“图形识别”学科。沃尔什变换是类似于傅里叶展开的另一种正交展开，在许多情形下，它比傅里叶变换更适合用在对数字无线电信号的分析上。二维沃尔什变换应用在电视频带压缩上是在 20 世纪 70 年代，虽然在国际上，二维沃尔什变换在计算机模拟与实验室试验方面取得了成功，但在理论上尚未有突破。程民德于 1978 年统一对高维沃尔什变换进行了系统而完整的分析，从理论上论证了沃尔什变换在数字图像频带压缩方面具有优越性，并与学生合作完成了中国第一本模式识别方面的专著《图像识别导论》。

当时对模式识别最为关注的三所机构——清华、北大和中科院自动化所，在模式识别的研究上各有特点。

清华最早从信号处理入手，这属于模式识别的传统领域，清华的地震波、地球物理、声音信号的模式识别是强项，后来计算机系又将模式识别应用到图像处理等领域；北大则从数学变换切入，理论基础扎实；自动化所则在应用上紧跟潮流，如上文提到的自动化所开发的邮政手写识别样机，它的一个创新之处是使用了句法模式识别，传统的模式识别方法是以罗纳德·费希尔（Ronald Fisher）在 20 世纪 30 年代提出的统计分类理论为基础的，即结合统计概率论的贝叶斯决策系统进行模式识别。

在 20 世纪 60 年代至 70 年代，统计模式识别发展很快，被识别的模式越来越复杂，特征也越来越多，开始出现了“模式灾难”，但由于计算机运算速度迅猛加快，这个问题在一定程度上得到了解决，统计模式识别仍然占据主流地位。而句法模式识别则是由傅京孙基于诺姆·乔姆斯基（Noam Chomsky）的形式语言理论提出的另一种模式识别方法，通过利用模式的结构信息，以形式语言理论为基础来进行结构化的模式识别，邮政手写识别样机就是在识别顺序逻辑的过程中运用了句法模式识别的方法的。

在常迵的主持下，信息学科的重点实验室的建设方案最终确定为先在自动化所创建模式识别的重点实验室，该实验室于 1984 年正式启动，筹委会主任为胡启恒。常迵自然参与了实验室的规划与筹建，并担任了模式识别国家重点实验室第一任学术委员会主任。

在中科院建立起模式识别的国际实验室后，程民德、石青云从信息处理方向入手，申报成立了北京大学视觉与听觉信息处理国家重点实验室。程民德与常迵为多年好友，石青云前往普渡大学拜在傅京孙门下也有常迵推荐的功劳。该实验室于1988年通过验收，程民德担任学术委员会主任，石青云担任实验室主任，常迵同样参与了该实验室的筹建，并担任实验室顾问一职。

剩下的系统控制理论及应用，还有智能控制系统，则留给了清华大学。这也是清华大学的优势领域，清华大学后来建设的智能技术与系统国家重点实验室，其中的两个关键词“智能”与“系统”便从这两个方向得来。但相比中科院自动化所和北京大学，清华的重点实验室申请落在了后面。

1987年，清华启动国家重点实验室申请，由常迵牵头担任实验室学术委员会主任，并以实验室基础设施最好的计算机系为主体，将计算机系、自动化系和电子工程系三个系的资源整合起来，联合申请建设智能技术与系统国家重点实验室。依托中科院自动化所、北大、清华建设的三所国家重点实验室由此组成了信息科学“金三角”。

3.4 信息科学“金三角”

以模式识别研究为基础，在这三所机构相继建立起了国家智能科学的重点实验室，这三所国家重点实验室被称为中国信息科学的“金三角”。“金三角”也代表了当时国内模式识别研究的最高水平。

在模式识别研究上，常迥的助手是 1957 年毕业于清华大学电机系的边肇祺；程民德的助手是他的学生、1957 年毕业于北京大学数学系的石青云。在 20 世纪 70 年代末开始的公派出国的浪潮中，边肇祺、石青云，再加上中科院自动化所的戴汝为，三人均前往普渡大学的傅京孙实验室学习模式识别。

2002 年当选国际模式识别协会会士（IAPR Fellow）的徐雷是第一位中国培养的国际模式识别协会会士。徐雷是常迥的第一个博士生，在程民德、石青云的指导下做博士后。2006 年当选国际模式识别协会会士的 3 名中国人中，张大鹏在常迥的指导下做博士后，谭铁牛来自中科院自动化所模式识别国家重点实验室，丁晓青来自清华大学智能技术与系统国家重点实验室，中国最早一批国际模式识别协会会士全部与“金三角”有关。

“金三角”还积极邀请国外著名学者来华讲学。北大、清华、中科院自动化所彼此之间来往密切，互相开放资源，可以相互访问，由一家机构请到国外著名学者讲学，另外两家机构的学生必然会前来学习。

石青云则建立了适用于景物分析的属性扩展图文法，给出一类语义与句法引导的形式语言翻译模式，并将其运用于图像处理，以高维属性文法实现了统计模式和句法模式识别的有效结合。她在图像数据库、指纹识别等攻关项目的研究上取得了突破，并与程民德一起建立了视觉与听觉信息处理国家重点实验室，这也是北大第一个国家重点实验室。作为视觉与听觉信息处理国家重点实验室视觉研究的学术带头人，她于 1982 年结束在美国的访问，回国后带领学生在数学与信息科学的交叉点上进行研究，尤其注意从视觉信息处理中提出新的数学问题，进而发展相应的理论和方法。她是国内少有的能在 ICPR 稳定发文的研究者，还主持了多个科学基金项目，对数字图像的离散几何性质进行了深入研究，创造了从指纹灰度图像精确计算纹线局部方向，进而提取指纹特征信息的理论和方法，成功研制出适用于民用身份鉴定的全自动指纹鉴定系统和适用于公安刑事侦破的指纹鉴定系统，在国内实现了产业化并进入国际市场。在石青云之后担任实验室主任的是听觉研究的学术带头人迟惠生，迟惠生是 20 世纪 90 年代国内神经网络研究的积极推动者，曾担任北大副校长。关于神经网络研究的相关内容会在后续章节叙述。

常迥牵头建立了模式识别与智能控制专业博士点和博士后流动站，除留学归来的边肇祺外，茅于杭、阎平凡、李衍达等当时自动化系的骨干均有参与。其中前两批研究生的招生负责人是茅于杭，阎平凡、李衍达均担任过模式识别教研室主任。关于他们的故事会在后续章节中展开介绍。

其他访问学者也在各自的岗位上起到了传帮带的作用，培养了一批研究模式识别的年轻人才，推进了中国模式识别的发展。

常迥在《关于第五届模式识别国际会议的报告》中曾说："在美国遇到不少好心的外国朋友，他们诚恳地表示，在模式识别这样需要大量计算机软件的领域，将来中国会做出很多成绩。他们的理由是中国人多，人巧，又细心，有耐心，可以培养大量计算机软件的人才。我们如能充分发挥和利用我们的有利条件，是不难做出优异成绩的。"现在来看果然一语中的。在 1982 年慕尼黑举办的第六届 ICPR 上，中国又有 11 篇论文入选，排名再进一位，位于世界第五位。

也正是基于最早一批模式识别学者的优异表现，常迥与傅京孙开始筹划将 ICPR

带到中国，进一步推动中国模式识别的发展。

在 1984 年的第七届 ICPR 上，中国获得了 1988 年第九届 ICPR 的举办权，常迥和傅京孙分别是这次大会的主席和程序主席，这是中国模式识别及人工智能的第一个高点，也标志着中国模式识别研究成为国际社区不可或缺的一部分。当时模式识别和人工智能还被看作不同的方向，而今日模式识别已被认为是人工智能的分支之一，后浪推前浪，大概就是这个意思。

但随之而来的两场变故让中国的模式识别学术研究遭遇巨大的打击。

首先是傅京孙在 1985 年的突然离世。傅京孙辞世时只有 55 岁，多少让人有些意外。他本人喜欢体育运动，每周都会打一次排球，也经常和学生打篮球，很重视身体健康。中科院院士、中科院计算机软件所研究员董蕴美提到过傅京孙吃早餐的场景。董蕴美院士说傅京孙会把煎鸡蛋的蛋黄剥离出来，只吃蛋白。傅京孙的过早辞世让中国模式识别的学者们失去了一位能遮风挡雨的长者。

其次是 1987 年常迥身体中风，傅京孙辞世后，ICPR 1988 的筹备也遇到了阻碍，当时以色列尚未与我国建交，以阿兹里尔·罗森菲尔德（Azriel Rosenfield）为首的一批以色列学者向 ICPR 提出修改大会筹备地点，最终大会改在罗马举办。受此打击，加上过度操劳，1987 年 12 月，常迥在三尺讲台上中风倒地，一病不起。中国本土的模式识别研究上升趋势就此终结。

与此同时，全球范围内第二波人工智能的退潮也对中国本土学者的模式识别研究影响颇大。中国模式识别的学者们开始被分化，一部分走向了指纹识别和文字识别等实用系统的领域，一部分则转向计算机视觉的研究，将计算机视觉与机器人、智能驾驶等领域结合，还有一部分学者将模式识别与神经网络结合，使模式识别在新的领域焕发新生。

第 4 章

1982

1982 年：专家系统的井喷

专家系统及知识工程是第二波人工智能浪潮的主要推动力量。不少人执着于明斯基证明的“单层神经网络不能解决 XOR（异或）问题”，认为这一证明直接导致了人工智能第一波浪潮的结束，然而这个观点推敲起来其实是略有问题的。打铁还需自身硬，明斯基此举固然打压到了联结主义学派，不过在这一阶段符号主义这边也并没有太多拿得出手的东西，无论是定理证明还是下棋，更多还是演示性质，无法落地推广到商业应用。专家系统的崛起，让符号主义流派再度处于人工智能研究的中心位置。

对于专家系统的兴起，明斯基也持保留态度。他与耶鲁大学的罗杰 · 尚克（Roger Schank）认为，专家系统与第二次世界大战期间出现的密码破译程序和决策辅助程序相比并没有表现出什么与智能有关的典型特征，而以往的那些程序设计成果之所以没有产生像专家系统那样令人着迷的魅力，是因为它们处于保密状态，或被贴上了“运筹”等不起眼的标签。

专家系统的意义在于把人工智能落地到商业应用的同时为计算机应用开启了新的方向，中国的人工智能研究也因为专家系统在 20 世纪 80 年代掀起了一次浪潮。

4.1 中国计算机学会人工智能专业学组成立

放在今天很难想象，一个二级学会下的学组的成立大会竟有这样高的规格，但对比今天该组织的社会影响力，又觉得理所应当。这里所说的就是中国计算机学会人工智能专业学组的成立大会。

1982 年 4 月 21 日到 25 日，由浙江大学（下称“浙大”）计算机系承办的中国计算机学会人工智能专业学组成立大会在杭州召开，本次大会来了两位副校长以及多位计算机学会委员，其中有中国计算机学会的代主任委员蒋士飞，副主任委员王湘浩以及委员何志均，作为东道主的浙大也派出时任浙大副校长、浙江省科学技术协会副主席王启东致辞。王启东与王湘浩同为民盟委员，这个世界不大。

这次学组的成立大会上也进行了论文交流，专家系统成为热门话题之一。

浙大主动承办人工智能专业学组的成立大会很大程度上是因为他们的系主任何志均。

在整个20世纪80年代，浙大不仅在专家系统，在整个人工智能与产业的结合上，特别是与图形图像的结合上，都堪称领一时风气之先，也由此开创了中国人工智能研究的浙大流派。

这在很大程度上归功于浙大计算机和人工智能研究的奠基人何志均，他是浙江大学无线电系和计算机系的创系主任，但其更重要的社会职位是中国计算机学会的副理事长，他也是人工智能与模式识别专业委员会的发起人之一并担任第二任主任委员。

1978 年，年过五旬的何志均离开他一手创办的已经发展完备的浙大无线电系，再度“白手起家”，创办浙大计算机系。

何志均为浙大计算机系定了两个研究方向，一个是计算机图形学，在这个方向浙大是顶级的，发展得很好，该领域唯一的国家级重点实验室就在浙大。另一个则是人工智能和专家系统。

这两个方向也是有主次的，以人工智能为主，以计算机辅助技术及计算机图形学作为第二个重点研究方向，并将现代的人工智能技术、图形处理技术结合到计算机辅助设计及计算机图形学的研究之中。何志均的第一个博士生陈纯，经过整整 5 年的研究，将人工智能技术、图像处理技术和计算机图形学相结合，于 1989 年完成丝绸印染 CAD/CAM 系统[1]的研究课题，达到了当时国际领先水平，并使合作企业在实际生产套用中获得了极大的经济效益，1990 年获浙江省科技进步二等奖。

在 1978 年招收硕士研究生时，何志均教授为浙大计算机系确定的第一个研究方向就是人工智能和专家系统，为此招收了王申康、朱淼良、孔繁胜、高济、潘云鹤五人为研究生。

话说这五个人虽然都不是从计算机系毕业的，但都是受过国内一流大学本科教育的优秀人才。最开始何志均计划招两人，但看这几个人都很优秀，于是破格招了五人。

当时也只有吉林大学、北京大学和浙大明确招收人工智能方向的研究生，清华大学、西安交大等学校则在原有方向培养人工智能方向的研究生（代表人物是清华的贾培发和西安交大的郑南宁），所以通盘统计下来第一批人工智能硕士也就小两位数的样子，其中浙大就占了一小半。

---

1 CAD 即计算机辅助设计 (Computer Aided Design)，指利用计算机及其图形设备帮助设计人员完成设计工作；CAM (Computer Aided Manufacturing，计算机辅助制造）的核心是计算机数值控制（简称数控），是将计算机应用于制造生产过程的活动。

因为这五个人都已成家，所以为了让他们安心搞科研，何志均竭尽所能，把他们的家人都调到浙大来工作，让他们家庭团聚。

这五个人研究生毕业后也都留在浙大工作。

五个人中年纪最大的是王申康。王申康生于 1945 年，浙江上虞人，1968 年清华大学自动控制专业本科毕业，曾在大庆油田工作。1989 年后陆续担任浙大计算机系副主任、主任等职位。

朱淼良，1946 年生，浙江桐乡人，1968 年东南大学本科毕业，曾担任浙大人工智能研究所副所长、浙大校园计算机网络中心主任。主要研究方向是图像处理和智能机器人。

孔繁胜，1946 年生，浙江宁波人，1968 年清华大学数力系本科毕业，享受国务院政府特殊津贴专家，现[1]为浙大人工智能研究所教授，2001 年至 2004 年受聘担任温州大学常务副校长。长期以来，致力于数据挖掘、分布式知识库系统、地理信息系统（GIS）、全球定位系统（GPS），以及计算机 / 现代集成制造系统（CIMS）等方面的研究。

高济，1946 年生，他是这五个人中一直沿着专家系统和知识工程开展研究的教授，也一直在浙大。在读研究生期间，高济就参与研发两个农业专家系统——蚕育种专家系统和小麦配种专家系统，硕士研究生毕业后，高济在何志均和浙大地质系柳志青的指导下，又做出了实用型钨矿勘探专家系统。

这五个人中最突出的是年纪最小的潘云鹤。

潘云鹤于 1946 年 11 月出生，也是浙江人。1970 年从同济大学建筑学本科毕业后分配到湖北工作，1978 年考浙大研究生时已经是当地小有名气的科技干部了。

何志均在 1986 年招收了第一届博士生共三人（陈纯、童学军和张宁），其中陈纯成为浙江大学计算机系第一位博士学位获得者。此后的几年中，浙大陆续招收了周

1 指本书撰稿时间。

坚、李善平、林峰、刘炼材、吴朝晖、孙建伶、潘志庚等博士生，随着前期的硕士研究生和博士研究生纷纷毕业并留校，浙大计算机系的教学、科研力量迅速壮大，浙大的计算机系和人工智能研究所也由此兵强马壮。

何志均不仅悉心培养人才，建设团队，还费尽心思，帮浙大计算机系建立实验环境，特别是购买当时稀缺的计算机设备。

1979 年秋，何志均和赴美国考察的浙大老师们把伙食津贴节省下来，买回昂贵、先进的 8 位微型计算机，使浙大的计算机科研实力上了一个新台阶。何志均到美国后，连续看了好几场计算机博览会，到匹兹堡大学的时候，他在报纸上看到纽约有一个大型计算机博览会，当即一人坐飞机飞到纽约，在博览会上看了一天，仔细看各个牌子、型号的计算机，仔细比对。最终买下当时最为先进的 CROMEMCO 微机，该计算机可以使用 UNIX 系统，运行 C 语言。为此，他花费了 8000 美元，按照当时的汇率合 3 万元人民币。当时何志均、薛艳庄夫妇两人的工资都是每月 140 元。

当时全中国除浙大外，唯有清华大学有一台同样的计算机。这台宝贵的机器来到浙大后，日夜运转，计算机系“停人不停机”，潘云鹤等人后半夜排队上机。

1981 年，浙大又凑钱购买了两台 CROMEMCO 微机。该计算机可以使用 UNIX 作业系统，可以运行 PASCAL 和 C 语言，浙大也成为国内第一批在教学和科研中使用 UNIX 平台和 C 语言的单位。

该 CROMEMCO 微机在此后的计算机研究中发挥了极大的作用，其中潘云鹤等研制的“美术图案智慧型创作系统”是在此基础上实现的。该项目通过美术大师常书鸿和上海交大张钟俊院士主持的鉴定，1985 年代表中国计算机应用成果参加日本筑波世界科技博览会，于 1986 年获得全国计算机套用成果展览一等奖，1989 年获国家教委进步二等奖，这项成果 1983 年被载入《中国百科年鉴》。

众所周知，DEC 公司是专家系统的获益者之一，卡内基梅隆大学给 DEC 公司设计了一套专家系统 XCON，当客户订购 DEC 公司的 VAX 系列计算机时，XCON 可以按照需求自动配置零部件，这大大节约了人力成本。

除了可以应用于零部件配置的 XCON，还有用于抗生素药物治疗的 MYCIN、用于地质勘测的 PROSPECTOR、用于电话电缆维护的 ACE、用于青光眼诊断的 CASNET、用于计算及结构设计的 RT，总之每一个需要专业知识的领域，都有机会将计算机与专业知识结合做成一个专家系统。另外，专家系统与各个领域的专业知识的结合也为第一代程序员提供了更多的工作机会。专家系统和 DEC 设备在那个时代大体等于 PC（个人计算机）时代的 Wintel（Windows-Intel）。

何志均想方设法从海外弄来了一台当时国内为数不多的 DEC 设备，花费了 170 万元（约 44 万美元），为此特地向天津市科学技术委员会借了 100 万元，以浙大计算机日后的科研成果收入作为抵充。这台配以 VAX 系统的 DEC 小型机的引进让浙大的计算机设备上了一个台阶，也帮助浙大在人工智能学术交流中逐步占据主导地位。当时不少硬件条件不好的院校和浙大谈合作。前文提到的西南师范大学的张为群 1982 年来到浙大进修，跟着何志均学习人工智能。1994 年，第三届中国人工智能联合学术会议在西南师范大学召开，张为群就请来了当时一起来学习的潘云鹤做演讲，演讲的主题是“美术图案智慧型创作系统”，潘云鹤把该系统所做之事比作“计算机弹棉花”，给与会者留下了深刻的印象。

1986 年，浙大计算机系独立承担了国家机械委“七五”重大攻关项目“VAX 系列（UNIX）机械产品计算机辅助设计支撑软体系统的研究”。在何志均、石教英、董金祥等教授的领导下，攻关小组用近五年时间，很好地完成了这一重大科研项目，研制出一个面向机械产品的 CAD 支撑软体系统 ZD-MCAD 和以高解析度图形汉字工作站 DGS-8000 为代表的 DGS 系列智慧型图形汉字工作站，在图形支撑软体和最佳化设计软体方面达到国际先进水平，该项目获 1991 年度省科技进步一等奖。

1987 年，浙大计算机系硕士研究生童学军和杨涛撰写的有关专家系统开发工具的两篇论文被国际人工智能最具权威的会议——IJCAI 录用，当时中国有北大、清华等 10 家单位选派代表参加会议，但只有浙大的两篇论文被大会录用。他们两人还分别担任小组主席，使浙江大学计算机系震动了国内外人工智能学术界，这代表浙大的人工智能发展水平已经处于全国乃至世界的顶尖水平。

一手抓科研，一手抓横向课题，浙大计算机系自此开始走上两手都要硬的道路。

1989 年，国家计委选定在浙江大学建立国内唯一的计算机辅助设计与图形学国家重点实验室，使之成为国内这一研究领域的重要基地与中心。该实验室于 1990 年对外开放，于 1992 年通过国家验收。

浙大计算机系现在[1]的主力之一庄越挺是天马系统的重要参与者，天马系统由中科院数学研究所研究员陆汝钤领衔，下文我们会讲述陆汝钤和天马系统的故事。

陆汝钤把何志均当作自己的半个老师。在何志均的葬礼上，陆汝钤送来两个花圈，一个是以中科院数学研究所计算机科学室的名义送的，另一个是以个人名义送的，以个人名义送的花圈上写的是“前辈辉煌永留，导师风范长存——晚辈陆汝钤敬挽”。

将何志均看作师长并施以相应礼节的还有蔡自兴和谭建荣等院士。

1 指本书撰写时间。

4.2 专家系统、知识工程与大系统理论

世界上第一个专家系统是由斯坦福大学的爱德华·费根鲍姆（Edward Feigenbaum），诺贝尔奖得主、遗传学家乔舒亚·莱德博格（J. Lederberg），口服避孕药发明人、化学家卡尔·杰拉西（Carl Djerassi）等人合作开发的 DENDRAL。DENDRAL 从 1965 年开始研发，此时距离费根鲍姆在 1977 年第五届 IJCAI 中提出“知识工程”的概念还有 12 年。

DENDRAL 的名字来源于“树突算法”（dendritic algorithm）。DENDRAL 输入的是质谱仪的数据，输出的是物质的化学结构，它之所以被认为是专家系统的“老祖宗”，不仅是因为它自动化了有机化学家的决策行为以及解决问题的过程，更是因为在它的基础上衍生了 MYCIN、MOLGEN、PROSPECTOR、XCON 等多个专家系统。

多说一句，今天也有很多自动质谱分析的软件，但它们不再像 DENDRAL 一样被称为人工智能，而是被视为运用了结构型搜索的工具软件，可见在不同的时代背景下，对于什么样的表现可以被称为“智能”，也有着不同的定义。

DENDRAL 用 LISP 语言编制。LISP 语言的发明者是人工智能之父麦卡锡，费根鲍姆正是受麦卡锡的邀请来到斯坦福大学的，因此使用 LISP 语言是自然而然的事。值得注意的是，LISP 是围绕链表实现的，LISP 的前身是纽厄尔和司马贺构想的 IPL。纽厄尔和司马贺认为，智能必须依赖于某种符号演算系统，并且基于符号演算系统也

能够衍生出智能，链表强大的表达能力对符号演算系统来讲绰绰有余。

在理念上，麦卡锡、费根鲍姆、纽厄尔、司马贺，包括明斯基和尼尔逊都是符号主义学派的翘楚，AAAI（国际先进人工智能学协会）的前五任主席就由他们其中几位“轮庄”。DENDRAL 于 1968 年研制成功，第一波人工智能浪潮已到尾声，符号主义学派的天花板已经开始显现。

为打破天花板，费根鲍姆基于专家系统的研制经验，花了数年时间对纽厄尔、司马贺“智能必须依赖于某种符号演算系统，并且基于符号演算系统也能够衍生出智能”的思想进行了补充，认为这种“通用的符号逻辑推理系统”之所以难以实现，是因为它“缺乏知识”，而人工智能的实现需要“逻辑 + 知识”，这也是知识工程的由来。

有意思的是，从流派上划分，中国第一个专家系统“关幼波肝病诊疗专家系统”并不是符号主义学派的产物，它与行为主义学派有着不解之缘。

“关幼波肝病诊疗专家系统”是中科院自动化所与著名中医关幼波合作将中医诊疗的经验搬到计算机上的尝试。

如前所述，中科院自动化所的奠基人是工程控制论之父钱学森，而控制论的提出者维纳也是行为主义这一派的鼻祖。行为主义学派认为人工智能源于控制论，控制论把神经系统的工作原理与信息理论、控制理论、逻辑及计算机联系起来，这一派研究者通过对自寻优、自适应、自镇定、自组织和自学习等控制论系统进行研究，播下了智能控制和智能机器人的种子。

组织“关幼波肝病诊疗专家系统”开发的正是当时中科院自动化所一室（自动控制理论和自动控制系统）理论组的组长涂序彦。

DENDRAL 的化学专业知识部分由杰拉西负责，但杰拉西在自传中针对 DENDRAL 只提到了一小部分，可见专家系统对一个领域的专家来说算不了什么。涂序彦虽然是为在计算机上实现中医诊疗提供帮助的人，但他的专业还是在船闸、卫星姿态控制系统之类的控制理论上，“中国第一个专家系统”对他来说同样微不足道。

之所以是中科院自动化所而非数理逻辑研究者先研究出中国第一个专家系统，大概是因为自动控制一直属于与国外交流比较密切的领域，而且自动控制的主流研究方向是从一切可能的方案中寻找最优解，向关幼波肝病诊疗专家系统中输入数据从而得出最佳的治疗建议，在涂序彦看来正是寻找最优解的过程。20 世纪 60 年代费根鲍姆访问苏联期间，曾对苏联利用控制论、剪枝算法做出的下棋程序感到吃惊，涂序彦又用进阶版的控制论解决了专家系统问题。

大系统控制论后来成为涂序彦的代表研究成果，1985 年在北京钢铁学院（现在的北京科技大学）举办的首届“系统科学与优化技术”学术讨论会上，涂序彦提出在大系统理论与人工智能相结合的基础上，创建“大系统控制论”这一新学科的思想，并得到了参与本次大会的钱学森的支持。“关幼波肝病诊疗专家系统”中对于广义知识表达方法的表示，正是应用了“大系统控制论”的方法。

除了中科院自动化所这一脉，中国早期的人工智能研究更多受到了符号主义逻辑推理思想的影响。第一波人工智能浪潮的兴起就得益于逻辑推理方面的突破，而国内在 20 世纪 70 年代末开始人工智能研究，学习和了解国外人工智能知识，此时也正是费根鲍姆对原有符号主义思想进行修订补充，专家系统和知识工程刚开始抬头的时候，因此在 20 世纪 80 年代，国内也掀起了一股研究和开发专家系统的热潮。类似的研究更多地还是站在符号主义逻辑推理的角度，像涂序彦这样用控制论“硬吃”专家系统的毕竟还是少数。

在国内高校中，在专家系统方面表现优异的除了上文提到的浙大，还有两所高校，它们分别是吉林大学与南京大学。专家系统归根结底是一种计算机软件，这两所高校拥有全国最强的计算机软件专业，是当时全国唯二的计算机软件重点学科。

吉林大学的王湘浩从 20 世纪 60 年代就开始带着学生做逻辑推理与推理机的研究，到 20 世纪 80 年代，他的弟子管纪文、刘大有在吉林大学专家系统的研究方向发力并将其发扬光大，结合国民经济的需求做了一系列地质勘探和油气资源评价的专家系统。20 世纪 90 年代，吉林大学在这一方向的基础上，申请成立符号计算与知识工程教育部重点实验室。

南京大学的计算机软件带头人是徐家福。1978 年司马贺访华的时候曾问过王湘浩，中国计算机软件领域最厉害的人是谁，王湘浩的回答是南京大学的徐家福。徐家福和王湘浩惺惺相惜，徐家福也曾表示过，在计算机软件领域，除了王湘浩排第一他服气，其他人排在第一，他是要争一争的。

徐家福和另一位计算机泰斗孙钟秀是南京大学计算机系最早的两位博导。在第五代计算机兴盛的时候，孙钟秀作为副团长参加了 1984 年的日本五代机学术会议，徐家福则参加了 1988 年的那一届。孙钟秀的研究领域偏操作系统，徐家福则偏向软件工程，他的代表作是中国第一个 ALGOL 系统。ALGOL 语言从 20 世纪 60 年代起在中国风靡十余年，有大量 ALGOL 的程序，后来这类运行 ALGOL 程序的计算机面临淘汰的时候，与 ALGOL 近似的 PASCAL 则成了移植这些旧程序的最佳语言。到 20 世纪 90 年代，不少学生希望学习更为简洁紧凑、灵活方便的 C 语言，但南京大学计算机系仍然将 PASCAL 列为必修语言。当时在南京大学鼓楼的主校区，一进北园大门，就能看到图书馆和物理系之间的梧桐树上悬挂着写有“严谨、求实、勤奋、创新”的八字标语，严谨内敛的 PASCAL 倒是很符合这八个字。当然有失必有得，PASCAL 语言结构严谨，可以很好地培养一个人的编程思想，有了 PASCAL 的基础，学习其他语言也不会太难。

20 世纪 80 年代专家系统兴起时，徐家福的研究方向在更高层次的第五代计算机上，徐家福的大弟子、中国第一位计算机软件博士许满武，在 1984 年读博士时的课题就是研制基于 Fortran 语言之父约翰 · 巴克斯（John W. Backus）提出的函数式程序设计的一种智能机。到徐家福带第二批博士的时候，研究课题又改为基于 PROLOG 的一种智能机，之后徐家福的研究回归到了软件自动化设计，他是我国软件自动化的先驱。虽然软件自动化可被视为基于知识的软件工程，当中也有不少专家系统也能用上的一阶谓词逻辑之类的知识表示的方法，但毕竟还是两个方向。

真正在专家系统上闯出一番天地的是南京大学的另外一“福”——陈世福。陈世福教研组除了给学生上人工智能课，还做科研，主要的科研项目是专家系统，他们与南京大学地球科学系的肖楠森合作研制了一个找水专家系统。肖楠森有“找水活佛”之称，中国是一个严重缺水的国家，肖楠森用他的新构造找水理论能够准确找到水源。陈世福将肖楠森找水的经验用 Turbo Prolog 做成一套专家系统，果然广受好评，专家系统的研究也越做越大。

找水专家系统需要用汉字，Turbo Prolog 等在外挂式汉字操作系统[1]上用汉字有点小问题，因此陈世福教研组就做了一些汉化工作。通常将英文软件汉化也就是改几行汇编指令，将英文菜单改为中文菜单，这对计算机系的研究生来说不难。陈世福教研组还翻译了不少关于 Turbo C、Turbo Prolog、Turbo Pascal 之类的书，本书作者当年自学 C 语言的时候，用的教材就是南京大学出版社 1990 年出版、陈世福主审的《TURBO C 程序设计技术》一书。随着陈世福在专家系统和程序设计语言领域的名气不断增大，教研组也更容易吸引到好学生，当今国内机器学习领域有较大影响力的研究者之一、南京大学机器学习与数据挖掘研究所（LAMDA）负责人、中国计算机学会人工智能与模式识别专委会第五任主任周志华就是陈世福的学生，由陈世福领入人工智能的天地。

1987 年 10 月，计算机学会软件专业委员会智能软件学组在泰安举办了第一届全国知识工程研讨会，会议讨论的主要议题包括“知识库和数据库的关系”“第二代专家系统的主要特征、专家系统开发环境”和“人工智能用于软件开发”等。这也标志着中国知识工程进入软件开发者们主导的 1.0 时代。

1 外挂式汉字操作系统的特点是不修改原有英文操作系统内核，只是在原有操作系统上加一个外壳来实现汉字输入 / 输出功能。

4.3 肖开美和 VLDB 华人群星

一个专家系统通常包括 6 个部分：人机交互界面、知识库、综合数据库、推理机、解释器、知识获取。简单来说，一个专家系统相当于在推理机上加了一个知识库。要做一个专家系统，除了前面所说的从推理机数理逻辑的方向进行扩展和从控制论系统最优解的角度“硬吃”，还有一个方法就是从知识库方面进行扩展，因而也有一部分学者从知识表示、知识存储和数据库方面切入专家系统和知识工程的研究，毕竟条条大路通罗马。

最早从这条线上将知识工程的概念引入国内并践行的是中科院计算技术研究所的史忠植。史忠植在 1980 年作为访问学者前往美国俄亥俄州立大学肖开美（David K. Hsiao）教授的实验室学习，肖开美是 VLDB[1] 的创始人和数据库领域的权威人物，他在 1979 年写的《数据库机来了，数据库机来了！》（*Database machines are coming, Database machines are coming*!）中明确提出了数据库机的新概念，史忠植来到美国后做的也正是数据库机的相关研究。

和史忠植同期在肖开美实验室访问学习的还有在 2001 年当选中国工程院院士的北京大学信息科学技术学院首任院长何新贵。

何新贵，1955 年高中毕业于浙江杭州第二中学，1960 年从北京大学数学力学系

1 国际超大型数据库会议（International Conference on Very Large Data Bases，VLDB）是一个专门从事超大规模数据库管理理论、方法和应用研究的专业性学术机构，它涉及的内容也很丰富，包括研究及应用的诸多方面，能够较为全面地反映当前数据库研究的前沿方向、工业界的最新技术和各国的研发水平。

毕业，1967 年北大研究生毕业，系中国计算机软件的第一代学术从业者，对中国的航天工业做出了突出贡献，2019 年被中国计算机学会（CCF）授予终身成就奖。

何新贵在数据库机与知识工程等方面的研究就是在美国访问期间开始的，他在 20 世纪 80 年代也发表了不少数据库和数据库机方面的文章。

肖开美在 1982 年曾受聘前往美国海军研究生院（Naval Postgraduate School）执教。限于该校的军方背景，史忠植等国内访问学者无法继续跟随肖开美，便转到马里兰大学的姚诗斌教授的实验室继续做数据库方面的研究。

1978 年 9 月在联邦德国西柏林举行了第四届 VLDB，肖开美是大会的两位主席之一，程序委员会主席就是姚诗斌。也是受姚诗斌的邀请，当时中科院数学研究所派出了陆汝钤、崔蕴中、周龙骧的三人代表团。这三个人中，崔蕴中与杨芙清一起留苏学习计算机，1956 年参与筹建中科院计算技术研究所，而周龙骧是跟着陆汝钤一起做 XR 计划的主力，他也是洪堡学者之一。

周龙骧与同在中科院体系中的罗晓沛、复旦大学前系主任施伯乐（吴立德的后任）都是中国数据库人才培养和学术交流的节点性人物，也是 VLDB 的积极参与者。

1975 年，以美籍华裔科学家肖开美教授为首的一批数据库学者发起了第一届 VLDB。此后每年召开一次，该会议是数据库领域中最主要、规模最大的国际学术会议。

当时在 VLDB 上，华人学者的话语权很足，在姚诗斌之后担任第五届 VLDB 程序主席的是另一位华人苏岳威。

中国数据库的宗师、中国人民大学教授萨师煊也曾担任过 VLDB 的程序委员会成员以及程序委员会主席，因为不可抗拒的外力，VLDB 没有能在 20 世纪 80 年代末在中国举办。

萨师煊也邀请过姚诗斌、陈品山（实体联系模式图 ERD 的发明者）等数据库领域的华人教授回国交流，萨师煊的衣钵传人王珊也于 1984~1986 年在马里兰大学做访问学者，1987 年王珊回国后与萨师煊一起创建了中国人民大学的数据与知识工程研究所。

20 世纪 80 年代在马里兰大学姚诗斌教授处访问的国内学者有很多，除了中国人民大学的王珊，还有哈工大的罗大卫、中科院计算技术研究所的夏道衷和刘玉梅，这批学者回国后为中国的数据库发展起到了重要的推动作用。

马里兰大学也是当时国内学者求学进修的重镇。1977 年之后第一位获得美国大学计算机教职的中国人彭云和曾担任 IJCAI 理事会主席、中国人工智能领域最具国际影响力的中国学者杨强在 20 世纪 80 年代均在马里兰大学就读。

这很大程度上是因为马里兰大学计算机系出了一位华人计算机系主任，也就是大名鼎鼎的叶祖尧。

叶祖尧，1930 年生，系出名门，祖籍海南文昌，1949 年赴美就读于哥伦比亚大学。

叶祖尧是华人里最早做到系主任的计算机学者。20 世纪 70 年代，他帮助得克萨斯大学奥斯汀分校计算机系一下子进入全美前十，用了一招“扮猪吃老虎”，请来明斯基和麦卡锡这些人工智能的领头人来奥斯汀分校开短期课程，同时与德州仪器合作，引进企业资深人士来授课。师资力量壮大后，好学生就接踵而来，由此形成正循环。也正是因为在得克萨斯大学奥斯汀分校的优异表现，马里兰大学请他做计算机系主任，据说为了请他，校方提供了比校长还高的薪水。

叶祖尧很好地抓住了专家系统风起的浪潮，很长时间内他都是《IEEE 软件工程学报》（*IEEE Transactions on Software Engineering*）的主编，这让他与研究专家系统和知识工程的一众美国科学家有了交情。

叶祖尧也是各国（地区）软件工程领域的座上宾。20 世纪 80 年代初，他在中国做总理顾问，后来又给印度和日本做顾问，继续传播其软件工程的理念。

4.4 OKBMS 与天马

史忠植在 1983 年从美国回到中科院计算技术研究所，带领研究生从事语义数据库模型（SDM）的研究工作。从 20 世纪 70 年代开始，数据库的模型发展呈现两个方向，一个是关系模型（RM），另一个是语义数据库模型。前者基于集合论和谓词逻辑发展而来，后者则是将语义网络（Semantic Network）的概念引入数据库。语义网络模型是奎林（J. R. Quillian）于 1968 年提出的知识表达模式，指用相互连接的节点和边来表示知识。节点表示对象、概念，边表示节点之间的关系，语义数据库则使用表、列和行来存储数据，并定义这些实体之间的关系，以帮助使用者查询检索这些信息。伴随着 20 世纪 80 年代专家系统的流行，这种新的数据库模型也得到了广泛的研究和应用。

专家系统的发展、知识的表示和储存对数据库技术提出了更高的要求。这一时期的数据库专家关注的主要问题包括知识库系统应当提供什么功能；现行的 DBMS（数据库管理系统）模型是否足以作为知识库系统的基础，或是需要更为恰当的模型；究竟用哪一类模型来表示知识，在哪种情况下比较适用；等等。举个例子，当时很多简单的专家系统采用了“if P then Q”这样的产生式知识表示方法，需要把所有的知识库全部读到内存中进行判断，而当时 PC 内存还只停留在 KB 级别，专家系统的规则库很难扩充到 1000 条，否则随着规则库的增大，专家系统的运行就会出现问题，甚至出现宕机的情况。

对此，史忠植提出了面向对象的知识表示方法，采用语义网络的方式来表示知识。在语义网络中，知识之间通过指针连接，这样在加载知识库的时候，知识库就可以分成若干小块分批加载，将知识表示、语义、框架和面向对象结合起来，从而提高专家系统的运行效率和准确率。史忠植将这套面向对象的知识管理系统称为 OKBMS（object-oriented knowledge base management system）。OKBMS 对国内的专家系统开发产生了很大影响，前后共有几百套专家系统采用 OKBMS 开发，到现在也是如此。

另一位知识工程领域的先驱是中科院数学研究所的陆汝钤。陆汝钤也是中科院计算技术研究所的终身研究员，他的办公室在计算技术研究所五楼，正好与史忠植相邻。陆汝钤是我国第一批公派留德学生，在德国总共待了六年。1959 年学成回国后到中国科学院数学研究所，在熊庆来的指导下工作。但后来陆汝钤改变了自己的研究方向，自认当了“数学的逃兵”。据说华罗庚有一个理念，即一个数学家如果 30 岁前出不了成果，那么以后再努力也干不出来了。陆汝钤第一次从华罗庚口中听到这一理念时是 28 岁，被华罗庚“你只有两年时间”的话吓出一身冷汗。后来他的数学研究屡被质疑，可能是因为这些原因，陆汝钤在 20 世纪 70 年代初数学研究所配备了一台晶体管计算机时决定改行，转向计算机研究。

陆汝钤早期在计算机领域的研究偏计算机语言和软件工程，在 1975~1981 年主持了旨在软件机械生成和自动移植的系列软件计划（XR 计划）。他从 20 世纪 80 年代初开始研究知识工程，从知识工程语言 TUILI 的设计做起。数学基础好的人都喜欢走逻辑推理的路子，陆汝钤在设计 TUILI 时也不例外——TUILI 的名字有双重含义，既是中文“推理”的拼音，也是英文词组“Tool of Universal Interactive Logic Interface”（通用交互式逻辑接口工具）的缩写。TUILI 是一门基于谓词逻辑的人工智能语言，基本核心是构造具有不同推理能力的多个推理机并使之协同工作。陆汝钤还做了一个 TUILI 的衍生产品，即一套全过程计算机辅助动画生成系统，写一段故事梗概，系统就能扩展成一个故事，后来还能从故事生成动画片，十分了得。

1989 年 9 月，TUILI 推出用 C 语言编写的 1.1 版本，不但成功地解决了如何将产生式语言、逻辑程序设计和过程型语言有机结合的问题，还在知识程序的模块化结构、元级推理以及计算功能等方面均有重要创新，因而比当时其他的一些人工智能语言，如 Lisp、Prolog 等更适合建造专家系统和基于知识的系统。

专家系统将知识库、推理机分开的做法降低了人工智能的应用门槛，但相对于 20 世纪 80 年代各行各业对专家系统的旺盛需求，国内的计算机人才还是太少。1987 年 9 月，陆汝钤又牵头与浙江大学、武汉大学、机电部 15 所接受了研制通用型集成式专家系统开发环境的国家“七五”攻关任务。这一攻关项目既要考虑国家对专家系统开发环境的迫切需要，到 1990 年必须拿出一个功能强大且实用的软件，又要考虑研究潮流，保证攻关项目的先进性。这一套系统最后在 1990 年 10 月完成，取名为“天马”。

天马系统有中文、英文两种版本，由四部推理机（常规推理机、规划推理机、演绎推理机和近似推理机）、三个知识获取工具（知识库管理系统、机器学习、知识求精）、四套人机接口生成工具（窗口、图形、菜单、自然语言）三大部分组成，用于开发暴雨预报、台风预报、寒潮预报、脑内科诊断、石油测井数据分析、旅游咨询等多种不同类型的专家系统，具有很好的通用性。而知识获取也成为天马系统的最大特点，除了领域专家通过交互的方式建立知识库的传统做法，系统还可以通过基于实例的机器学习方法自动生成知识库，从而大大提高了专家系统的开发速度，同时增量学习方法还可以对知识库求精，使专家系统根据新的实例提高性能。

OKBMS 与天马两套系统堪称国内专家系统时代最好的代表作。史忠植和陆汝钤两人在专家系统大热的时代跳出专家系统的框架，从更广阔的知识工程的角度进行了分布式人工智能、机器学习、软件工程等方面的扩展研究。两人分别从数据库和推理机的方向切入专家系统，均有创新性的突破，两个专家系统的项目也都获得了国家科技进步二等奖。

此外，两人也是除马希文外，最早一批得到国际人工智能社区认可的国内学者。陆汝钤是首位担任 IJCAI 顾问委员会委员的国内学者，那是 1991 年的第十一届 IJCAI，而史忠植则于 1997 年在名古屋举办的第十四届 IJCAI 上担任顾问委员会委员。不少学者曾经想象，如果将史忠植和陆汝钤在数据库和推理机方面的优势结合起来，是否能做出更完美的专家系统？但颇为遗憾的是，这种强强联合在现实中并没有发生。

1983

第 5 章

1983 年：计算理论的春天和计算语言学兴起

人工智能是计算机应用的一种。20 世纪 80 年代，模式识别、专家系统正是遵循这一认知在中国学术界先后兴起的，也取得了一定的成绩。

让机器拥有像人类一样思考的过程，就决定了科学家们必须具备哲学思考的能力。于是，围绕数理逻辑和人工智能理论研究在 20 世纪 80 年代也成为当时中国计算机学术界讨论的话题，并由此衍生出计算语言学、机器翻译等领域。

20 世纪 80 年代也正是国际计算语言学发展的一个关键时期。在 1983—1993 年的十年中，计算语言学研究者对过去的研究历史进行了反思，发现过去被否定的有限状态模型和经验主义方法仍然有其合理的内核。而这一时期，马希文、冯志伟、黄昌宁等一批在国外学习过的研究者回国后积极推动计算语言学在国内的发展，也为后来中国的自然语言处理研究成长为世界的一股重要力量起到了关键作用。

5.1 马希文与计算语言学

关于计算语言学，不能不提的一个人是马希文。

马希文生于 1939 年，中学就读于北京最有名的北京四中。1954 年，高中毕业的马希文考取北京大学数学力学系。北大数力系成就最大的是 1954 级，这一级诞生了王选、张恭庆、张景中、周巢尘、刘宝镛、胡文瑞、朱建士 7 位院士，这一级的两百余名同学公认，他们当中最聪明的是马希文。马希文考入大学时才 15 岁，是戴着红领巾上的大学，报纸将其称为“北京神童”。入学的时候，华罗庚还接见了马希文，送过他一本伯克霍夫和麦克莱恩所著的《近世代数学概论》，因此在数学上他早早就开始了抽象思维训练，很早就熟练地掌握了群、环、域等抽象概念，学会了公理化方法。

马希文在尖子班 9 班，这个班成绩最好的是他和后来成为中科院院士、中国数学界领军人物之一的张恭庆。两人毕业后一道留在北京大学任教，同住一个宿舍，张恭庆为马希文拥有的广博知识和兴趣所折服。

在北京大学读书期间，马希文就展现了杰出的语言天赋，不仅学习了规定的俄文课程，还自学了蒙古文及东欧一些国家的语言和世界语，对中国各地方言也颇感兴趣，还用德文写过诗。在大学期间，马希文上课很轻松，余下时间就用于发展自己的爱好，用数学和计算机的方法研究语言学就成了他后来研究的主要方向。

马希文于 1959 年从北京大学毕业后留校任教，他原本是学概率的，早在 20 世纪 50 年代他就做过一个语言的统计模型，应该说这是最早一批利用概率统计的原理进行“语言模型”研究的成果之一，此后马希文主攻信息论和编码理论。1972 年，北大数力系自己研制了一台 6912 计算机，马希文也是在这个时候接触到了计算机，很快便表现出卓越的才能，开设了数学信息论、新式语言与自动机等多门数力系全新的课程，他还自己动手做 LISP 语言的动态编译、定理证明系统等。在此期间，他还运用信息论的观点研究了中文的语言学问题，提出通过 4 阶马尔可夫链处理中文可以得到很好的结果。这一方法在 20 世纪 80 年代后得到了广泛的应用。

马希文在音乐上很有天赋，能给李白的诗谱曲，唱给同学们听，还能用德语创作歌曲，让外国朋友听。马希文说，音乐是打开科学大门的钥匙。他加入北大宣传队，成为北大文艺宣传队的领队和合唱总指挥。根据马希文的学生郭维德的回忆，当时马希文带着他和王永宁（北大数力系 6912 机汇编程序小组成员，音乐爱好者）在北大 200 号的 6912 机上用汇编语言开发了一个读交响乐总谱的程序，这应该是马希文在音乐人工智能方面所做的先驱性工作。

郭维德从北大物理系毕业后分配到地处三线地区的野外石油试炼工地，后来又被选派加入北大 200 号，负责 6912 机的接机工作，在北大南阁 6912 机房与王永宁等一起调试汇编程序。马希文的文艺宣传队的活动基地正巧也在南阁，郭维德学生年代在学校乐队里就曾经是马希文的部下和指挥助理，于是便也在宣传队里“客串”拉琴。马希文除排练和演出外的时间基本上花在了 6912 机上（马希文当年那篇一鸣惊人的文章《树计算机和树程序》刊登在《计算机学报》的创刊号上）。

一天，马希文突发奇想：如果把 6912 机当成 synthesizer（音频合成器），它就相当于一个能奏出交响乐效果的电子乐队。于是马希文设计了一个用来在计算机上合成和声的算法（算法主要以斯波索宾的《音乐的基本理论》和缪天瑞的《律学》这两本音乐学院的专业教科书为理论依据），然后又设计了一种乐谱语言，用 6912 汇编语言写了解释程序（我们称之为“读谱”程序）。当把样板戏《红色娘子军》中“快乐的女战士”片段的乐队总谱转换成读谱程序语言输入 6912 机，6912 机“奏”出交响乐队效果的乐句的那一刻，机房里所有的人都欣喜若狂。这比后来 20 世纪 80 年代在斯坦福人工智能实验室听到的“计算机音乐”还要早，应该算最早期的音乐人工智能研究成果，尽管它还处于很初级的阶段。

还在当学生的时候，马希文和张恭庆一众同学就千方百计找资料来了解未来科学的发展方向，当在杂志上读到苏联数学家柯尔莫哥洛夫预言将来的计算机可以有感情，会写诗、会作曲时，马希文就对此表现出很大的热情和兴趣，表示要把主要的精力放到这些非传统意义的数学上面。多年之后，钱学森有一次和马希文一起去日本考察人工智能，在酒店看到有计算机表演，人用钢琴弹一首曲子，计算机就能把乐谱给编写翻译出来。大家都觉得很神奇，马希文观察了一会儿，上去弹了一个和声，结果计算机被这种不按常规出牌的方式给“弄傻”了，好几分钟都没翻译出来。

马希文的老师、北大前校长丁石孙说马希文不仅非常聪明，而且兴趣广泛。马希文去美国访问，时间不长就已经在当地非常受欢迎了，他会弹钢琴、会作曲，得知房东的女儿要过生日，就作了一首曲子作为生日礼物送给她。房东太太大喜，当即免掉了马希文一个月的房租。

1979 年出国留学的大门刚打开，马希文就前往美国斯坦福大学做访问学者，在人工智能之父、图灵奖获得者麦卡锡手下从事研究，很快就做出了令人瞩目的成绩。麦卡锡有一个公理系统长期以来有问题，但始终找不出原因，马希文只用两周时间就发现了问题所在，令麦卡锡大为震惊，他逢人便说：“北京来的马先生解决了我的问题。”后来马希文回国的时候，麦卡锡对马希文寄予厚望，称“中国人工智能的未来靠马先生了”。

1983 年，IJCAI 第一次收录的来自中国的文章就有马希文、郭维德的论文《W-JS：有关“知道”的模态逻辑》(W-JS: A Modal Logic of Knowledge)。麦卡锡曾用一个有关“知道”的著名谜题的形式化问题向模态逻辑界提出挑战，该论文是对这个挑战的回应。因为麦卡锡的力荐，马希文被推举为 1985 年 IJCAI 的程序委员会委员，这也是中国科学家被国际学术顶级社区承认的一种象征。

郭维德是马希文的弟子，也是马希文的同事，他于 1983—1985 年在斯坦福大学人工智能实验室任高级研究员。郭维德在美国路易斯安那州出生，他出生时恰逢中国抗战胜利，故得名 Victor（胜利者）。20 世纪 80 年代初的中国，申请出国在学校里通常会被当成大事情。当时在北大任教的郭维德有美国国籍，为批准他去斯坦福大学，北大校长还专门召集了校务委员会成员开会集体表态。郭维德 1989 年回到母校北大，在研究生院开设“人工智能的应用逻辑”课程和讨论班，只是这个时候他的身份变成了特聘海外教授。后来郭维德在 IBM 中国长期任职，负责 IBM 与中国教育部的高校学科建设全面战略合作项目，多次受到教育部的表彰。2005 年 2 月，郭维德（IBM）和李开复（微软）获得中华人民共和国教育部首次颁发的“杰出教育贡献”奖章。受到恩师马希文的熏陶，郭维德也是古典音乐的资深乐迷，在推广古典音乐的社会活动方面一直是积极分子。

郭维德曾提起他在沈有鼎、马希文门下读研究生时（专业方向是人工智能的应用逻辑）的一件趣事。某年社科院举办了一场纪念著名哲学家、逻辑学家金岳霖的活动，组织者托郭维德给马希文一份请帖。马希文颇为奇怪，问道：“这是社科院的活动，为什么会给我发请帖？”

郭维德解释说：“这是一场由‘金门弟子’组织的学术活动，金岳霖的高足、同为数理逻辑师祖的还有沈有鼎先生，我是您和沈先生联合带的研究生，所以马老师你也算入‘金门’了。”

马希文听了，幽默地说：“那我可是地地道道的‘金门马祖’啊！”

在场的人一齐大笑，马希文的急智和对文字的把握能力可见一斑。

对聪明绝顶的人来说，最困难的就是去做平凡的事。但马希文甘为人梯，做了很多相当基础但具有启发性的工作，最典型的当数对数学的科普。马希文编写的《数学花园漫游记》一书中包含了他撰写的《地图上的数学》《四色问题》《侦察员的策略》《模糊数学》等近三十篇文章。这本书面向小学生读者，以简明清晰的描述，激起了一批又一批学生对数学的兴趣，深受广大青少年读者的喜爱。马希文还曾担任第 30 届国际数学奥林匹克竞赛中国队总教练，带领中国队首次取得了团体总分第一、金牌总数第一的好成绩。

除了上文提到的为青少年读者编写的《数学花园漫游记》，马希文还参与了被誉为“神书”、荣获普利策文学奖的科普著作《哥德尔、埃舍尔、巴赫：集异璧之大成》（*Gödel, Escher, Bach: An Eternal Golden Braid*，*GEB*，下称《集异璧》）的翻译工作。《集异璧》一书是由库尔特·哥德尔（Kurt Gödel）的好友、人工智能研究的华人第一人王浩先生在马希文访美期间向他推荐的。王浩在西南联大时的逻辑学的启蒙老师之一，就是马希文的弟子郭维德的另一位导师沈有鼎先生。王浩因 1959 年用计算机证明了《数学原理》中的数百条数理逻辑定理而名声大噪，在华人圈中的影响力能与杨振宁、李政道相提并论，是德高望重的学界泰斗。即便如此，他也总是以极为平易近人的态度与晚辈郭维德来往。

王浩极为敬重和推崇他的老师沈有鼎，他在很多场合说过，如果沈先生不是热衷于把自己的研究当作思维游戏，而是及时发表他的研究成果，他如今就能拥有哥德尔的地位。20 世纪 80 年代初，百废待兴，中国的学术界空前活跃，每次王浩到访北京，都是数理逻辑界的盛事。当姗姗踱步而来的沈有鼎出现在会场门口，王浩会起身迎上前去，让出上座，说：“沈先生，您是我们这里所有人的老师，您请！”沈有鼎目不斜视径直坐下，张口就是刚才一路上脑子里想的哥德尔、胡塞尔……众人洗耳恭听。这样的聚会少不了交流逻辑界各种新鲜的话题，包括“金门马祖”马希文引进的知道逻辑，还有人工智能的新动向。“神书”《集异璧》也是热门话题之一。

王浩晚年致力于哥德尔思想的研究。据说哥德尔被认为是个怪人，他在普林斯顿高等研究院有两个能聊上天的人，一个是爱因斯坦，另一个就是王浩。哥德尔要王浩承诺，这些聊天的内容在他生前不得发表，所以王浩每次与哥德尔聊完天后就回到家中用纸笔把内容记录下来。哥德尔去世后，王浩把从这位伟人那里获得的启迪写成了一本书，该书由康宏逵先生翻译，中译本书名就叫《哥德尔》。王浩曾经和郭维德说，还有两位有大学问的人，他每次和他们聊完天后会回家把聊天的内容用纸笔记录下来，一位是王浩的老师沈有鼎先生，还有一位就是马希文，可见马希文在王浩心目中的地位之高。

马希文回国后，在北京大学与另一位数理逻辑大家吴允曾先生一道组织《集异璧》的翻译。这是一项激动人心又极具挑战的工程，先后有郭维德、樊兰英、郭世铭、王桂蓉、严勇、刘皓明、王培等人参加，原书作者道格拉斯·理查·郝夫斯台特（Douglas R. Hofstadter）还让其友人——会中文的大卫·莫泽（David Moser）来到中国加入翻译小组。几经修改易稿才成就了这部能完好自然地表达原著思想的译本，该译本由王浩先生亲自介绍给商务印书馆作为汉译名著出版。商务印书馆在2019年《集异璧》问世40周年之际，出版了中译本的特精版，扉页上有郝夫斯台特亲笔签名的题，以表达作者、译者、编者对吴允曾、马希文永远的怀念（图 5-1）。

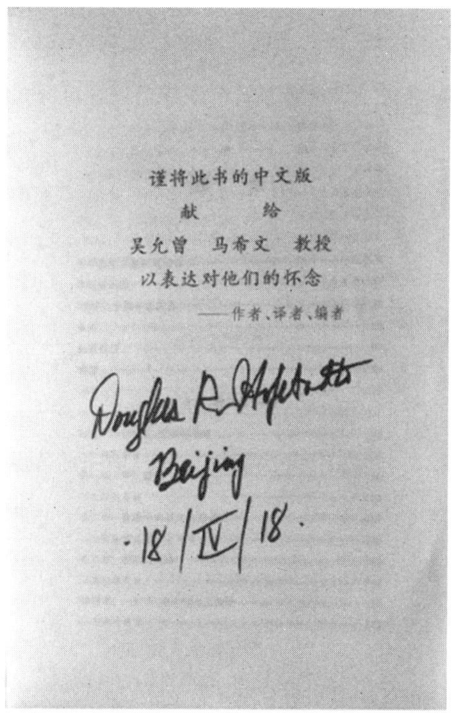
谨将此书的中文版
献 给
吴允曾 马希文 教授
以表达对他们的怀念
——作者、译者、编者

Douglas R. Hofstadter
Beijing
·18/IV/18·

图 5-1《集异璧》(特精版）的封面和扉页

5.2 北京大学的数理逻辑与计算理论

《集异璧》不仅是一本科普著作，也几乎是所有数理逻辑研究者的案头书。

按照北京大学数力系的六长老之一、长期担任数力系党总支部书记的林建祥的描述，北大数力系对数理逻辑的筹划由来已久。

1952 年建系时，领导层就达成共识并做好思想准备，在时机成熟时确立用机械式计算辅助设备来发展数学的研究方向，认为这是推动数学学科创造性发展的关键。

1955 年春，中科院数学研究所的关肇直告知北大，中科院要数学研究所迅速建立计算数学的研究方向，需要北京大学配合建立计算数学专业，以提供国家急需的计算数学人才。这实际是现代化国防建设，即研制两弹工程部署的一部分。

北大数力系迅速建立起计算数学专业，建立了计算机实验室，着手研制自己的计算机，并且在中科院胡世华教授的大力倡导下建立了数理逻辑专业，认识到与计算机有关的理论研究的重要性。

至此，加快研制计算机、用计算解决实际问题，以及在计算机理论研究上做出贡献成为北京大学计算机学科的三大主要课题。

研制计算机的主要负责人是清华计算机系的第一任主任张世龙，王选和许卓群也是主力成员。

计算机软件这一支的代表人物是徐献瑜及他的学生杨芙清。徐献瑜不仅是清华大学计算机系的开山祖师，也是中科院计算技术研究所三室的主任。当时三室的工作是给计算机写配套的操作系统，杨芙清 1952 年从清华数学系转到北京大学学习，

1955 年在徐献瑜门下读研究生，也是在徐献瑜的推动下，杨芙清留苏读了副博士，回来继承了徐献瑜的衣钵。在杨芙清留苏期间，当时教研室承担操作系统和软件教学任务的是北大数力系 1954 年入校的陈沐天和 1953 年入校的陈堃銶。这两个人都和王选有关，前者是王选的同班同学，王选也提到陈沐天在数学上的天赋，后者则是王选一生的伴侣。王选与杨芙清是北大计算机学科的一时瑜亮，王选与陈堃銶以及杨芙清与王阳元两对夫妇比翼双飞更是一段佳话。

> 20 世纪 60 年代，考虑到计算机的巨大创新意义，北京大学数力系曾召集相当多的重要骨干，如吴允曾、丁石孙、肖树铁、陈永和，一起到计算理论的方向中来，准备大力开展计算理论等方面的研究，但由于一些原因，数力系受到批判，工作遭到极大挫折。这导致以后多年北大甚至全国一直局限于传统的数值计算这个狭小的领域。1966 年，从美国回来的也是中国第一位程序员董铁保教授曾建议建立现在所谓的计算科学专业，不过没有成功。

这中间还存在北京大学院系调整这一情况。20 世纪 60 年代，计算数学专业被划归到无线电系，所以王选等人毕业后有段时间是在无线电系工作的。出于保密需要，他们所在的教研室编号是 335，阴差阳错的是，无线电系整体搬迁到北大汉中分校，但 335 教研室被留在北京，与北大昌平分校，也就是北大二分校的 738 电子厂一起合作制造计算机。

另一个制约因素是早期计算机条件差，导致计算方法大多是纸上谈兵。北大数力系开始用的是中科院计算技术研究所的机器，1963 年数力系引进一台 103 小型机，推动了学校计算力学的起步，但直到 1972 年与 738 电子厂合作生产的 6912 计算机问世，计算方法才开始真正解决一些实际问题。又经过几年，才有条件考虑从理论上研究计算方法的必要性。

当时整个计算机学界对计算本质的理解研究较差，对计算的理解仅停留在数值计算的层面，段学复、程民德、胡世华等老一辈数学家对此很不满意，曾鼓励周巢尘、毕源章等数理逻辑专业的同志继续努力，推动观念创新。

马希文的回归给了整个中国计算机理论界，特别是数理逻辑理论界一种长夜终将过去，黎明即将到来的欣喜。特别是胡世华，他于 1980 年当选计算机领域的第一位院士并长期担任中科院计算机科学组负责人，他也是当时计算机学会的副理事长，更是中国数理逻辑研究的开创者。1956 年，在中国科学史上第一个学科规划中，胡世华便以图灵破译德军密码的案例，阐述了数理逻辑对计算机产生的重要作用，成为中国第一位强调计算机研究的学者。

胡世华最重要的合作伙伴和学生、数理逻辑大家唐稚松院士也对马希文赞赏有加，多次邀请马希文加入中科院软件研究所。中科院软件研究所首任所长许孔时也用实际行动表示了对马希文的欢迎。在 1987 年北京大学给马希文解决住房问题前的两年，许孔时邀请马希文全家在中科院的院士楼里居住。

回头来看，那时确实是中国在数理逻辑方面和计算机理论方面与世界缩小差距的绝好时机。

理论并不仅是抽象模型的研究。马希文说："20 世纪初叶，希尔波特 23 个问题反映了人们对于什么是计算并不了解，导致对计算模型的研究 20 年停滞不前，直到图灵计算理论的诞生。"

实质上计算理论就是理解和探索计算机的本质，理解深入了就可能有创新。

作为中国第一批人工智能研究者和开拓者，马希文眼中的人工智能更接近于用计算机按照一定的形式化方式，替代人类思考的过程。在《逻辑·语言·计算——马希文文选》中，马希文曾用类似于"黑白帽子"[1] 的推理过程来描述人工智能所起的作用，

1 黑白帽子是经典的逻辑推理问题，限于篇幅，此处就不展开介绍了。

在他组织翻译的《计算机不能做什么：人工智能的极限》[1]一书的中文序言中，马希文提出了如下观点：

> 计算机不应是也不会是最终的智能机器。人工智能要向前迈进，就不应把自己局限于计算机的应用。这里指的是以图灵机和可计算理论为背景的现代通用数字计算机。应该开创一门新的学科，研究思维活动更深入的具体规律，提出新的概念、新的方法和新的机制，比信息处理更为广泛、更为深入地描述思维的某些功能，并把这些与某种机器模型相联系以期最终得到工程实现。

明确计算机不能做什么，可以促使大家关注和了解计算机的结构与人脑的结构之间的巨大差异。这是创新思想的来源。马希文本人从计算模型到逻辑系统，再到人工神经系统，再到大力关注自然语言，用自己深入的理解对软件工程探试革新的思路，实为大家。当然这需要基础与功力，常人很难达到这样的水平。

1 该书的作者休伯特 · 德雷福斯（Hubert Dreyfus）在 1965 年就发表了一篇名为《人工智能与炼金术》的文章，这也是最早关于人工智能是不是炼金术的讨论。

5.3 计算理论的春天

马希文还有一个优势是他曾经在美国人工智能学术领袖麦卡锡那里深入工作了不短的时间，他在美学习交流期间并非只了解表面现象，而是注意观察并思考了计算机理论及其体系，积极推动对计算本质的理解与创新，并于 1981 年回国后推动中国人工智能领域基础性工作的开展。

首先，为了开展人工智能的研究和应用，马希文十分重视人工智能语言 LISP 的研究开发。马希文领导他的两名研究生宋柔和沈弘在 1981 年共同研制了我国第一个可移植的 LISP 语言系统。这套可移植的 LISP 语言系统分三步实现，第一步是编译实现符号串变换语言 FT 图式，第二步是利用 FT 图式编译实现 LISP 的汇编语言 WISP，第三步是使用 WISP 解释执行 LISP，最终生成基于 FT 图式的 LISP 解释程序。这样，只要在给定的计算机上用很小的工作量实现 FT 图式，就能得到该机器上的 LISP 语言。其中宋柔负责前两步，沈弘负责最后一步转换。

宋柔是马希文最早招收的硕士生之一，他 1968 年毕业于北京大学数学力学系，读书时就对这位传奇学长有所耳闻。二十世纪六七十年代马希文带队下工厂搞概率论在工厂的应用，宋柔所在的数三二班跟着去学，马希文的博学多才给他留下了深刻的印象，研究生制度恢复后，宋柔便报考了马希文的研究生。当时北大没有计算机系，宋柔就挂在数学系下，研究生专业的名称是“计算科学理论”，实际上研究的是人工智能。

马希文给宋柔等人开的第一门课是“形式语言与自动机”，当时人工智能以逻辑推理、规则为主，这门课把逻辑和可计算性结合起来，算是宋柔等人学人工智能的入门第一课。结果没教几堂课马希文就要去美国，他只能和学生通过书信联系，在国外找了人工智能教材寄回来让他们学习。

研究生毕业后宋柔也随马希文加入北京计算机学院，主要研究 LISP。之后马希文在北京语言学院（后改称北京语言大学，简称“北语”）建立语言信息处理研究所，宋柔也跟着马希文的脚步研究，最终转到北语。

马希文还在 1983—1985 年主持国家自然科学基金项目“LISP 语言动态编译系统”。1982—1984 年在北京大学、中国科学院研究生院、北京计算机学院开设 LISP 语言课程和人工智能程序设计课程。

其次，围绕着人工智能和计算机理论也展开了多层次的学术研讨和教育实践。

在林建祥的支持下，原来的计算中心与昌平北大二分校的 738 电子厂重组为北京大学的计算中心，北京大学任命马希文担任北大计算中心的主任，挂靠在北京大学计算机研究所下面。

北京大学计算机研究所时任所长正是林建祥，副所长是王选，1984 年林建祥去美国卡内基梅隆大学访问，王选接任计算机研究所所长，北大计算机研究所就是后来的王选计算机研究所。

林建祥是北大著名数学家程民德的入党介绍人，他一直很支持马希文。马希文和王选也是同学，所以，马希文的计算中心挂靠在计算机研究所也是自然而然的事情。

1983 年，北京大学计算中心与北京大学计算机系合作，开办国内首个理论计算机科学暑期研究班。讲师有洪加威、李未、马希文、周巢尘、许卓群等。

这几乎是当时理论计算机领域的最强阵容。

洪加威，江西永新县东里乡樟夹山村人，1936 年 11 月出生，是我国著名的计算机专家。洪加威从中学时代起，就展示出不凡的数学才华。1955 年，他以优异的成绩考入北京大学数力系。

与马希文一样，洪加威性情爽朗，多才多艺，不但在绘画和书法方面有较深的功底，还是北大业余民族管乐队的一名演奏手。在学习上，他标新立异，尤其数学成绩非常突出，别的同学需要看定理的证明，而他把一条条枯燥的定理当习题做。出色的学习成绩引起了老师的注意，从此他专攻数学逻辑和计算机专门化这个当时比较年轻的分支学科。

1961 年国家下达“科研十四条”后，洪加威以优异的成绩考取了北京大学数力系著名教授段学复的硕士研究生。他毕业时的论文《关于 $p(kp+1)(kp+2)$ 阶的单群》更是轰动一时。

1979 年 10 月，洪加威受国际计算机权威柯克教授的邀请，以客座教授的身份去加拿大和美国进行研究和讲学。1980 年 4 月底，洪加威参加了国际计算机学会第十二届计算理论会。在会上，他用祖父、父亲、儿子三个中国人在迷宫里怎样机智地确定有没有回路的形象比喻，首次在世界上提出关于决定性空间完全性问题。同年 10 月，在纽约召开的计算机科学基础理论会上，洪加威宣读了意义更为重大的论文（《关于计算相似性与对偶性原理》），又一次引起轰动，大会论文审查委员会的成员都十分赞赏这篇论文，欧美许多大学和研究机构纷纷来函索稿。

李未同样是当时中国计算机理论领域的一颗冉冉升起的新星。1983 年他刚刚以中国第一个计算机海外博士的身份回到北航，他的故事会在后续的章节中介绍。

许卓群则比马希文高一届，与王选夫人陈堃銶同为北大数力系 1953 级同学，两人也在 2016 年共同获得中国计算机事业 60 年杰出贡献特别奖。许卓群参与过 150 计算机的研发，也是王选团队的核心成员，徐毓泉发起的计算数学研修班和吉林大学聘请苏联专家开办的计算数学研修班都有他，他也是第一批公派去美国的留学生，1979 年被派往麻省理工学院和加州大学洛杉矶分校学习。

周巢尘是马希文的同班同学，他是中科院软件研究所的研究员、中科院院士，也是胡世华的重要弟子之一，拿过国家自然科学基金的二等奖。

1983 年 11 月，在胡世华的支持下，中国计算机学会理论计算机科学专业委员会在国防科技大学成立。

1984 年 10 月，在马希文的组织下，第一届理论计算机科学学术会议在华南师范大学召开。根据马希文的研究生裘宗燕的回忆，第一届理论计算机科学学术会议的前几天是在广州华南师范大学开的，但后面两天分组讨论是在深圳，所以准确的说法是该会议是在广州、深圳举办的。这次会议马希文因为临时有事没有到会场，洪加威作了大会报告。

1984 年马希文在北大开办理论计算机科学研究生班，招十名学生。第一年上课，后面写论文。为了集中国内可能的所有力量，马希文大胆申请建立全国第一个理论计算机科学博士点。香港科技大学计算机系的教授林方真就是那一批学生之一。

马希文在中国计算机学会还有一个重要的任务，那就是推动计算机学术的青年交流。也正是在马希文的倡议下，1987 年夏天，在哈尔滨工业大学召开了第一届计算机学术青年的学术会议，组织者是裘宗燕和陈钢（现南京航空航天大学教授），主要承办者是当时哈尔滨工业大学的青年教师方滨兴。当时定义 35 岁以下的成人为青年，活动举办那天裘宗燕做了分享，那天正好是他 35 岁生日，他开玩笑说要是再晚几天开，他就没有参会资格了。

5.4 计算语言学开枝散叶

计算中心的工作重点并不是开展人工智能研究，而是做好机房等基础建设，给全校师生提供计算机实践的环境，马希文对此并不擅长，也无心于此。于是，1985 年计算中心换届，马希文交棒张兴华，自己则把精力更多地放到了计算语言学上。

1987 年，马希文与北语的校长吕必松合作创办了全国第一个语言信息处理研究机构——北京语言大学语言信息处理研究所。马希文担任第一任所长，他最早的硕士研究生宋柔后来成为第三任所长。

马希文对计算语言学感兴趣已久，他于 1983 年在北京大学开设了我国第一门计算语言学课程。

1986 年，马希文与朱德熙教授一起组织成立了北京大学计算语言学研究所，将其挂靠在中文系下。

朱德熙学物理出身，后转向研究汉语语法，是汉语语法学界一位富有开创精神的杰出学者，在中国语法学史上占有极重要的地位。他认为理科思维对语言学研究非常重要，也正是在他的支持下，北大的传统语言学研究开始延伸出与理科结合的方向。

后文提到的冯志伟，此前在北大地球化学专业学习，后转到中文系。他的毕业论文题目是《数学方法在语言学中的应用》，这不是一个传统的语言学研究题目，不容易写，朱德熙的支持是冯志伟写下去的动力之一。

马希文和朱德熙一起讨论过语言学并将这些学术讨论发展成一个持续多年的语法讨论班，吸引和熏陶了一批新人。

朱德熙和陆俭明的博士生袁毓林描述：

> “1987 年秋天刚到北大，就参加了由中文系朱德熙和陆俭明等先生、计算机系马希文和林建祥等先生、心理学系王甦等先生、哲学系孙小礼和赵光武等先生组织的‘人工智能的哲学基础’讨论班，聆听了先生们对于人类智能与机器智能的不少高见。”

虽然计算、逻辑、语言都是马希文的强项，他自己也是国内计算语言学的奠基人，但马希文在新建设的北京大学计算语言学研究所中甘当朱德熙的副手，让朱德熙担任研究所的所长，自己担任副所长。不仅如此，在之后的计算语言学的研究中，他并未利用自己在数学方面的优势，成为当时风靡世界的“乔姆斯基学派”的倡导者，而是另辟蹊径，从概念到论证方法基本采用了朱德熙所开创的理论和方法。

马希文的学生白硕后来猜测，马希文此举有三方面的原因：一是如果用艾弗拉姆·诺姆·乔姆斯基（Avram Noam Chomsky）的方法描述汉语，在把汉语语言学知识体系形式化时会遇到诸多困难；二是马希文教授从朱德熙教授提倡的研究方法中，看到了以文理贯通的方式研究汉语语言学问题的可行性；三是马希文对人工智能，特别是知识表示和机器学习有深入理解，这为语言学知识体系建构的文理沟通开辟了新的道路。马希文认为，针对汉语，乔姆斯基理论中尚未发现非常坚实的实证基础，基于机器学习和归纳推理的语言学知识研究至少要站在语言学巨人的肩膀上，并要反过来为在语言学学术前沿工作的人提供便利。因此，像马希文这样对计算、逻辑、语言都相当熟悉的研究者就应该责无旁贷地深入语言学研究的第一线。这一举动需要极大的勇气，但也为中国计算语言学的探索和创新指明了方向。

5.5 机器翻译的早期发展

1981 年，与马希文差不多时间从海外回来的人工智能学者还有冯志伟，他是中国科学技术情报研究所计算中心机器翻译研究组组长，也是计算语言学在中国的早期推动者。

在北京大学“语言学中的数学问题”选修课讲稿的基础之上，冯志伟写出了我国第一部数理语言学的专著，书名叫作《数理语言学》，于 1985 年 8 月由知识出版社出版。接着，他又出版了《自动翻译》的专著，深入探讨自然语言机器翻译的理论和实践问题。

马希文也是机器翻译的倡导者之一，所以与冯志伟算研究同道，两人同出北大，一个从文到理，一个从理到文，与朱德熙也是亦师亦友的关系，所以也算半个同门。两个人都能超越自己的专业不遗余力地做科普且著作等身。更重要的是，这两个人都是文理兼修的大家，冯志伟也写得一手好文章。马希文辞世后，冯志伟书写的悼词堪称名篇。

物以类聚，人以群分是有道理的。马希文有个博士生叫周昌乐，后来在厦门大学做人工智能研究，他也文理兼修，同样精通乐理，还会禅修，神人也。

和马希文一样，冯志伟同样是具有国际影响力的人工智能学者。他回国的第二年，也就是 1982 年，他所撰写的论文就在布拉格举办的 COLING（International Conference on Computational Linguistics，国际计算语言学大会）上被收录，这也是中国研究者首次在自然语言处理的国际顶级会议上发表论文，轰动一时。

冯志伟自幼聪慧沉静。他是云南昆明人，中学就读于昆明一中，杨振宁也是在这里读的中学。1957 年，18 岁的冯志伟以优异的成绩考入北京大学地球化学专业，读书期间他在北大图书馆偶然看到了美国语言学家乔姆斯基的论文《语言描写的三个模型》(Three Models for the Description of Language)，被乔姆斯基在语言研究中的新思想深深地吸引，继而从理科转到中文系语言学专业进行语言学的学习。

1964 年冯志伟考上北京大学语言学理论的研究生后，经导师岑麒祥教授的批准，研究生毕业论文的题目定为《数学方法在语言学中的应用》。在我国语言学研究中，首次系统地、全面地来研究数理语言学这个新兴学科。

这样，我国的数理语言学研究便首先在北京大学正式开展。北京大学中文系的著名语言学家王力先生和朱德熙先生都支持冯志伟的数理语言学研究。王力先生曾对冯志伟说："语言学不是很简单的学问，我们应该像赵元任先生那样，首先做一个数学家、物理学家、文学家、音乐家，然后做一个合格的语言学家。"朱德熙先生曾对冯志伟说："数学和语言学的研究都需要有逻辑抽象的能力，在这一方面，数学和语言学有共性。"

给予冯志伟巨大支持的还有中国机器翻译领域的"二刘"。

"二刘"之一的刘涌泉 1951 年毕业于南开大学外语系。1957 年，刘涌泉到苏联科学院精密机械与计算技术研究所访问进修，中国学者的第一篇机器翻译论文《俄汉机器翻译中的词序问题及其解决办法》就由刘涌泉在 1958 年 5 月召开的莫斯科机器翻译会议上发表。在 1959 年新中国成立十周年庆典前，由刘涌泉主持的俄汉机器翻译在计算所 104 机上试验成功，中国也成为世界上第五个进行机器翻译试验的国家。

在社科院语言研究所和刘涌泉一起进行机器翻译研究的还有刘倬，二人并称中国机器翻译的"二刘"。1964 年，刘涌泉、刘倬、高祖舜合作出版了《机器翻译浅说》一书。之所以是浅说，大概是因为这一阶段的机器翻译系统的可读性让研究者们感觉没办法细说。

关于机器翻译，流传最广的是将《圣经》中表示"心有余而力不足"的英文句子翻译成俄语再翻译回来变成了“酒是好的肉是臭的”的事情，这后来被证实为街头小报造谣，因为当时美国只做了俄译英的研究，并没有进行英译俄的研究，但诸多NLP[1] 学者信以为真，说明机器翻译的早期表现确实不怎么样。

早期机器翻译系统效率低下，根本原因在于指导思想的缺陷。这一时期的机器翻译系统基本上遵循洛克菲勒基金会副总裁沃伦·韦弗（Warren Weaver）提出的类似解密码的方法，韦弗说：“我面前有一篇中文文章，但我可以说，这篇文章实际上是用英语写的，只不过它是用另外一种奇怪的符号编码了而已。阅读的时候，我是在解码。”这其实反映了当时的研究者对不同语言所包含的“信息”缺乏进一步研究，低估了机器翻译在词法分析、句法分析以及语义分析等方面的复杂性。

更重要的是，中文机器翻译的难度比西方语种的翻译难度要大得多。美苏等国所做的英俄机器翻译或其他欧洲语言之间的机器翻译属于有亲属关系的语言之间的转换，而中国从一开始就要面对两个不同语系之间的机器翻译。这一特殊性使得中国的研究者们从一开始就把机器学习向深处推进，就这方面的研究来讲，当时我国学者的研究确实处于世界领先水平。但中文博大精深，要得到正确的译文往往需要依赖计算机所掌握的对于周围世界的一般知识，而我们没有办法把这样的知识加到计算机中，这也注定了要到深度学习兴起，人工智能复兴，机器翻译才能走出低谷。

就在《机器翻译浅说》发布后不久，机器翻译就进入了一个低谷期。1966 年，语言自动处理咨询委员会（Automatic Language Processing Advisory Committee，ALPAC）发布了一份报告，有人认为该报告直接阻碍了机器翻译 20 年来的研究。

20 世纪 70 年代后期人工智能的第二次复兴，以及转换生成语言学的日趋完善和计算机科学的发展，机器翻译再度呈现出复兴的趋势。机器翻译的复兴及代表研究者会在后面的章节展开介绍。

冯志伟也就此接过“二刘”的班。在 1966 年之前冯志伟就有参与“二刘”的机器翻译项目，后来刘涌泉让他以中国科学技术大学研究生院信息科学系研究生的身份

---

1 Natural Language Processing，自然语言处理。

归队，挂在自己名下，但冯志伟实际上是以半同事、半学员的身份回来的。对冯志伟来说，刘涌泉更像兄长和同事，而非一般意义上的导师。

入学不到一年，冯志伟就在《计算机科学》杂志创刊号上发表了题为“形式语言理论”的长篇论文，用严格的数学表达方式向计算机科学界说明数理语言学中的形式化方法如何推动了当代计算机科学的发展，并且指出在数理语言学研究中发展起来的形式语言理论事实上已经成为当代计算机科学不可缺少的一块重要的理论基石，计算机科学绝不可忽视形式语言理论。

冯志伟归队后不久就被国家选派到法国进修学习，师从法国著名数学家、国际计算语言学委员会（ICCL）创始主席沃古瓦（B. Vauquois），研究数理语言学和机器翻译问题。在法国期间，冯志伟实现了世界首个汉语到欧洲语言的一对多的机器翻译系统，并用法语撰写了论文，将论文投到了导师所在的国际计算语言学委员会。在国际上，计算语言学有两大学会，一个是 1962 年成立的 AMTCL（Association for Machine Translation and Computational Linguistics，机器翻译与计算语言学学会），后来 ALPAC 报告向机器翻译（Machine Translation，MT）开火，AMTCL 悄悄把 MT 从名字里去掉，就成了今天我们熟悉的 ACL（Association for Computational Linguistics，国际计算语言学学会）；另一个是 1965 年成立的 ICCL（International Committee on Computational Linguistics，国际计算语言学委员会）。相比之下，ACL 在早期是美国人的圈子，ICCL 更为国际化一些。中国最早的一批自然语言理解研究者重点将论文投在 ICCL 主办的 COLING 而非 ACL 上，也是因为这一批研究者和 ICCL 更熟悉。

冯志伟于 1981 年回国，也就是在这一年，冯志伟在家乡昆明组织举办了全国第一次机器翻译会议。会议共有 13 人参加，包括社科院语言研究所的刘涌泉、刘倬，中科院计算技术研究所的吴逊，中国科技情报研究所的蒋映鹏及冯志伟本人等。虽然从事机器翻译的人还很少，但这一时期已经开始向国外派出人员学习和引进技术，相关机构也开始培养机器翻译的研究生，中国科学技术情报学会和中文信息学会下也都成立了机器翻译专业委员会，机器翻译进入上升期。

这一时期对机器翻译起到积极推进作用的还有一位叫王惠临的研究者。他和冯志伟一样，是 20 世纪 70 年代末的第一批公派留学生，与冯志伟一起在法国学习。王惠临 1983 年从法国南锡第二大学应用语言学系计算语言学专业毕业后回国，是中国第一位从事机器翻译研究的有博士学位的学者。在中国科学技术信息研究所工作期间，王惠临参与了“八六三智能型机器翻译研究”和“亚洲五国 O D A 多语机器翻译合作研究”等国内外重要项目的技术研究工作以及一些应用项目的设计工作，曾获中科院科技进步奖一等奖和国家科技进步奖一等奖等。

机器翻译研究后来进一步得到重视，相继被列入“六五”“七五”和“863 计划”。这一时期产生过两个在中国机器翻译史上具有重要意义的实用化系统，它们分别是“KY-1”和“863-IMT”。相关故事会在后续章节展开叙述。

1984

第 6 章

1984 年：计算机视觉青出于蓝

计算机视觉（Computer Vision，CV）学科的发展起点是在 1966 年。这年夏天，麻省理工学院人工智能实验室的西蒙 · 派珀特（Seymour Papert）教授启动了一个名为“The Summer Vision Project”的视觉项目，他希望几个学生能在暑假期间设计一个可以自动执行背景 / 前景分割，并从真实世界的图像中提取非重叠物体的平台。这个项目首次提出从真实世界的图像中提取物体信息的研究课题。当然这项研究并不如派珀特教授想象的那么简单，即使是 50 多年后的今天，还是有数以万计的科学工作者在尝试解决这个问题，人们依然觉得问题离实际解决还很遥远。不过，也正是这个宏大的目标定义了计算机视觉这门学科的本质，即如何让计算机看懂真实的物理世界。

比计算机视觉更早普及的一个概念是我们前文讲到的模式识别（Pattern Recognition，PR）。要说二者的区别，那就是视觉信号是模式的一种，模式的概念更大，涉及的范围更广，模式识别更像是一种普世的方法，而计算机视觉聚焦于视觉信号这一领域的具体应用问题，它可以用到模式识别的方法，所以计算机视觉的圈子与模式识别有很大的重合度。中国的计算机视觉研究圈子也多半脱胎于模式识别的研究圈子，但青出于蓝，后劲十足。

6.1 计算机视觉之父黄煦涛

如果说模式识别之父、普渡大学的傅京孙是中国模式识别的引路人，那么曾在普渡大学任教的黄煦涛则是中国计算机视觉的“关键先生”。黄煦涛是上海人，1956 年从台湾大学毕业后赴美留学，在麻省理工学院获得硕士和博士学位并留美任教，是继傅京孙之后，在计算机视觉、模式识别、多媒体等领域都非常资深的华人科学家。傅京孙在 1985 年不幸去世，黄煦涛在随后数十年中便成了华人在计算机视觉领域的灯塔，在计算机视觉领域，几乎每一个有所成就的华人学者或多或少与他有些关系。

黄煦涛与傅京孙在普渡大学有过同事之谊。1980 年，黄煦涛因经费问题从普渡大学转投 UIUC（伊利诺伊大学厄巴纳 – 香槟分校）。黄煦涛的研究在早期更倾向于信息处理，在 20 世纪 80 年代中后期则偏向于运动视觉，代表性工作是在 20 世纪 80 年代后期建立的从二维图像序列中估计三维运动的公式。由于其在图像处理、模式识别和计算机视觉领域做出了开创性的研究贡献，黄煦涛也被华人计算机界誉为“计算机视觉之父”。

黄煦涛虽然如今桃李满天下，但早期在麻省理工学院和普渡大学时培养的学生并不多，这或许是因为黄煦涛偏重于计算机视觉。20 世纪 80 年代前后，这一领域做的更多的是储备型研究，他又刚跳槽到 UIUC，不像傅京孙各方面比较稳定，可以招收多名研究生。等到后来在 UIUC 站稳脚跟，黄煦涛门下的学生规模才进一步扩大。

在黄煦涛的学生中，第一个获得教职的是他与戴维 · 蒙森（David C. Munson）共同指导的阿伦 · 博维克（Alan C. Bovic）。蒙森也是一个厉害的人，数字图像处理的国际标准图“莱娜图”（见图 6-1）的使用引起了一些争议，最后还是他写了一篇《关于莱娜图之我见》（*A Note on Lena*）的文章解释为什么要用这张图片才一锤定音。博维克后来在得克萨斯大学奥斯汀分校任教，带出了数十名博士生。博维克最出名的华人学生是 SSIM 算法[1]的发明人王舟。王舟是加拿大工程院、皇家科学院两院院士，滑铁卢大学教授。SSIM 算法是衡量两幅图像相似度的指标，在工业界被广泛应用。

图 6-1　莱娜图，可能是图像处理学术界最熟悉的一张照片[2]

1　结构相似性算法 SSIM 首先由得克萨斯大学奥斯汀分校的图像和视频工程实验室提出。

2　这张图片来源于 1972 年 11 月的杂志《花花公子》的插页，尺寸为 512 × 512 像素，插页中的人物为瑞典模特莱娜 · 瑟德贝里（Lena Soderberg）。

博维克的“祖师爷”、蒙森的导师正是黄煦涛的上海老乡刘必治（Bede Liu）。刘必治是国际公认的数字信号处理领域的先驱者，他同样积极利用自己的学术影响力帮助国内学者。自 1983 年以来，他为中国培养了 15 名博士研究生，1986 年在他任 IEEE 第一组主席时促成了 IEEE 与中国最早的联合学术会议。他促成了 IEEE 北京分部的建立，并在中国不经过高级会员直接破格任命了首批 12 名 IEEE Fellow。中国人工智能研究者们能走向世界，离不开诸多在国外的引路人的帮助。

另外两位帮助“黄门”开枝散叶的学生是密歇根州立大学的翁巨扬和西北大学的吴郢。

翁巨扬于 1982 年本科毕业于复旦大学，是黄煦涛最早在国内招收的博士生，1989 年与黄煦涛编著《图像序列中的运动和结构》（*Motion and Structure from Image Sequences*），之后转向“计算自主心智发育”与机器人领域。他在 1992 年的生长认知网（Cresceptron）项目中提出的数据增强和最大化池这两个技巧被广泛应用至今，对卷积神经网络（Convolutional Neural Network，CNN）的演化起到了积极作用。翁巨扬也是复旦大学的兼职教授。

吴郢于 1994 年本科毕业于华中科技大学，后来到 UIUC 黄煦涛门下攻读博士学位，毕业后在西北大学任教并培养出了包括前微软亚洲研究院首席研究员华刚在内的多名学生。吴郢和华刚均担任过计算机视觉顶会 CVPR[1] 的程序主席，吴郢是 CVPR 2017 的程序主席，华刚是 CVPR 2019 和 CVPR 2022 的程序主席。

值得一提的是，尽管在计算机视觉领域华人的影响力日盛，近年来担任 CVPR 主席和程序主席的华人一个接一个，但在 2010 年之前担任过 CVPR 程序主席这一反映学术能力的职位的华人不过寥寥数人，黄煦涛本人是 CVPR 1992 的程序主席，CVPR 1998 的程序主席是加州大学圣塔芭芭拉分校的王远方，之后担任 CVPR 2009 程序主席的是来自微软研究院的 Sing Bing Kang，第四位担任 CVPR 程序主席的华人

1 CVPR 是 IEEE Conference on Computer Vision and Pattern Recognition 的缩写，即 IEEE 国际计算机视觉与模式识别会议。该会议是由 IEEE 举办的计算机视觉和模式识别领域的顶级会议。

是罗切斯特大学的罗杰波。

罗杰波在 2012 年担任 CVPR 程序主席，这一届 CVPR 的大会主席是朱松纯，朱松纯也是 CVPR 历史上第一位大会华人主席。在这一届 CVPR 上，杨乐昆（Yann LeCun）论文被拒，于是他愤然贴出公开信并在次年另起炉灶成立国际表征学习大会（International Conference on Learning Representations，ICLR）。可能很少有人注意到杨乐昆也曾在 2006 年的 CVPR 上担任程序主席，或许这篇论文按 2006 年他当程序主席时的标准是可以被接受的，但在 2012 年不行。罗杰波也是“黄门弟子”，他在纽约大学水牛城分校读博时，他的导师是他在中国科学技术大学的学长、黄煦涛的另一位学生、曾任香港中文大学（深圳）理工学院院长的洪堡学者陈长汶。

按照陈长汶的回忆，1987 年，当他第一次见到黄教授时，黄教授便给了他二三十篇论文，让他用 6 个月的时间（黄教授学术休假期间）好好阅读，如果有什么问题可以自己研究，中间不需要向黄教授汇报。陈长汶在此期间研究了立体匹配问题，并且提出了一个新的解决方案。等黄教授学术休假回来后，陈长汶拿着论文初稿去汇报，结果出乎他的预料，黄教授说陈长汶的思路很有特点。用通信中的误差概率来分析匹配误差比当时基于几何的分析更合理，也有相应的理论支撑。经过几番修改，文章最后被收录在意大利学者卡佩里尼（V. Cappellini）编著的书中，由爱思唯尔出版社出版。

1989 年，黄煦涛给陈长汶安排了一个贝尔实验室研究团队没有取得太大进展的难题：计算机视觉中的非刚体运动估计。之前黄煦涛团队已经在刚体运动的问题上取得了丰富的研究成果，但非刚体运动估计的难度是显而易见的。图像中的特征点对应的物理点再也不能假设为可以在三维空间保持距离不变了。快到学期结束，该难题还是没有太大进展。陈长汶不知道如何形式化心脏非刚体运动的研究问题。黄教授很坚定地说不用担心，研究问题一旦可以形式化，很快就能找到答案，最关键的是如何正确地将研究问题形式化。正是黄教授的教诲，让陈长汶信心十足地继续下去。一年后，陈长汶基于基本曲面的变形来估计心脏的非刚体运动，并发表了多篇论文。陈长汶一直铭记黄教授的教诲，这也是陈长汶从事研究的核心动力之一。

黄煦涛的另外一位学生刘允才在自己的文章中写道：

> 1984 年，黄教授邀请我参加圣诞节家庭晚宴。傍晚六点左右，天下着雪，黄教授带着他的小儿子开车到我的寓所来接我。那是我第一次过圣诞节，温馨高雅的晚宴气氛和黄教授的绅士风度给我留下了深刻的印象。晚宴后，黄教授与夫人一同开车送我回寓所，途中还绕道去 UIUC 观看了城市圣诞夜景。自那以后，在美国学习期间，我和家人的圣诞节大多是在黄教授家快乐地度过的。黄教授热情、平易近人、文雅，有绅士风度，是我一生学习的楷模。

在实验室的一次会议上，黄教授穿了一件蓝色的 T 恤衫，前胸印着白色大字“Digital”，后背印着“Analog”。他说，这学期他要讲两门课，分别是数字信号处理和模拟信号处理。为了避免学生混淆，他讲哪门课就将有哪个词的一面穿在胸前。

除了学术界，黄煦涛还有多名弟子进入产业界，当中的佼佼者就包括得克萨斯大学圣安东尼奥分校计算机系教授、华为诺亚方舟实验室计算机视觉首席科学家田奇，联想集团首席技术官芮勇，原依图科技首席技术官颜水成，云从科技创始人周曦等。

黄煦涛还积极提携后辈，李飞飞的第一份教职就是在黄煦涛的积极推荐下获得的，计算机视觉大师马毅在博士毕业后曾在 UIUC 与黄煦涛共事，同样深受黄煦涛的影响。

20 世纪 80 年代初，在黄煦涛实验室进修或学习的国内学者有华北计算技术研究所的方家骐、浙江大学的顾伟康等，他们在黄煦涛实验室的所见所学，为中国早期的计算机视觉的研究者们打开了一扇窗。

1984 年，方家骐回国后在《计算机应用与软件》上发表了名为“计算机视觉：一个兴起中的研究领域”的文章，这篇文章在国内学术期刊上首次系统性地介绍了计算机视觉，特别是首次介绍了大卫·马尔（David C. Marr）的理论模型。方家骐认为“计算机视觉的研究主题是用数字计算机来模拟人或生物的视觉功能”，而研究的目的主要有两方面：一是使计算机具有视觉智能，以提高机器的性能，扩大其应用领域；二是建立人类视觉的计算理论，揭示视觉的奥秘。

顾伟康从黄煦涛实验室进修结束回国后，于 1986 年在《浙江大学学报》上发表了《计算机视觉学的发展概况》，这篇文章首次在国内介绍了计算机视觉从 20 世纪 60 年代到 20 世纪 80 年代这 20 年的历史脉络，以及 20 世纪 80 年代中期美国在计算机视觉领域的研究状况。

按照清华大学原计算机系主任杨士强的讲述，黄煦涛在他和一众清华老教授的邀请下，帮助清华建立起了计算机交互方向的讲席教授组，成员有十多人，这是清华计算机系的第二个讲席教授组，前一个是姚期智成立的讲席教授组。

6.2 施增玮和“交大系”

除黄煦涛外，另一位帮助国内研究者进入计算机视觉领域的宗师是匹兹堡大学的施增玮。施增玮 1939 年进入南洋公学（现在的上海交大）就读，1941 年从南洋公学肄业从军，征战沙场，日本投降后便卸下军装远渡重洋学习计算机，1977 年成为匹兹堡大学的图像处理与模式识别实验室[1]主任。施增玮也是 20 世纪 70 年代最早与国内建立联系的海外华人学者之一。

1978 年，时任上海交大党委书记的邓旭初在匹兹堡大学拜访时对施增玮主持的图像处理与模式识别实验室印象非常深刻，因此希望能够将这一实验室移植到上海交大，并特批 30 万美元，由上海交大电工器材制造系的李介谷具体负责承担此项任务。

在此过程中，另一位南洋公学校友、“电脑大王”王安为上海交大提供了帮助，按半卖半送的价格为上海交大提供了一批电脑，但当时按照巴统协议，计算机图像处理设备在美国是对华禁运的，购买其他设备的过程中有诸多阻力，于是李介谷等人不得不将设备拆分，部分在美国购买，部分在其他国家选购，然后在上海重新组装。几经周折，上海交大也因此成立了全国第一个拥有成套进口设备的模式识别实验室，李介谷的研究方向也逐步转向计算机图像处理和模式识别。

施增玮在 20 世纪 80 年代几乎每年都会回国讲学交流，同时也邀请一大批“交大系”的师生去匹兹堡大学进修，其中最近水楼台的当然是上海交大的师生。

1 由于年代久远，该实验室英文名不可考，中文报道有“图像处理与模式识别实验室”和“模式识别与图像处理实验室”两种不同的叫法，本书依据王宗光主编的《交大老教授》一书，取“图像处理与模式识别实验室”的称呼。

新泽西理工学院教授也是 IEEE Fellow、在数字取证安全领域有着国际声望的施云庆是上海交大人工智能方向的第一批硕士生，1982 年赴匹兹堡大学学习，1987 年博士毕业。

与李介谷一同创办上海交大图像处理和模式识别实验室的施鹏飞也和李介谷前后脚去匹兹堡大学进修，今天上海交大图像处理和模式识别实验室的当家人杨杰倒与匹兹堡大学并无关连，他于 1989 年获取国家奖学金前往汉堡大学学习，与如今的汉堡大学教授张建伟同期。

天下交大是一家，除上海交大外，西安交大和北方交通大学（现在的北京交通大学）[1] 也因为施增玮与匹兹堡大学有诸多交流。

蔡元龙 1983 年从美国回来后写了《模式识别》一书，并创建了西安交大的图像处理与识别研究所。

西安交大人工智能和模式识别的开山祖师宣国荣则在 1983 年接棒前往匹兹堡大学，宣国荣此前已经开展了汉字识别的科技攻关项目，他后来多次得奖的项目正是计算机视觉和汉字识别。

宣国荣是一个脑子很灵光、想法很多、活动能力超强的人，正是在他的极力鼓动和游说下，西安交大也将智能机器人“HERO-1”调拨给宣国荣的实验室用来研究机器人视觉，也正是以此为基础，宣国荣创建了西安交大的人工智能与机器人研究所。

1985 年，宣国荣在《计算机应用与软件》上发表了《计算机视觉》一文。在这篇文章中，宣国荣从信息处理的角度探讨了计算机视觉是什么。他认为，计算机视觉是利用人工智能、模式识别、图像处理等学科的综合知识，模拟人的视觉过程，使计算机具有生物感受环境能力，特别是人的视觉机能的一种科学。表 6-1 是宣国荣根据自己的分析以及在国外数年的见闻总结而成的计算机视觉的应用领域。

---

1 北京交通大学是交通大学的源头之一，1970 年由北京铁道学院复名北方交通大学，2003 年复名北京交通大学。

表 6-1 计算机视觉的应用领域

领域	对象	形式	任务	知识源
机器人	三维室外或室内的景物机器零件	光线、X 射线激光	景物中目标的描述，形状识别，条纹、伤痕、纹理，识别符号、文字识别	目标的模型、从目标反射的光线模型、X 射线透视模型、二维或三维激光模型
空中图像	地势、建筑物、云层等	光线、红外线、雷达	图像的改善、资源分析、天气预报、侦查、导弹控制、战术分析	地图、各种形状的几何模型、图像的格式模型
天文学	恒星、行星	光	化学成分组成图像的改善	形状的几何模型
宏观的医学图像	身体器官	X 射线，超声、同位素热	病变的诊断、手术与处理计划	形状模型、解剖模型、图像格式模型
微观医学图像	细胞、蛋白质链、染色体	电子显微镜光线	病理学、细胞学及染色体研究	形状模型
化学	分子	电子密集度	分子组成分析	化学模型、结构模型
神经解剖学	神经细胞	光线、电子显微镜	决定空间方向	神经的连接
物理学	粒子轨迹	光线	寻找新的粒子、识别轨迹	源自物理

资料来源：宣国荣的《计算机视觉》

可以看出，宣国荣对计算机视觉的定义比较宽泛，凡是涉及光学信息的领域都可以归到计算机视觉的研究和应用范围中。

比起宣国荣，北方交大的袁保宗在当时国内的学术界更为资深。1979 年，在学部委员罗沛霖、程民德和常迵教授的共同倡议下，袁保宗创建了中国电子学会信号处理分会，袁保宗本人长期担任该学会的理事长及副理事长。在中科院自动化研究所的模式识别国家重点实验室和北大视觉与听觉信息处理国家重点实验室，袁保宗都是学术委员会的副主任委员。

也就是说，当时袁保宗已经从信息处理的角度开展语音识别的研究，而且已经有了一定进展。

受施增玮的影响，1983 年北方交大花费 25 万美元引进了一套图像计算机以便开展数字图像处理的研究，开启了北方交大在计算机视觉上的研究之路。

除袁保宗本人外，北方交大的张树京、阮秋琦等相继在匹兹堡大学学习交流，随后成为计算机视觉领域的中流砥柱。

袁保宗同样有诸多学生，其中最有名的当数“留法计算机视觉三剑客”之一的权龙。在权龙的学生里，安途的 CEO 肖健雄知名度最高。

在我们看来，袁保宗与权龙，权龙与肖健雄代代相传的故事是中国人工智能简史极为吸引人的华彩乐章之一，除此之外，后文还会介绍宣国荣与郑南宁，郑南宁与孙剑的传承故事，这个故事背后又因为有施增玮的连接而更加广为流传。

6.3 马尔的《视觉计算理论》在中国的传播

国内的学者们在国外访学以及参会的过程中不断吸收了计算机视觉最新的研究思想，同时也做了一些优秀的工作，在顶级期刊（如 *TPAMI*[1]）和会议（如 ICPR）上也发表了不少的文章。

1982 年，国内学者在 *TPAMI* 上发表了第一篇文章，作者是复旦大学的吴立德，他曾前往普林斯顿大学和布朗大学进修。

不同于其他进入计算机视觉（模式识别或图像处理）的学者，吴立德有深厚的数学功底。

事实上，在从事计算机视觉的研究之前，吴立德的主要工作是研究概率论，他尤其对马尔可夫过程有诸多研究，这也使得他在计算机视觉的研究中更加重视数学理论的推导。

而计算机视觉领域的“扫地僧”，用概率统计解决视觉与人工智能问题的乌尔夫·格林纳德（Ulf Grenander）就在布朗大学应用数学系执教。20 世纪 80 年代初是概率学派的一个辉煌期，因此吴立德很快做出了成绩。他于 1982 年在布朗大学应用数学系做访问学者期间，便在国际顶级期刊 *TPAMI* 上发表了《关于直线的链码》

1 《IEEE 模式分析与机器智能汇刊》，TPAMI 是 IEEE Transactions on Pattern Analysis and Machine Intelligence 的缩写。

（On the Chain Code of a Line），这篇文章解决了链码提出者弗里曼（Freeman）关于直线链码的猜想，这是国内学者在 *TPAMI* 上发表的首篇论文。随后在 1984 年，吴立德再次在 *TPAMI* 上发表论文，而在 1980 年的 ICPR 上，吴立德也有文章发表。连续在国外顶级期刊上发表文章，这让吴立德成为 20 世纪 80 年代早期国内在计算机视觉方面最有影响力的学者之一。

吴立德也是老一辈学者里人工智能课程讲得极好的一个，在很长一段时间里，吴立德的研习班都是复旦大学计算机系的招牌。

1931 年，著名数学家苏步青和陈建功在浙江大学开创数学讨论班，意在培养学生的独立工作能力和科学研究能力。“严格”“坚持”是讨论班的特点，讨论班的学生常被要求阅读原典文献、研究前沿问题，并且每人都要做课堂汇报。本科就读于复旦大学数学系的吴立德师承苏步青、陈建功（二人后在复旦任教），在转入计算机系任教后也将专题讨论班的形式继承下来，面向研究生及少数本科生开课。

吴立德的学生、复旦大学计算机科学技术学院教授黄萱菁表示，计算机专业的学生往往有一个毛病——数学功底不够深，但数学在计算机学习中极其重要，所以请吴立德来给学生介绍数学方法再合适不过。“其实有点像我们点菜，吴老师做菜，我们列书单，他来讲课。”

领了“菜单”的吴立德为了做好这桌“学术盛宴”，投入了极大的热情和精力。在备课时会预先推演一遍，熟背下来，面对数学背景并不强的计算机系学生，他用了最“笨”的方法：拿粉笔一笔一画地将推演过程写在黑板上。“现在好多教授上课用 PPT，但是牵涉到数学知识的时候，一张张 PPT 图片并不能呈现出逻辑关系，而板书更多体现的是一步步的推导过程，更好理解。”

复旦大学计算机系也是中国最早的计算机系之一，如果不算中科大计算机系和国防科大计算机系这两个 1966 年之前就成立的计算机系，那么 1975 年创建的复旦大学计算机系就是中国计算机系复兴运动中的头牌。在此之后，吉林大学、南京大学、浙江大学先后创立了自己的计算机系。

吴立德是复旦大学计算机系的第二任系主任，复旦大学计算机系的第一任系主任是何永保。复旦大学计算机系能从数学系里拆分出来，除了何永保的力争，当时复旦大学党委副书记王零也出了很多力，所以王零虽然没有当过复旦大学计算机系的系主任，但也与何永保和吴立德同为创系元老。

吴立德也是马尔理论在中国传播的重要推动者之一。

20 世纪 80 年代也是模式识别与计算机视觉、人工智能分化融合的一个关键点。模式识别最初是为了解决用机器识别物体的问题而出现的，随着计算机研究的发展，如何让计算机识别物体成了模式识别非常重要的研究方向之一。严格来讲，国内最初做计算机视觉的研究者和做模式识别的研究者并不是一个圈子的。最简单的模式识别是识别一维的滤波器信号，因此第一批做模式识别的人往往有信号处理的基础，而计算机视觉研究者首先是计算机研究者，他们考虑的是如何让计算机识别物体。计算机视觉最早的项目“暑期视觉项目”就是明斯基于 1966 年将计算机与相机连接起来的一个尝试。计算机视觉后面几步，如图像分割、分类虽然会用到模式识别的分类方法，但在计算机视觉发展的早期还是进行了很多视觉与心理学的机制处理的研究，这也是学心理学的人会参与进来的原因。人的眼睛有时候是会骗人的，同一样东西，从不同角度看可能有不同的理解〔一个典型的例子就是内克尔立方体（图 6-2）〕，这当中视觉形成的机制是怎样的呢？只有把这些方面的问题解决了，模式识别的方法才管用。

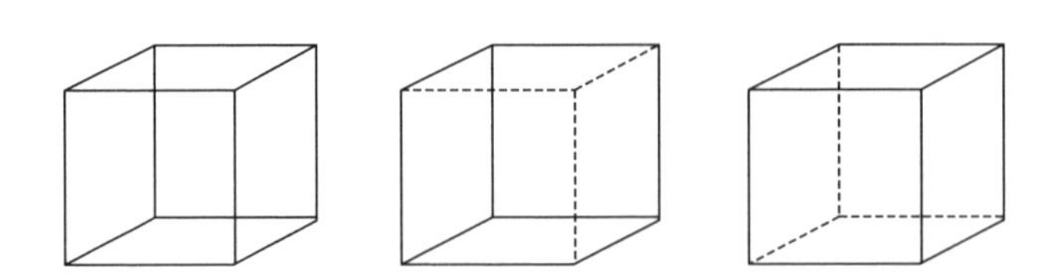

图 6-2 最左为内克尔立方体，中间和右边为内克尔立方体的两种诠释方式及不同的视觉效果

图片来源：维基百科

马尔在 20 世纪 80 年代初提出的三维表达思想，使计算机视觉进入了一个新的时代。马尔于 1980 年去世，在他的学生的帮助下，麻省理工学院出版社在 1982 年出版了他的遗作，计算机视觉领域的“圣经”——《视觉计算理论》（*Vision: A Computational Investigation into the Human Representation and Processing of Visual Information*）。

《视觉计算理论》一经出版遂成经典，但这本书涉及心理学、解剖学、神经科学、哲学、计算机、图像处理、人工智能等，还夹杂着各种俚语，对许多研究人员来说，要想准确理解原意也是极为困难的。

吴立德曾表示“英文原书有很多地方因为语言障碍看不懂”，所以出版一本中文译作成为一件重要的事情。推动这个事情进入紧急状态的是汪云九、姚国正、刘磊等人。

汪云九也是中国神经网络研究的先驱，他所在的中科院生物物理研究所是国内最早研究神经网络的单位，重点研究视觉系统信息传递过程和加工的机理，建立有关数学模型，在 1965 年就提出用矩阵法描述一些神经网络模型。在涂序彦等人于 1977 年发表的文章《国外神经控制论发展概况》中，有一节就专门引述了汪云九之前的文章。

姚国正研究员有自动化研究背景，曾担任“尖兵一号”返回式卫星姿控系统设计组组长，在红外传感器和卫星姿态控制方面均取得了实绩。后来，姚国正被调入中科院生物物理研究所郑竺英所主持的视觉研究组，与汪云九成为同事。姚国正在中科院生物物理研究所得知马尔的《视觉计算理论》一书后，多方求助托人从国外带回一本，如获至宝，通宵达旦地阅读，很快他就被这本书的内容和新颖的学术思想感动了。

姚国正、汪云九和刘磊（姚国正、汪云九的学生）等人意识到将这本书翻译成中文对我国计算机视觉、图像处理、人工智能、模式识别等领域的研究和人才培养具有极其重要的价值。从 1983 年到 1986 年，姚国正、汪云九、刘磊三人下了很大的功夫将原著翻译成中文版《视觉计算理论》，这本书在翻译的信、达、雅上无疑是科技翻译的典范。1988 年《视觉计算理论》中文版出版，立即成为高校和研究单位必备的参考资料，这本书也成为国内至今被引用得最多的一本中文译著。这本书的出版在我国极大地推动了计算机视觉在普通师生间的推广，也标志着我国计算机视觉研究的成形。值得一提的是，即使多年之后，马尔的英文原著在国内都没有几本（甚至中科院图书馆都没有），国内学者编写的教科书从 20 世纪 90 年代也才陆续出现，因此《视觉计算理论》一书成了国内师生学习计算机视觉几乎唯一的参考书。

随着模式识别与计算机视觉技术的发展，尤其是马尔的计算视觉理论出来后，模式识别和计算机视觉的研究者之间的联系就愈发紧密。过去模式识别在模拟人的识别能力，尤其是识别 3D 物体方面存在先天不足,"识别目标" 需要改为 "识别表面","三维问题" 需要降为 "二维半问题"，从而集中解决从图像到可见表面的识别问题，而马尔的计算视觉理论反过来提供了从二维到包含纹理信息的二维半图像再到三维图像的转变方法，使计算机视觉的研究取得了突破性的进展，也直接推动模式识别的对象从二维领域进入三维领域。

当时模式识别的社区和会议笔记已经成熟，因此计算机视觉研究者也常常借助模式识别的学术会议来展示自己的研究成果。直到 1983 年，金出武雄与达娜・巴拉德（Dana Ballard）在华盛顿特区举办第一届 CVPR，计算机视觉才站到了模式识别的前面。

6.4 留法计算机视觉“三剑客”

尽管 20 世纪 80 年代国内已经有不少人在从事计算机视觉的研究工作，但他们大多还处于学习和介绍国外研究的水平，这主要有几个方面的原因。首先，当时国际交流的渠道很少，很少人能有机会去参加国际顶会，了解国外的研究动态，而发表在期刊上的研究一般会有 1~2 年的滞后，这就导致国内从事计算机视觉研究的人不能及时了解前沿动态。其次，当时国内从事计算机视觉相关研究较为活跃的学者大多耽搁研究多年，尽管老一辈学者竭尽所能去赶超，奈何已 40 多岁，在接受新知识方面能力有限。真正能够紧跟前沿动态，并引导计算机视觉发展的人，往往需要在海外学习多年，要具备国际视野。

1984 年，常迵、胡启恒和戴汝为在为中科院自动化研究所筹备模式识别国家重点实验室时，就认为需要找到一个合格的学科带头人来带领这个重点实验室发展。经过近两年的筛选和考察，他们注意到了在法国留学的马颂德。

马颂德既是清华大学的毕业生，也是中科院自动化研究所的学生。准确来说，他于 1968 年毕业于清华大学自动控制系，在恢复研究生招生制度的第一年考取了中科院自动化研究所研究生，不久便被公派到法国巴黎第六大学（即著名的皮埃尔与玛丽·居里大学）计算机系攻读图像处理和计算机视觉的博士学位。顺便说一下，杨乐昆也是在巴黎第六大学拿到的博士学位，算是马颂德的学弟。

马颂德获得博士学位后先后在 INRIA（法国国家信息与自动化研究所）机器人视觉实验室和美国马里兰大学计算机视觉实验室担任客座研究员。20 世纪 80 年代在

INRIA 从事视觉研究的华人还有权龙和张正友，3 人被称为 INRIA 计算机视觉“三剑客”。

权龙于 1984 年毕业于北方交大，之后作为教育部派遣的留学生赴法留学，在 INRIA 师从罗杰・莫尔（Roger Mohr）攻读博士学位。相比于当时在国内从事计算机视觉研究的人，权龙在法国师从莫尔，所以能更快接触到计算机视觉的前沿研究。莫尔从第一届起便参加 ICCV[1]，权龙跟着莫尔从第二届起基本每年不落地向 ICCV 投递论文，并逐渐参与到 ICCV 的组织当中。权龙在 ICCV 的活动极大地促进了国内与顶会的联系，之后 ICCV 2005 在北京举办，马颂德担任大会主席，权龙在为北京赢得举办权的过程中也起到了不容小觑的作用。

权龙在三维重建方面的主要贡献，是 1995 年发表在 TPAMI 上的《通过三张非标定图像的六点不变量与投影重建》（Invariants of Six Points and Projective Reconstruction from Three Uncalibrated Images）。在这篇论文中，他提出了著名的“六点算法”，几乎所有基于非标定相机的三维重建都基于这个算法。这篇论文也因此和张正友的老师奥利弗・法格拉斯（Oliver Faugeras）的研究以及理查德・哈特利（Richard Hartley）的研究一起奠定了三维重建的理论基础。2001 年权龙回国加入香港科技大学，建立计算机视觉研究组，直到现在，他所带领的这个研究组在三维视觉领域仍是国际顶尖的团队之一。

张正友比权龙晚一年考入大学。1985 年，张正友从浙江大学本科毕业后到法国南锡大学攻读计算机科学，并于 1987 年获得硕士学位，1990 年在巴黎第十一大学获得博士学位，1994 年在该校获得了博士生导师的资格，此时他还不到 30 岁，可谓少年天才。

1987 年起张正友还担任了 INRIA 的助理研究员。正是这一年马颂德离开 INRIA，回国接手中科院自动化研究所的模式识别国家重点实验室。同为华人且在同一个实验

1 ICCV 的全称是 IEEE International Conference on Computer Vision，即国际计算机视觉大会，由 IEEE 主办，与计算机视觉模式识别会议（CVPR）和欧洲计算机视觉会议（ECCV）并称计算机视觉方向的三大顶级会议。

室工作的经历，让他们在随后召开的 ECCV 会议上一见如故。1994 年受马颂德邀请，张正友兼任了中国科学院客座研究员，此后还担任国内多所院校的兼职教授。1998 年张正友加盟微软雷德蒙德研究院，2018 年离开微软加盟腾讯。

张正友最为知名的研究是 1998 年在 *TPAMI* 上发表的《一种灵活的相机标定新技术》（*A Flexible New Technique for Camera Calibration*）一文。在这篇文章中，他提出了单平面棋盘格的摄像机标定方法，该方法又称“张氏标定法”。张氏标定法目前已经作为工具包或者封装的函数在计算机视觉中得到广泛应用，他的这篇论文被引用高达 12 000 多次。此外，张正友与马颂德合写的著作《计算机视觉：计算理论与算法基础》多年来一直是国内计算机视觉领域学生的必读教材。基于张正友的学术地位以及他为计算机视觉所做的贡献，CVPR 2017 大会主席由张正友担任。

说回马颂德，相比当时国内计算机视觉领域的其他学者，马颂德有两个优势：第一，他在改革初期正值盛年，能够快速消化最新的知识；第二，其他学者只是在国外访学，一般最多待两年，而马颂德在国外留学六年，还是在法国和美国的顶尖实验室学习和研究，因此对西方前沿的研究有更为深刻的理解。

1985 年 9 月，马颂德参加了名为“欧洲计算机图形学年会”的国际学术会议，他在会上宣读的《任意三维曲面上的纹理图像合成》获得了最佳论文奖，此外他凭借用计算机合成的一张图片获得最佳技术奖，一举独占整个年会的两项奖励，立即引起了国际同行专家的注意。凭借这些成果，马颂德在 1986 年获得了法国国家博士学位。

取得如此成绩的他自然逃不开一心求才的常迵和胡启恒的关注。在常迵与胡启恒的邀请下，加上自身怀揣科学报国的情怀，1986 年马颂德从法国回到中科院自动化研究所，着手建立模式识别国家重点实验室，并担任实验室的首任主任。

马颂德给国内计算机视觉的研究带来一股清流。在回国头两年的时间里，马颂德先后发表了 23 篇论文，提出了一系列新的方法和思想，例如：用微分几何方法建立任意三维曲面上的并行坐标系，从而定义任意三维曲面上的纹理统计参数，并将其应用于纹理分析与合成；用向量量化的方法处理彩色纹理图像，从而将纹理统计量推广到彩色图像中；提出一种新的神经网络计算模型，用于机器人视觉中的高层次图像匹配；提出一种霍夫变换的推广形式，利用梯度与曲率信息，将原来用于识别任意形状的霍夫变换的计算复杂性降为 $O(m^2)$；提出推广的霍夫变换的计算机并行处理 Systolic 结构；设计了一种用于 Systolic 结构仿真的软件系统；提出一种利用近似等测度映射方法计算在任意曲面上运动的机器人最优路径的理论方法；用神经网络、模拟退火及统计归一等原理，提出用于图像信息压缩的神经网络模型。

这个时候，国际上神经网络的发展正处于高潮，但国内对此还不是很了解。马颂德由于有在法国和美国研究的经历，也有一些人际关系，所以能够及时和方便地了解到国际前沿的研究动态。他一改 30 年来人们沿用的信号处理的传统方法，将人工神经网络应用在图像数据压缩上，构造出由数百个神经元组成的三层网络。尽管在现在看来这种网络十分简单，但在当时的机器上仍需要跑几个小时。在使用这种方法的情况下，黑白图像的压缩比可达到 16:1，彩色图像达到 45:1，综合指标远超传统的图像处理方法，在国际上处于绝对的领先地位。将图像数据压缩到原来的十分之一，则意味着存储空间、传输速度是原来的 10 倍，这在当年的存储条件下是非常难得的。值得一提的是，《任意三维曲面上的纹理图像合成》在国内第一次介绍了神经网络在计算机视觉中的应用。模式识别国家重点实验室也因此提前一年，即在 1987 年完成验收。

马颂德还拟定了开放基金指南，组织了 30 多个实验室开放基金课题，有三分之二的实验室吸收了来自全国高校和科研机构的研究人员。他将计算机视觉的前沿研究迅速扩及全国，与此同时也把模式识别国家重点实验室打造成一个国内外顶尖的实验室。

马颂德对中国人工智能的促进作用不仅仅体现在学术研究上。马颂德还担任了欧美同学会副会长，欧美同学会法比分会会长。由他牵头，1996 年法国国家信息与自动化研究所、法国国家科学研究中心等与中国联合创建中法信息、自动化与应用数学联合实验室，马颂德担任第一届中方主任。由于马颂德回国后长期致力于促进中法科技交流和合作，2000 年法国政府授予他法国国家荣誉勋章。

马颂德在中法计算机视觉合作中的作用还体现在促成 ICCV 2005 举办地落地中国上。计算机视觉的三大顶会中，CVPR 的举办地基本不出美国，ECCV 的举办地基本不出欧洲，只有 ICCV 在世界各地选择会议地点。马颂德是 ICCV 2005 的大会主席，另一位大会主席是微软亚研的沈向洋。正是因为马颂德在法国学术圈的影响力和沈向洋在美国学术圈的影响力，再加上计算机视觉圈子华人力量的壮大，才促成了计算机视觉领域三大顶会之一的 ICCV 在中国召开。

6.5 计算机视觉与其他研究的早期融合

马颂德的历史贡献还体现在对“863 计划”机器人专项的支持上。1986 年他回国后不久便被选入刚刚成立的“863 计划”专家组，成为“863”专家委员会最年轻的委员；1997 年，马颂德担任“973 计划”的首席科学家（后交由从英国学成归来的谭铁牛担任）。

马颂德和中科院自动化研究所模式识别国家重点实验室也就此承担了“863 计划”机器人专项的诸多任务。马颂德的挚友也是其事业最重要的伙伴李耀通是“863 计划”机器人专家组的第二任组长。

同样把视觉与机器人深度融合起来的还有郑南宁和西安交大团队。

1985 年，宣国荣的学生郑南宁从日本庆应义塾大学获博士学位后回西安交大计算机控制教研室任教。宣国荣和郑南宁提议，副校长汪应洛大力支持，1986 年西安交大正式成立人工智能与机器人研究所。当时对于研究所的名称存在分歧。有人认为“机器人研究所”这个名称就已经不错，机器人就是智能机器。宣国荣认为工业机器人在严格意义上还不算智能机器，因为它不能感知环境和进行自主决策，只能按规定程序操作，汽车流水线上的焊接机器人和喷漆机器人、电子设备的装配机器人等就属于这一类。人工智能与机器人都是重要的研究方向，“机器人研究所”“人工智能研究所”“智能机器人研究所”都不太全面。推敲一段时间后，学校采纳宣国荣的意见，成立人工智能与机器人研究所，并且确定宣国荣和郑南宁为研究所正副所长，研究所的主要研究方向是计算机视觉、文字识别和智能机器人。

不久，宣国荣转去同济大学当计算机系系主任，郑南宁接宣国荣的班。

郑南宁最有名的学生是孙剑，孙剑在微软亚研视觉计算组做出突出成绩，是旷视原首席科学家，也曾是西安交大人工智能学院的院长。宣国荣、郑南宁、孙剑代代相传的故事，历久弥新，十分动人，他们的故事会在本书后续作品中展开介绍。

宣国荣本人也是中国模式识别学术交流活动的重要人物。1979 年，中国自动化学会成立模式识别和机器智能专委会，常迵担任专委会负责人，日常事务由中科院自动化研究所的陈贻运打理，宣国荣是主力成员。宣国荣也是中国计算机学会的活跃人员。1983 年，两年一届的中国模式识别学术会议做到了第三届，这一届会议为了出新，由中国自动化学会与中国计算机学会联合主办，宣国荣是其中的重要推动者之一。

这次会议后，计算机学会委托宣国荣成立模式识别学组，宣国荣也当选中国计算机学会模式识别学组的负责人，学组成员有浙大的何志均、复旦的何永保、上海交大的施鹏飞和清华的方棣棠等。

20 世纪 80 年代，国内不少开设了模式识别专业的高校也纷纷选择将模式识别与图像处理和计算机视觉结合起来，上海交大成立了由李介谷领衔的图像处理与模式识别研究所。

吴立德则开拓了复旦大学自然语言处理的方向，目前（本书撰稿时）复旦大学自然语言处理的带头人黄萱菁就是吴立德的学生。模式识别是个很好用的锤子，这话一点也不假。

模式识别与人工智能的融合在 20 世纪 80 年代成为一个流行话题。提到模式识别就会谈到机器智能，机器智能与人工智能的最大区别是，机器智能企图从感官出发模拟神经系统解决实际问题，人工智能企图从更深的层次去模拟心智，探寻其中的规律，这其实是两条不同的路线，有点像小说里“练剑还是练气”的差别。国内在 20 世纪 80 年代曾对“智能的本质是什么”有过一番争论，当时主张“哲学现行”的代表童天湘就曾提出“人工智能不过是人的智能在机器中的再现”“即使是模式识别，也要人先归纳”等观点。在他看来，人的主观能动性更为重要，人工智能是“道”，而模式识别是“术”，这大概也是人工智能的概念一再扩展，而模式识别的影响力日益衰落的原因。

不管是机器智能还是后来含义被不断扩大的人工智能，虽然目的都是模拟大脑的活动以达到“智能”的效果，但在思路和实现的路径上有不小的差别。以识别苹果为例，人工智能思想认为人之所以能识别出苹果，是因为我们已经知道了苹果的先验知识，例如苹果是圆的、红色的，其表面是光滑的，如果给机器建立这样的一个知识库，机器就能够识别出苹果，这就是专家系统的套路；机器智能思想则认为只有观察外界世界才能得到真正的知识，我们知道苹果是圆的、红色的、光滑的，是因为我们之前见过很多这样的苹果，要让计算机学会判别一个东西是苹果还是橙子，无须事先让计算机具备这些知识，只需要有各模式的样本，然后计算机从数据样本中发现和提取特征即可，这就是模式识别的套路。

从达到“智能”的效果来看，这两种方法都是可行的，算法的改善或者原理的突破都能进一步增强智能的效果。不过在 20 世纪 80 年代，模式识别研究比起传统人工智能研究进步更为明显，算法的改进使模式识别与人工智能的研究者们对后续的研究也持乐观态度。上海交通大学图像处理与模式识别研究所的李介谷教授回忆，1984 年他参加在加拿大蒙特利尔召开的第七届 ICPR（在这届会议上中国获得 1988 年 ICPR 举办权，后临时改在罗马举办）时，曾不止一次听到国外有关人士说“用不了 5 年，人们一定可以创造出堪比人类视觉的计算机视觉系统”这样的话。其实在每一次人工智能浪潮中都可以听到类似的预言，不管是司马贺在 20 世纪 50 年代末所说的“不出 10 年计算机将成为国际象棋的世界冠军”，还是当下有人发表的“10 年以内我们将研发出有常识的计算机”的言论，都有类似之处。

然而到 20 世纪 80 年代末，视觉计算理论的瓶颈开始出现，人们开始质疑这种理论的合理性，甚至提出了尖锐的批评。这与今天不少学者反思机器学习的“黑盒子”

机制，并呼吁去探讨其背后的机制颇有类似之处。其实仔细分析，在 20 世纪 80 年代和 21 世纪出现的这两波人工智能浪潮中，人们执迷于算法的背后都有硬件设备的升级和运算能力爆发的因素。今天机器学习的从业者喜欢把自己的工作比作“炼丹”，其实更恰当的比喻应该是“练剑”，一旦练剑（改进算法）的成效大于练气（研究原理）的成效，剑宗自然就占了上风，反之亦然，太阳底下没有新鲜事。

天下大势，分久必合。人的智能远比想象的复杂。从长远来看，人工智能的发展是一个算法和原理相互补充印证、弥补彼此不足的螺旋式上升的过程。在 20 世纪 80 年代，以逻辑为基础的传统人工智能虽然取得了很大成就，特别是人们建造了一批专家系统，使得人工智能在工业、商业、军事等应用领域体现出了价值，但从人工智能的理论基础和技术方法的角度来看，人工智能的成就依然非常有限。到 20 世纪 80 年代中后期，人工智能与模式识别的交融日趋密切，以知识为基础的模式识别系统的出现和不断发展，标志着模式识别的方法更加智能化。模式识别的方法被运用于专家系统来辅助推理，以实现人工智能。随着人工智能与模式识别的结合，一个新的人工智能时代已然到来。

1985 年 3 月，中国科学技术协会转发国家体改委批准成立中国计算机学会（CCF）。新成立的中国计算机学会由原中国电子学会计算机学会（二级学会）升级而来，随着结构的调整，原来学会内的学组也随之升级为专委会。由于当时对专委会数量有一定的限制，计算机学会当时的秘书长李俊昌提议将人工智能学组（负责人是王湘浩）、模式识别学组（负责人是宣国荣）进行合并。1986 年 11 月，两个学组在山西大学合并成立了中国计算机学会人工智能与模式识别专委会并召开了第一次学术会议。王湘浩（吉林大学）担任主任委员，宣国荣（西安交通大学）、何志均（浙江大学）、石纯一（清华大学）、刘叙华（吉林大学）、方棣棠（清华大学）、何永保（复旦大学）、管纪文（吉林大学）担任副主任委员，石纯一任秘书长，人工智能研究的大半精英尽在其中。自成立开始，专委会在普及、推动国内人工智能与模式识别领域的研究和学科发展上发挥了巨大的作用。

1985

第 7 章

1985 年：清华大学人工智能研究的 F4

在中国的人工智能研究机构里，清华大学是独一档的存在。

首先，清华大学有其他学校和科研院所难以匹敌的学生资源和项目来源，这是其他研究机构难以相比的优势。

其次，清华大学人工智能研究采用三级结构，有专门的人工智能研究所、计算机系，以及融合了电子、自动化多学科优势的国家重点实验室，由常迥和张钹这样的学术大家统领全局。

再次，清华大学有着“为祖国健康工作 50 年”的传统，“代代传承，相互提携”刻在清华人的血液里，人工智能作为复合学科本身是需要团队合作的。在清华大学人工智能学科发展时，尤其是在 20 世纪 80 年代筹建智能技术与系统国家重点实验室时，清华大学计算机系的“四大金刚”、自动化系的“四大金刚”和“四小金刚”等学者合力一处，这成为今天清华大学人工智能研究一枝独秀的关键因素。

7.1 百废待兴，清华大学发力研究人工智能

今天说到清华大学的人工智能研究，名声最大的是号称“贵系”的清华大学计算机系。但很少人知道，计算机系的前身是自动控制系，该系中间还用过电子工程系这一名称，到了 1979 年才开始叫计算机系。组成清华大学信息科学技术学院的院系包括自动化系、计算机系、电子工程系等，这种几个院系“同气连枝”的渊源可追溯到 1932 年，当时成立了老电机系。今日清华大学信息科学技术学院在本科前两年使用同一教学平台按大类统一培养，学生也可以轻松地跨专业就业或深造，无形中又延续了老电机系的传统。

在 1952 年的全国院系大调整中，电机系拆分成了无线电工程系与电机工程系，到了 1958 年，在无线电工程系的基础上进一步细分出了无线电电子学系和自动控制系，其中无线电电子学系演变成了今日的清华大学电子工程系，自动控制系则是今日的清华大学计算机系的前身。1965 年，清华大学建立绵阳分校，自动控制系被一拆为二，部分迁往绵阳分校，未迁往绵阳的部分则与无线电电子学系的半导体专业、电视教研组和力学数学系的计算数学专业组成了包括计算机、计算机软件、自动控制、无线电技术、半导体物理及器件五个专业的电子工程系。在这一系列的调整中，1970 年成立的清华大学自动化系还从计算机专业借调了几位老师，这就又是另外的故事了。

20 世纪 70 年代末，清华大学绵阳分校迁回北京。关于绵阳分校的回迁还有一个小插曲。最初国家曾有意将以无线电电子学系为主体的绵阳分校划分出去，成立一所国家急需的电子对抗学院，后来是参与了无线电工程系早期建设的吴佑寿向清华大学校方力陈无线电电子学系留在清华大学的作用，最终使得相关部门收回成命。无线电电子学系支援了一批年轻教师，绵阳分校回归清华大学，昔日的绵阳分校则组建为今天的西南科技大学。而绵阳分校的回迁，也加快了相关的几个系重新调整的步伐。

在绵阳分校回迁之前，清华大学内部就已经开展了“专业归队”的工作。当时刘达被调往清华大学担任校长兼党委书记，加强对清华大学的领导，在 20 世纪 50 年代曾担任清华大学党委书记的何东昌和刘达搭班担任党委副书记、副校长，负责教务工作。由于二十世纪六七十年代整个教学秩序遭到破坏，老师的教学科研处于无序状态，所以何东昌提出了“专业归队”，理顺过去错综复杂的关系，让老师对自己的专业方向做一个评估，推进对各院系调整的步伐。在这一过程中，无线电电子学系迁回北京，无线电技术和半导体专业回归无线电电子学系。此时，从事自动控制的部分教师调到精仪系和自动化系，留系的自动控制专业教师开始从事人工智能、模式识别、智能控制与智能机器人等计算机应用技术的教学与研究，这也形成了日后清华大学人工智能研究多个院系携手并进的格局。

如前所述，为确定计算机学科的发展方向和了解兄弟院校对人工智能的看法，当时还在自动控制教研组的石纯一和林尧瑞在 1978 年前往吉林大学、沈阳自动化研究所听取开展人工智能教学的相关意见。吉林大学的王湘浩认为我国高校应跟上世界潮流，开辟人工智能研究课题，开设人工智能课程；沈阳自动化研究所的蒋新松认为此前“中国人口众多，根本不需要机器人”的论点阻碍了我国新技术的发展，应该解放思想，研究人工智能领域，做智能机器人，将自动控制与核心的智能部分结合起来，这是一个值得研究的方向。这对于清华大学的自动控制系转型为计算机系来说颇具指导意义。

在随后的调整中，清华大学电子工程系的赵访熊等老师被调往应用数学系，郑大钟等老师被调往自动化系，半导体物理与器件专业及无线电技术专业回归无线电电子学系，此时电子工程系的名称已经不能反映剩下的计算机专业主体了，于是该系在 1979 年 5 月正式更名为计算机工程与科学系。

虽然系名从自动控制系到电子工程系再到计算机系这样一路演变而来，但“造计算机”一直是最被看重的研究方向。1981 年评比全国第一批博士点时，计算机专业有六个博士点，清华大学是其中之一，申请的也正是计算机组织与系统结构博士点。这个博士点人才济济，当时计算机系的几位知名教授，包括金兰、李三立、王鼎兴，以及清华大学计算机系赴外留学第一人、首批 52 名公派赴美留学者之一的郑衍衡，也均朝着这个方向研究，该方向也是实力最强的一个分支。电子工程系更名为计算机系，正是因为这一分支。而自动控制教研组的教师们则要面临两个选择：要么去自动化系继续从事自动控制方面的研究，要么转型，从事计算机相关研究。

在二十世纪六七十年代，不少老师的研究被迫中断，对这些老师来说，继续原来方向的研究其实与转型新领域相差无几，因此选择转型的老师并不在少数。最终自动控制教研组内的许万雍、张钹、石纯一、林尧瑞、黄昌宁、刘植桢等一批骨干选择留下来，并成立了计算机应用教研组。在朝着计算机方向转型的过程中，他们接触到了人工智能，并感觉人工智能是一个新的发展方向，于是在课程中加入了计算机软件和人工智能技术的相关内容，教研组名称也改为人工智能与智能控制教研组，在教学方面以计算机控制及应用为方向，科研方向则转向人工智能。这一变化在研究生培养中也有体现。在恢复研究生招生后的第一批研究生，即 1978 级研究生中，该教研组培养的人工智能方向研究生有 6 人，占了当时电子工程系招收的 19 名学生中的近 1/3，人工智能开始成为清华大学计算机系的一个新的发力方向。

7.2 海外交流，计算机系势头凶猛

1979 年 2 月，时任清华大学电子工程系系主任的唐泽圣率领金兰、李三立、卢开澄、郑人杰四位教授开始了赴美学术交流访问。这个代表团的成行，正是清华大学当时的校长、党委书记刘达对对外交流大开绿灯的结果。刘达参加过“一二・九”运动，思想开明，他力推唐泽圣带一个代表团去美国访问，了解计算机领域的最新研究成果和教学计划，回来以后尽快弥补之前研究中断所造成的与国际的差距。在这一个半月的访问中，代表团共访问了二十余所学校和研究所，收集到大量教学计划、教材和研究报告，参观了众多实验室，了解到当时最先进的研究成果，结识了许多计算机界的学者，特别是华人学者，为后来修订教学计划和制定人工智能研究方向、建立新的实验室、邀请国外学者来华讲学，以及派遣教师留学等工作奠定了良好的基础。

唐泽圣此次访美还担负着一项特别的任务，那就是将 21 万美元的支票转交给麻省理工学院微处理机实验室主任李凡教授。1977 年，李三立曾随同中国校长代表团访问美国，在麻省理工学院认识了李凡。李凡虽然人在国外，但一直关注国内的情况。

当时李三立邀请李凡回国讲学，李凡当即表示他愿意来清华大学讲学，但由于他不是搞理论的，所以他希望参照麻省理工学院的微机实验室，在清华大学建立同样的实验室。为此清华也下了大本钱，李三立回国后向校长刘达汇报，刘达特地申请到了 21 万美元的经费。1979 年 2 月，唐泽圣率代表团访美时亲自将支票带往美国交给李凡，购买了 7 台美国各高校广泛使用的 PDP-11 计算机。这批计算机在 1979 年 10 月运抵北京，1979 年年底李凡应邀来到清华大学讲学的时候，微机实验室也投入使用，成为我国第一个微机实验室，为之后的人工智能与智能控制的研究提供了条件。

清华大学计算机系也邀请纽约市立大学的教授冀中田来讲学。冀中田受邀来到清华大学进行了“数据结构”的讲学，这也是国内首次开设这门课程，之后教研组很多老师整理编排的《数据结构》教材几经优化重编，成为我国很多高校的首选教材。当国内研究者开始走出国门，这些教授就成了他们对外交流的桥梁，并帮助将对外交流逐步辐射到华人圈子甚至更广阔的范围中。

除了李凡、冀中田，清华大学还邀请了郭善珣、纽约大学的雅各布·施瓦茨（Jacob Schwartz）、大阪大学的辻三郎等教授进行讲学和开办讲座。这些教授帮助清华大学计算机系教师改进知识结构，使他们紧跟国际水平，外国教授也见识到了清华计算机系在不好的条件下“自己动手，丰衣足食”的能力。

当时引进的 PDP-11 计算机因内存有限无法运行人工智能语言 LISP 等“大型”的程序，但清华大学还是想办法做了一个“瘦身版”的 LISP 语言编译器装到了 PDP-11 计算机上，后来辻三郎教授在清华大学参观微机实验室时被告知 PDP-11 计算机上有 LISP，教授头摇得像拨浪鼓一样不肯相信，因为他认为 LISP 那么强大，这么小的机器不可能跑起来。另一件事是人工智能与智能控制教研组后来在做视频处理研究的时候，视频卡属于禁止对中国出口的物资，他们将李凡教授帮忙引进的一台苹果电脑拆开，研究了其中的视频输入板的结构，又买了元器件自己做了块板卡接到 PC 上完成了视频的输入转化功能。类似的例子还有不少，清华大学作为工科院校动手能力强的特点被发挥得淋漓尽致，所以人工智能研究对当年研究自动控制的老师来说虽然是全新的方向，但他们也能在短时间内迎头赶上。

这种密切的对外交流，使得清华大学计算机系比其他院校更早接触到国际主流的研究成果。在学习的同时，清华大学的老师们还将所学习的新知识根据自己的理解整理成教材，除了上面提到的《数据结构》，还有另外两本在业内具有较大影响力的教材，一本是斯坦福大学的尼尔斯·约翰·尼尔森（Nils John Nilsson）所著的《人工智能原理》（1980 年版）。清华大学人工智能教研组第一时间就组织教研室老师学习并翻译了这本教材，中文版由科学出版社于 1983 年出版。尼尔森的这本教材到 1995 年斯图尔特·罗素（Stuart Russell）和彼得·诺维格（Peter Norvig）的《人工智能：一种现代方法》出版之前，一直是人工智能领域最权威且最有影响力的著作。另一本引进的教材是麻省理工学院人工智能实验室的帕特里克·亨利·温斯顿（Patrick Henry Winston）教授等所著的《LISP 程序设计》（1981 年版）。

有了教材，李凡教授帮助清华大学计算机系建立的微机实验室就派上了大用场，上机实践的机会得到保证，清华大学的教师就走在了国内人工智能研究的前列。这两本教材也成为当时国内人工智能领域的重要教材，对国内高校有关人工智能的教学工作起到了推动作用。

在这样的环境中，清华大学计算机应用的三个重点方向逐步浮出水面：由石纯一、林尧瑞等领衔，加上在国外学习的张钹，参考美国麻省理工学院的计算机科学系中人工智能的研究安排开展人工智能研究；原外部设备教研组在黄昌宁、徐光佑等的带领下，将研究重点转为图像处理与模式识别，开展语音识别和计算机视觉的研究；考虑到国际上计算机图形学发展迅速，应用面广，由唐泽圣、孙家广领衔，新成立了计算机图形学与辅助设计教研组。在新的方向上，清华大学很快就做出了比较好的研究成果，实现了清华大学计算机系人工智能研究从 0 到 1 的突破。

人工智能在清华大学计算机系的异军突起还有一个机缘，那就是清华大学计算机系成规模派遣老师出国访问进修。自 1978 年到 1988 年为止的十年间，清华大学计算机系接连送张钹、苏伯珙、史美林、孙增圻、周远清、黄昌宁、贾培发、周立柱、孙家广、杨德元、徐光佑、薛宏熙、张再兴等一大批老师出国进修，计算机系公派出国进修一年以上的教师有 42 人，计算机系也一下子成了清华大学外派学习人数较多的系之一。

其他系担心派遣的人出去后回不来，因此严格控制名额，甚至实行前一个外派学习的人回来后才派下一个过去的“轮换”制度，而清华大学计算机系的开明做法着实让人眼热。当时在国际上人工智能是热点，这批教师也没有辜负系里的期望，不仅及时向国内反馈国外的最新科研动态，帮助引进教材，在学成回国后也大都发挥了学术领军的作用，帮助清华大学计算机系在调整中迅速确定了方向，这也是计算机系快速崛起，在智能技术与系统国家重点实验室的申请中居于主导地位的原因。

清华大学计算机系的“四大金刚”后来因人工智能研究而出名，他们分别是张钹、石纯一、林尧瑞、黄昌宁，其中张钹和黄昌宁分别到美国伊利诺伊大学和耶鲁大学深造，发挥了学术领军的作用。

没有出国的石纯一和林尧瑞在 1979 年首次职称评定中被评为副教授，他们选择留在国内承担教学任务，带出了清华大学第一批人工智能研究生，组织编译和编著了多本计算机与人工智能领域的教材，其中就有之前提到的《人工智能原理》（1983 年版）和《LISP 程序设计》（1981 年版），这两本教材均在业内具有较大影响力，对国内高校人工智能的教学工作起到了推动作用。

清华大学计算机系不仅从提高整体水平的角度考虑，送一大批年轻教师出国深造，还效仿 20 世纪 50 年代选拔学生留学苏联的做法，选拔了一些不错的研究生到国外进修，先送这些学生出去提高水平，再努力争取让他们回到母校任教，报效母校。在清华大学计算机系 1984 年入学的第一批 6 名博士生中，一半以上后来在国外拿到了博士学位，其中包括后来成为微软首席语音科学家的黄学东和美国医学与生物工程院院士、中国科学院深圳理工大学计算机科学与控制工程院院长潘毅。

教研组还创造条件派教师参加人工智能国际学术会议进行学术交流，也取得了很好的效果。

除了张钹，留学归来之后为清华大学计算机系在人工智能领域“开山立派”的是研究自然语言理解的黄昌宁。黄昌宁曾和石纯一、林尧瑞一起，参与了广受好评的《人工智能原理》及《LISP 程序设计》的编译工作，由此开始接触人工智能与自然语言理解。

1982 年，黄昌宁赴美国耶鲁大学进修，去的正是时任美国人工智能学会会长、耶鲁大学计算机系系主任罗杰·尚克（Roger Schank）的实验室。尚克是“故事脚本多语言机器翻译系统”的创始人，他主张跳过句法分析直接进入文本的语义理解和处理，这一思想在自然语言理解领域有着长远的影响。黄昌宁在研究中发现了尚克的理论难以解决的问题，并对他的理论进行了修订。1983 年学习结束后，黄昌宁回到国内，把自然语言理解的思想带回清华大学，开创了自然语言理解的新方向。

关于黄昌宁还有一个故事。当年哈工大自然语言理解的开拓者李生培养的第一位博士生周明于 1991 年博士毕业，在毕业答辩的时候，李生邀请了国内一些知名教授参加，其中就包含张钹。当时周明毕业后想去北京，张钹便当场表态愿意接收周明来自己的研究组做博士后研究。周明最后去了清华大学，但选择的是做研究自然语言理解的黄昌宁的博士后。周明与黄昌宁后来在微软亚洲研究院进行自然语言处理应用研究，二人开创了中国人在国际顶级计算语言学大会 ACL 上首次发表论文的先河，之后也取得了一系列令人瞩目的成绩。这段故事，笔者会在《中国人工智能简史》的后续作品中讲述。

7.3 智能机器人实验室成立

1982 年前后，清华大学的计算机控制与计算机应用教研组教学工作已经初步走上正轨，申报计算机应用博士点也开始提上议程。但由于当时国家还没有相关人工智能的科研规划，所以了解国家需求、寻找计算机应用与人工智能的科研方向成为当务之急。教研组把重点瞄准工作环境危险与恶劣的工业部门及企业，最终认为，这些部门急需智能机器人技术，国家今后必然会有这方面的需求，于是将智能机器人作为主要科研方向之一。从伊利诺伊大学进修归来、熟悉规划与搜索的张钹也成为负责这一新方向的建设工作的最佳人选。

1984 年，教研组通过福建电子计算机公司引进了一台 PUMA560 机械手。有了这台机械手，计算机系便组建了智能机器人实验室，该实验室成了当时国内第一个机器人与智能控制方向的实验研究基地。我们甚至可以说之后的智能技术与系统国家重点实验室就是从这一台不起眼的机械手开始的智能研究。后来计算机系还争取到世界银行的贷款，又增添了 PUMA562 和 PUMA260 两套系统以及视觉信号模数转换系统，初步形成了研究机器人技术较完整的实验环境。这一前瞻性的投入很快取得了回报，当“863 计划”将智能机器人列为主题项目之一时，清华大学计算机系凭借自身优势，很快成为该主题研究的主要承担单位之一。

作为智能机器人方向主要的负责人，张钹在为清华大学计算机系开拓智能机器人的方向的同时，他本人也在 1987 年被推荐入选“863 计划”智能机器人专家组的专家，20 世纪 90 年代由他主持研制的清华智能车就是“863 计划”的一项重要成果。在人工智能领域，他还提出了问题分层求解的商空间理论，解决了不同粒度空间的描述、它们之间如何相互转换、复杂性分析等理论问题。在此基础上他提出统计启发式搜索算法，还提出了研究不确定性处理、定性推理、模糊分析、证据合成等新原理。他还指导并参与建成了陆地自主车、图像与视频检索等实验平台。

中国学者成规模参加并取得集体性突破是在 1983 年举办的 IJCAI 上，这一年蒋新松、张钹、张铃、马希文、郭维德等一批中国学者首次在 IJCAI 上发表了论文。

蒋新松的是综述，马希文和郭维德在此之前就被中外的人工智能学者所熟悉，IJCAI 1983 上的黑马是一对叫张钹和张铃的兄弟。

1983 年，两人合写的一篇有关启发式搜索中的统计推理算法（SA 算法）的论文在 IJCAI 上发表，他们也成为国内最早在国际顶级人工智能会议上发表论文的几位作者之一。

张钹是福建福清人，1958 年从清华大学自动控制系 8 班毕业后留校，在出国前从事的是自动控制理论和规划求解方面的研究。在二十世纪六七十年代，他做的一个项目是利用电子计算机实现电路板的自动布线，在一块电路板上给出若干需要两两连接的点，电子计算机便能通过整数迭代的方法来自动计算出布线的最优解，这也是张钹最早在人工智能方面的实践。

之后张钹在专家系统、智能机器人的自动规划系统中，对不同的推理方法进行了探索和研究。

张钹于 1980 年前往美国伊利诺伊大学做访问学者，当时他已经 45 岁了。在与他先后前往美国进修的这一批清华大学计算机系教师中，张钹并不是最突出的——论时机，他不是第一批出国的；论资历，他也不是最资深的，同行者有若干人是 1956 年因清华大学建设新专业需要调入的老师，而张钹在 1956 年正读大三，刚从电机电器专业转读自动控制；论职级，他在 1980 年的时候还是一名普通的讲师，而同一批出国的老师中有的人已经当上了副教授或教研组主任；他也未能前往最热门的傅京孙等名教授门下，但在这一批留学进修者中，张钹是后来成就最大的一个。福建人爱说

“三分天注定，七分靠打拼”，一个人的命运固然与历史的进程息息相关，但有的时候个人奋斗所起到的作用更大一些。

美国伊利诺伊大学的协调科学实验室（Coordinated Science Lab，CSL）整体上还是在研究计算机科学与工程，同时研究通信、人工智能这些方向。张钹的导师钱天闻此前的研究方向是通信领域，他自己并不是很熟悉人工智能，但是他的科研经费多，这也是张钹选择钱天闻的一个原因。

张钹院士在人工智能领域的科研工作也由此开始。张钹把伊利诺伊大学使用的教材和相关材料全部复印并寄回国内，跨国辅助清华大学计算机系当时的教研工作，清华大学后来开设的一门叫作人工智能程序设计的课程，就是根据张钹寄回来的材料开设的。在此过程中，张钹还一直与当时在安徽大学任职的弟弟张铃进行书信交流，跨国合作开展科研工作。张铃学的是数学，所以兄弟二人就将数学引入人工智能的研究中。

那个时候没有互联网，他们只能通过寄送书信的方式进行沟通、讨论。从美国寄书信回中国需要 7 天时间，从国内寄到美国又要花 10 天时间，因此每轮讨论下来都要花上十几天的时间。虽然整个过程比较艰苦，但是取得的研究成果还是非常不错的。1981 年年初，张钹向人工智能顶级国际期刊 *TPAMI* 投了一篇论文，结果被录用了。

关于这篇论文还有个小故事。

当时张钹出国不久，对论文“第一作者”的含义缺乏了解，当时他错误地以为第一作者需要花钱，所以就将论文的第一作者写成了钱天闻。论文写好后他照例拿给钱天闻看，钱天闻估计也没看懂，所以一个字没改就发出去了。实际上张铃才是这篇论文真正的第一作者，张钹是通讯作者。

张钹的弟弟张铃小张钹两岁，和张钹一样，张铃从小也成绩出众。1961 年，张铃从南京大学数学天文系毕业，之后在安徽的几所大学工作。两兄弟接触人工智能后分工协作，张钹在美国接触前沿研究，张铃解决数学方面的推导，第一篇在 IJCAI 上发表的论文以及之后的几篇论文，都是两人合作的工作成果。在论文署名方面，有时候张钹是第一作者，有时候张铃是第一作者，其实两人的贡献是一样的。

1984 年，ECAI（欧洲国际人工智能会议）在意大利召开，张钹和张铃合著的一篇论文被 ECAI 收录。连续两年在国际顶级人工智能大会上发表论文，张钹也成为国内人工智能领域的一颗新星。当时教研组经费紧张，只好向学校申请借款，这才能去参加会议，结果这篇论文关于如何克服 A* 算法的指数爆炸问题的观点引起了诸多讨论，在会上也被评为规划与搜索领域收录的八篇论文中的最佳论文，在清华大学引起了不小的轰动，为此学校还特地免除了教研组的这笔借款。后来张钹在 1985 年跳过副教授一级，从讲师直接评为教授，也与他这段时间在人工智能上的研究相关。

值得一提的是，张钹、张铃在论文中提出的 SA* 算法在正式展开搜索树中的当前节点前，会先对子树组成的集合进行考察，以当前节点为根节点展开一个子树到一定的深度，获得一个统计量的若干样本，做序贯统计检验，然后决定是否正式展开该子树的根节点。原文证明这样就解决了计算复杂性和指数爆炸的问题。在 30 年前，计算机算力严重不足的情况下，指数爆炸可谓摆在人工智能研究者们面前的一个近乎无解的问题。1986 年，清华大学的徐雷在博士论文中指出 SA* 算法不能解决指数爆炸问题，并给出原文证明在哪些地方出了错误，不过这种正式展开前先获得若干样本（简称“侦查”）做统计检验的想法是新颖的，徐雷还放弃做序贯统计检验，只简单地计算所获样本的均值来做比较，简化为所谓 CNneim-A 算法也可得到类似 SA* 算法的搜索改进，同时还证明了这个算法也不能解决指数爆炸问题。从今天来看，这一思路与 AlphaGo 的蒙特卡洛树搜索中先走快棋获取信息再落子的基本精神是一致的，只简单地计算侦查样本的均值也接近 AlphaGo 的蒙特卡洛树搜索中通过加权平均刷新节点值这一点。可见科学研究往往需要在前人的基础上不断论证并推陈出新，才能取得突破性的成果。

1985 年，清华大学成立了智能机器人实验室，张钹成了这个实验室的负责人。实验室进口了国内第一台 PUMA560 机器人。有了这个实验室之后，学生们陆续开展了手眼协调的计算机视觉等工作。同时，张钹也将实验室的研究方向放在了机器人在矿山、工业生产等场景的应用上，1986 年，他也因此成为清华大学计算机系计算机应用方向的第一位博士生导师（当时清华大学计算机系的另两位博士生导师分别是计算机组织与系统结构方向的金兰和李三立[1]），并成了后来智能技术与系统国家重点实验室的奠基人之一。

计算机系后来入选“863 计划”智能机器人专家组的另一位老师是贾培发。贾培发 1970 年从清华大学自动控制系毕业后留校，1978 年成为计算机系第一位人工智能方向的在职研究生，指导教师为石纯一。贾培发同样有海外进修的经历，他于 1985~1986 年在美国克莱姆森大学做访问学者时从事智能机器人方向的研究，在实验室成立初期，设备尚不完备的情况下，贾培发组织科研队伍“解剖”并改造了国外的 PUMA562 机器人，由此推动了机器人开放控制器的研制，使得后续的相关智能技术研究可以在该平台上深入开展。再加上另一位曾在大阪大学做访问学者的周远清，三位“海归”均担任过智能技术与系统国家重点实验室主任，堪称清华大学智能机器人的“三剑客”。周远清属于管理型干部，历任清华大学计算机系副系主任、主任，清华大学副校长，教育部副部长，虽然在研究上没有张钹和贾培发突出，但他在担任系主任期间使清华智能技术与系统国家重点实验室落地计算机系，他本人也担任了实验室的首任主任。

在加强实验室基地建设的同时，教研组也在智能汽车、汉字识别、语音识别、机器视觉、汉语自然语言理解、人工智能语言、专家系统（课表编排、运输汽车调度）等围绕人工智能的课题上开展基础理论和方法的研究，形成了计算机应用领域中人工智能与智能控制的新方向。1985 年，张钹被评为教授，之后在 1986 年，清华大学计算机系成立计算机应用博士点，张钹也成为该博士点的第一位博士生导师。另一个博士点则是 1981 年设立，由金兰、李三立、郑衍衡、王鼎兴等众多名师领衔的计算机

1 清华大学计算机系第一位博士生导师金兰是 1981 年国务院学位委员会公布的计算机组织与系统架构专业方向的首批四位博士生导师之一，另三位分别是哈尔滨工业大学陈光熙教授、国防科学技术大学慈云桂教授、中国科学院技术科学部高庆狮研究员。1986 年，除张钹外，李三立也被评为博士生导师。

组织与系统结构博士点[1]。

在 1988 年的首批国家重点学科评比中，计算机组织与系统结构博士点顺利当选，但计算机应用博士点输给了哈工大。除了清华大学的院系调整分散了计算机研究的力量这一因素外，清华大学计算机系的重要人员配置在计算机系统结构这个博士点上，计算机应用博士点其实在很大程度上基于原来的自动控制方向，而哈工大在这次评比中又集全校力量重点建设计算机应用博士点，清华其实输得不冤。

失之东隅，收之桑榆。清华大学计算机系注重基础设施建设的策略，在国家重点实验室的建设中终于有了回报。1987 年，国家科委批准建立智能技术与系统国家重点实验室，挂靠清华大学。清华大学最终内部决定在人工智能与智能控制专业方向已有的 PDP-11 机房和机器人实验室的基础上，以计算机系为主体，联合自动化系与电子系筹建智能技术与系统国家重点实验室。

1 清华大学计算机组织与系统结构博士点设立时仅有金兰一位博士生导师。

7.4 三系合力，筹建人智所

在清华大学筹建智能技术与系统国家重点实验室（下称“人智所”）之时，由于计算机科学与技术系、自动化系、电子工程系三个系都有做人工智能相关研究的老师，他们彼此又有着很深的渊源，所以清华大学希望将这三个系团结在一起去建这个实验室。最终的方案是，国家重点实验室由中心实验室（智能技术与系统）和三个分室（人机交互与媒体集成、智能信号处理、智能图形图像处理）组成，分别设立在清华大学计算机科学与技术系、自动化系和电子工程系。

在这里需要理一下自动化系与电子工程系和人工智能的渊源。清华大学的自动化系成立于 1970 年，是国内高校第一个自动化系。建系初期因为师资不足，不得不向计算机专业借走几位老师以解燃眉之急。正是由于之前自动控制的飞速发展，才带动了后来自动化系的成立。

自动化系从建系之初就成了清华大学的王牌，这主要有几个原因。一是自动化专业学的东西很广，对口工作很多，在那个分配工作的年代，毕业生可以去的国家大型单位有很多。股民们所熟悉的央行前行长、证监会主席周小川就是清华大学自动化系第一批博士生中的一员。二是自动化领域属于与国际交往较早、能够紧跟国际水准的少数领域之一，出国的机会有很多（当然随着对外交流愈发频繁，现在学自动化的学生烦恼于国外没有对应专业，这是另一回事）。三是当年计算机行业还不像今天这么发达，选择自动化系仍然是“一鸟在手”的保险选择。在 20 世纪 80 年代，学自动化和学计算机的差别并没有那么大，从计算机系转到自动化系的也不少见，常迵指导的第一个国内的博士后张大鹏，就是在哈工大计算机系拿到博士学位之后到清华大学自动化系在常迥的指导下做博士后研究的。

清华大学自动化系也诞生了多位人工智能领域的厉害人物，如常迥的第一个博士生徐雷，他也是我国模式识别与智能控制专业的第一个博士，毕业后一直从事人工智能研究，2002 年成为中国培养的第一个 IAPR Fellow；联想集团首席技术官、前微软亚研常务副院长芮勇就是清华大学自动化系 1994 届的硕士生；机器学习与计算机视觉专家马毅也于 1995 年毕业于清华大学自动化系；俞凯是清华大学自动化系 2002 届硕士生；流行一时的深度学习框架 Caffe[1] 的作者贾扬清于 2002 年参加高考，他填报的志愿也正是清华大学自动化系，真是“学好自动化，深度学习都不怕”。

清华大学有选“四大金刚”的传统。1981 年 11 月，国务院学位委员会公布了我国首批博士和硕士学位授予单位及其学科、专业和指导教师名单，清华大学在自动控制学科入选首批博导的人数最多，包括信息处理与模式识别教研组的常迥、电子学教研组的童诗白、自动控制教研组的方崇智、工业自动化教研组的郑维敏。这也是清华大学自动化系“四大金刚”的由来。之后还有“四小金刚”，分别是茅于杭、边肇祺、阎平凡和李衍达，四个人都在信息处理与模式识别教研组，均与信息化有缘。和计算机系的“四大金刚”一样，他们也帮助所在院系开启了人工智能的新篇章。

“四小金刚”之首的茅于杭是桥梁专家茅以升的侄子，他是三兄弟中的老二，哥哥是著名经济学家茅于轼，弟弟茅于海则是“863 计划”信息领域首批 7 人专家之一，相对于兄弟二人，茅于杭反而算比较不起眼的一个。茅于杭参与了信息处理与模式识别教研组早期的创办工作，信息处理与模式识别的博士点（1981 年）正是在这个教研组的基础上建立的，是国内人工智能领域最早的博士点之一。茅于杭带着教研组做了一段时间的指纹识别、语音识别和人脸识别的研究，后来又聚焦到文字信息处理领域。20 世纪 80 年代他从汉字编码入手，设计了拼音联想码，博士点的第一篇博士论

1 全称为 Convolutional Architecture for Fast Feature Embedding，是一个兼具表达性、速度和思维模块化的深度学习框架，由伯克利人工智能研究小组与伯克利视觉和学习中心开发。

文就是徐雷自己于 1986 年在茅于杭开发的系统上敲出来的，这也许是中国第一篇用计算机输入汉字完成的博士论文。但颇为遗憾的是，由于缺乏商业经验，茅于杭的研究结果被日本的一家公司低价买断后束之高阁，并未发扬光大。但其研究对中文信息领域的影响颇大，据说，中科院计算所公司在 1989 年做汉卡的时候起名联想，也是受了茅于杭的拼音联想码这个名字的启发。

“四小金刚”之一的阎平凡长期从事模式识别与神经网络研究，他参与了中国神经网络学会的成立，是早期的活跃人物。此外他带过的两个学生颇有名气，一个是中国培养的第一位 IAPR Fellow 徐雷。徐雷由常迵、阎平凡共同指导，在清华大学博士毕业后到北大程民德、石青云门下做博士后研究，在 2002 年因为提出了 RHT 和分类器组合的三级框架当选 IAPR Fellow，他在 2000 年还因神经网络学习研究的数个成果而当选 IEEE Fellow。另一个则是如今（本书编写的时间）清华大学自动化系的顶梁柱张长水。张长水主要从事图像处理、信号处理、模式识别与人工智能、进化计算等领域的研究，以及和工业界进行合作，带出的学生理论基础扎实，阿里巴巴技术副总裁、Caffe 的作者贾扬清，以及在阿里巴巴创下毕业 5 年升到 P10 的纪录，之后转投快手的盖坤都是张长水的学生，其他学生在工业界的口碑也甚佳。

边肇祺由常迵推荐到傅京孙门下学习模式识别。虽然模式识别国家重点实验室没有落户清华，但边肇祺后来也被中科院聘任为模式识别国家重点实验室的学术委员会主任。他主编的《模式识别》一书一直是模式识别领域的经典教材，阎平凡、赵南元、张学工和张长水等自动化系教师也参与了这本教材的后续补充和编写工作。

“四小金刚”之一的李衍达在麻省理工学院跟随奥本海姆学习信号处理。李衍达在麻省理工学院做访问学者期间，常迵曾回到母校，当时他就和李衍达在宿舍里连夜讨论如何将信号处理用到油气等资源的勘探上，李衍达在麻省理工学院的研究题目也是这方面的内容。回到国内后，李衍达也从电子学教研组调到了常迵所在的信息教研组，跟着常迵到胜利油田等单位，致力于信号处理理论方法在油气勘探与开发中的应用研究，并在胜利油田发现了 3 口新高产井，他们所使用的对地震勘探信号数据进行处理和人机交互的方法已成为我国油气勘探的重要手段。后来常迥在 1987 年因操心教学及北京 IAPR 大会的事情而中风，李衍达也逐步接过了常迥在信号处理领域的交接棒，他也于 1991 年当选中国科学院院士。

清华大学智能技术与系统国家重点实验室在自动化系的分室是智能信号处理分室，该室主要从事智能信息处理与模式识别应用方面的研究，承担了多项国家重点科技攻关任务，“指纹识别系统”“地震勘探信号处理与识别方法及其应用”“关于 ARMA 模型辨识与谐波恢复”等项目先后获国家科技进步奖和自然科学奖。

清华大学自动化系与人工智能研究的关联颇多，据说人工智能刚开始火的时候，有系友开玩笑说自动化系干脆改名叫人工智能系得了。当然，自动化系研究方向甚多，不能以热门作为改名的标准。关于改名还有一个故事。1978 年电子工程系自动控制教研组在转型改名时最后确定的是“智能控制”这个名字，当时在看好智能的同时还要留着控制这个“尾巴”，是为了让另外一批不愿意从控制转换到其他方向的老师们还可以继续做控制方面的研究，而正是这个“尾巴”扛起了智能和系统的大旗，可见学术上的兼收并蓄是多么重要。

再说清华大学电子工程系，今日电子工程系在人工智能领域不如计算机系那么有名，但在 20 世纪 80 年代电子工程系正处于辉煌时期，是全国高考录取分数最高的专业之一，在“863 计划”的首批 7 名信息技术专家委员中，清华大学电子工程系有张克潜、茅于海两人在列，其中张克潜为信息领域首席专家，电子工程系的深厚底蕴可见一斑。

在清华大学智能技术与系统国家重点实验室的架构中，智能图形图像处理分室依托于清华大学电子工程系。图形图像研究的主力教研团队不在计算机系而在电子工程系，这在全国恐怕是独一份的。究其原因，一方面，清华大学计算机系与无线电电子学系分分合合；另一方面，电子工程系图像图形研究所的前身为 1955 年创建的电视教研组，在 1979 年清华大学学科归队的浪潮中，教研组将发展重点从电视图像传输转为计算机数字图像图形处理技术，教研组改称为图像信息教研组。微软亚洲研究院研究员李劲，正是在高一的时候被破格录取至清华大学电子工程系的，后来他又跟随当时电子工程系图像图形研究所的所长林行刚念博士。

因为电子工程系先占了图像信息的名字，作为后起之秀的计算机系，对于图形图像多媒体研究只能另起炉灶叫人机交互与媒体集成。顺便说一句，电视教研组的第一任组长正是常迵，如果不是后来无线电电子学系被打散，常迵没有去自动化系，说不定自动化系的“四小金刚”会成为电子系的“四小金刚”，今日中国人工智能的图谱估计又要大变样了。

除了常迵，电子工程系的早期领导之一、第三任系主任吴佑寿也在 1980~1981 年兼任过电视教研组的组长。从 20 世纪 70 年代末起，他的研究方向从一维的语音信号扩大至二维的图文信息，并大力促进计算机和通信的结合。吴佑寿和他的后继者丁晓青利用神经网络在汉字识别上做了不少建设性的工作，他们还与中国神经网络的另一位推动者、北京大学的迟惠生作为代表参加了 1994 年、1996 年的世界神经网络大会并共同撰写总结文章。关于汉字识别的内容，笔者会在后续章节叙述。

虽然筹办和申请智能技术与系统国家重点实验室的倡导者常迵来自自动化系，但在搭台的过程中还是以计算机系为主体。一方面，计算机系的基地建设情况较好，有国内第一个机器人与智能控制方向的实验研究基地；另一方面，计算机系的人员配置也较为齐整，实验室也产出了一系列成果。最终，智能技术与系统国家重点实验室于 1987 年 7 月筹建，1990 年 2 月通过国家验收并正式对外开放运行，常迵担任学术委员会主任，来自计算机系的周远清担任主任，张毓凯担任教研室主任。

周远清之后的两任主任也同样来自计算机系，分别是张钹和贾培发。从这个角度看，智能技术与系统国家重点实验室名字中的“智能”更多地落在了“智能机器人”上。但从另一个角度看，20 世纪 80 年代的“人工智能”所研究的领域主要集中在逻辑与推理上，对“智能”的重新定义使得清华大学计算机系协同其他院系将研究内容从原来较为狭小的范围扩大到智能理论与技术的各个方面，这也正是之后清华大学人工智能研究领域不断扩展和实现繁荣的契机。

1986

第 8 章

1986 年：第五代计算机归来，上马智能计算机

1986 年，面对世界高新技术蓬勃发展、国际竞争日趋激烈的严峻挑战，国家发布了旨在提高我国自主创新能力的“863 计划”。作为当时的高科技热点，智能计算机主题（“863-306”主题）被列入“863 计划”中。

当时正值第二次人工智能浪潮的一个高点，专家系统框架及其理论成为当时人工智能研发高潮的重要推动力，人工智能得到了空前的关注。基于此，日本率先提出了“第五代计算机”计划，该项目被称为“科技界的珍珠港事件”，并引发了全球范围内符号处理和知识处理的人工智能复兴。

然而，当时对智能机的研究持乐观态度的人没有注意到，Apple 和 IBM 生产的台式机的性能不断提升，到 1987 年年末，Apple 和 IBM 生产的台式机在性能上已经超过了昂贵的 LISP 机。未来智能计算机的道路究竟要怎么走，则是摆在“863-306”主题专家组面前的一个难题。

8.1 新一代计算机的抉择

纵观人类科学技术发展历史，当一门科学技术的各组成部分分别发展到一定阶段时，总是需要有人出来做整理工作，将分散的理论与实践成果整合成系统。谁也没有想到，在 20 世纪 80 年代，勇敢地站出来，试图将人工智能研究成果整理成体系的，竟然是在这个领域并没有多少影响力的一位日本科学家。

1982 年夏天，在日本 ICOT（新一代计算机技术研究所），40 位年轻人就像学校里意气风发的学生一样，聚精会神地听他们的所长渊一博发表讲演。渊一博博士本人当时虽已年逾不惑，但他有自己的择人标准——年龄不超过 35 岁，他认为年纪大的人搞不成计算机革命。

渊一博的讲演深深打动了在座的每一位听众，办公室里回荡着他那铿锵有力的话语："将来，你们会把这段时间当作一生中最光辉的一段时间来回顾，这段时间对你们来说具有伟大的意义。毫无疑问，我们会非常努力地工作，如果计划失败，我负全责。"渊一博他们将要完成的任务确实具有革命性。对此，"知识工程"的奠基人费根鲍姆博士描述道："他们断言，人工智能在许多领域已趋成熟，可以进行系统的、有条理的、惊人的开发。他们相信人工智能是能够实现的，而他们正是使之实现的人。"

日本新一代计算机的主要目标之一是突破计算机所谓的"冯·诺依曼瓶颈"。我们知道，从用电子管制作的 ENIAC（Electronic Numerical Integrator And Computer，电子数字积分计算机），到用超大规模集成电路设计的微型计算机，都遵循着 20 世纪 40 年代冯·诺依曼为它们确定的体系结构。这种体系结构要求计算机必须不折不扣地执行人们预先编写并且已经储存好的程序，计算机不具备主动学习和自适应能力。所有程序指令都必须加载到内存中由 CPU（中央处理器）一条一条按顺序执行。人们把这种按顺序执行（串行）已储存程序的计算机统称为冯·诺依曼机。

冯·诺依曼机曾在计算机的发展历程中做出了不可磨灭的贡献，几乎“统治”着所有计算机“领地”。但是，面对人工智能研究，它已经变成限制计算机进一步发展的障碍，成为制约计算机高速处理知识信息的瓶颈。新一代计算机必须能够大规模并行处理信息，采用新的储存器结构、新的程序设计语言和新的操作方式。渊一博和研究人员把他们研制的操作系统称作“知识信息处理系统”（KIPS）。

日本人宣称这种机器将使用 Prolog 语言，其应用程序将达到知识表达级，具有听觉、视觉甚至味觉功能，能够听懂人说话，自己也能说话，能认识不同的物体，看懂图形和文字。人们不再需要为它编写程序指令，只需要口述命令，它就可以自动推理并完成工作任务。这种新型的机器，也就是当时人们常挂在嘴边的“第五代计算机”，费根鲍姆认为它引起了“重要的第二次计算机革命”。

据《日本经济新闻》报道，五代机计划的最终目标是组装 1000 台信息处理器来实现并行处理，解题和推理速度达到每秒 10 亿次。与此相连接的是容量高达 10 亿条信息组的数据库和知识库，包括日语和其他国家或地区语言的 1 万个基本符号，以及语法规则 2000 条。这个第五代计算机可以分析 95%以上的文章，自然语言识别率达到 95%。此外，第五代计算机还将配置语音识别装置和储存 10 万个图像的模式识别装置等。

这真是一个诱人的计划。日本通产省全力支持了该项计划，总投资预算达到 8 亿美元，并且组织富士通、NEC、日立、东芝、松下、夏普等 8 大著名企业配合渊一博的研究所共同进行开发。五代机计划定为 10 年完成，分 3 个阶段实施。渊一博他们苦苦奋战了将近 10 年，他们几乎没有回过家，整天穿梭于实验室与公寓之间，近乎玩命地拼搏。日本媒体记者动情地写道：如果你在地铁上看见有人一边看资料一边啃面包，这个人十有八九是 ICOT 的研究者。

“第五代计算机”是日本首创，相比于第四代计算机，也就是采用超大规模集成电路的计算机，第五代计算机的更新换代更多体现在结构和功能上：第五代计算机采用了把信息采集、存储、处理、通信同人工智能结合在一起的智能计算机系统，其结构与过去各代电子计算机的区别在于，它使用的是“逻辑结构元件”和各种“知识基础元件”。这些元件基本上是模仿人类大脑神经回路功能来研制的，在功能上，它具有过去电子计算机所没有的“联想”和“学习”功能，从以数值计算为主过渡到以推理、联想和学习为主，具有形式化推理、联想、学习和解释的能力，能够帮助人们进行判断、决策，开拓未知领域和获得新的知识。

在处理对象上，第五代计算机采用更加符合用户习惯的自然方式而非过去以数据为中心的交互方式，人机之间可以直接通过自然语言（声音、文字）或图形图像等手段交换信息。新一代计算机完全可以成为知识信息处理系统。日本研制第五代计算机的消息在计算机行业引发巨大的震动，世界各国纷纷行动起来，并开展了“五代机”的激烈竞争。

首先反应过来的是美国。美国国防部高级研究规划局计划在 6 年内投资 6 亿美元，研制能看、能听说和有思维的计算机，后来被认为是无人驾驶鼻祖的自主地面车辆（ALV）计划正是这一战略计划的一部分；同期美国还提出了 STARS[1] 计划，重点在于搭建高质量的软件开发支持环境。1983 年，在美国政府的支持下，13 家高新技术公司集中了他们最优秀的技术人员在得克萨斯州创办了微电子技术和计算机技术研究中心，同年美国总统里根在一次演讲中提出“星球大战”计划，实质上这是美国将高科技作为未来竞争力的一种体现。

西欧 17 国也制定了旨在大力发展尖端技术的“尤里卡计划”，将第五代计算机列为重点发展方向之一，并计划研究能每秒进行 300 亿次浮点运算的大型向量计算机和每秒进行 100 亿次浮点运算的高速并行计算机，开发多语言的电子文件信息系统，

1 STARS 是 Software Technology for Adaptable, Reliable Systems（自适应可靠系统）的缩写。STARS 计划的目的是通过协调研究来改进软件实践，提高为美国国防部提供充足、有效和可升级的国防系统软件的能力。

研制专家系统开发工具。

苏联与东欧集团也迅速制定了包含新一代计算机的研究计划在内的“科技进步综合纲领”，同期还有不少国家也以此为契机，制定了相应的科技政策规划，如印度发表了“新技术政策声明”，韩国推出了“国家长远发展构想”，南斯拉夫提出了“联邦科技发展战略”……

对于新一代计算机的发展及所引发的高科技浪潮，我国政府也给予了相当大的关注。1984 年 11 月，第五代计算机系统（FGCS）会议在日本召开，新一代计算机研究所的研究人员在会上详细介绍了他们第一阶段取得的成果。由中国电子学会领头，我国也派出了一个 19 人的代表团参加了这次大会。

代表团的团长是原国防科工委秘书长李庄。李庄在 20 世纪 60 年代就担任国防科工委四局（电子元件）局长，为中国国防科技战线和计算机产业发展做出了突出贡献，在这次的代表团中，他的对外身份是中国电子学会理事。副团长兼教委代表团团长是来自南京大学的孙钟秀，在 20 世纪 60 年代就主持研制 441B 计算机的国防科技大学的慈云桂则是代表团的顾问。在考察访问期间，代表团还访问了早稻田大学、东京大学和日立公司，考察了机器人演奏风琴、专家系统、办公室管理系统等智能项目。在代表团的总结报告中，代表团成员之一、当时专家系统领域的重要践行者管纪文写道：“未来的社会是信息的社会，知识的海洋，而第五代计算机正是一个充满大量知识的智能系统。研制第五代计算机，必将带动整个社会各行各业的全面发展，开创各个领域的新局面，实现现代化，使国家繁荣昌盛。”

8.2 “863-306”主题的启动

863 计划计算机主题（“863-306”主题）与五代计算机有紧密的关系。“863 计划”开始讨论之时正值人工智能第二次浪潮的高点，科技界对于人工智能的应用充满了乐观情绪，因此智能计算机主题（“863-306”主题）也成了整个“863 计划”中被寄予厚望的主题之一。

智能计算机主题属于信息技术领域，信息技术领域包含三个主题：智能计算机（“863-306”主题）、光电子器件与微电子（“863-307”主题）、信息获取与处理技术（“863-308”主题）。

信息领域的首席科学家是清华大学电子工程系的张克潜，他是中国微波电子学的开拓者之一，1953 年从清华大学无线电工程系毕业后留校任教。

清华大学无线电工程系一直得到国家电子工业与国防、通信等主管部门的大力支持，在二十世纪五六十年代，清华大学无线电工程系的主要负责人包括孟昭英、常迥、吴佑寿等，他们与这些主管部门的决策者有着密切的联系。在 1956 年国家制定十二年科技规划时，张克潜就作为孟昭英和常迥教授的助手参与电子学组的规划制定，到 20 世纪 60 年代已经成为小有名气的雷达专家，与时任国防科工委四局局长的李庄有过多次合作，国防科工委的任务经常通过李庄直接下达到清华大学。

因此，在国家科委与国防科工委牵头的“863 计划”启动时，张克潜顺理成章地成了信息领域首席专家的首选。

专家组中最早负责“863-306”主题的两位专家是高庆狮和汪成为。

高庆狮 1957 年毕业于北京大学数学力学系。北大数力系高手云集，高庆狮的那一届虽不像 1954 级那样出了 7 名院士，但同样人才辈出。

前文提到的中国人工智能的元老石纯一也和高庆师同班，这一届还出了高庆狮、石青云、沈绪榜、黄琳这 4 名院士。

石青云是继常炯之后中国模式识别的带头人；沈绪榜一直从事嵌入式计算机及其芯片的设计工作，多款国产芯片的背后凝结了他的汗水；黄琳在自动控制领域培养了包括“神舟”飞船系列控制系统副总设计师在内的多名学生，曾任中国自动化学会秘书长的王飞跃也曾撰文称黄琳是自己进入自动控制领域的引路人。这个班同样是为中国的计算机与人工智能做出了卓越贡献的优秀集体。

回来讲高庆狮。在中国自行设计第一台大型通用电子管和第一台大型通用晶体管计算机期间，高庆狮就是两个项目的体系结构设计负责人之一。他于 1980 年当选中国科学院院士，是计算技术领域最早的两名院士之一（另一名是数理逻辑学家胡世华，他也是计算技术研究所的研究员）。

汪成为是国防科研战线的软件专家，他是我国军用计算机和软件、军用信息应用系统以及仿真与建模技术的早期研制者之一，国防科工委系统工程研究所总工程师、所长。当时“863 计划”主管部门之一的国家科委的主任宋健，就是汪成为在国防部第五研究院（1965 年 6 月 1 日，国防部第五研究院集体转业组建成第七机械工业部）和七机部第二研究院时的同事和老领导。

汪成为也和钱学森一起工作多年，按照汪成为的描述，他是 1985 年开始在钱学森的直接领导下工作的。

高庆狮和汪成为一软一硬，本该形成很好的配合，但高庆狮做研究出身，当时对于自然语言处理的研究正在兴头上，之前做的是巨型机的研发，所以，他坚持要走日本第五代计算机的路线。而汪成为是学物理数学出身的，求解任何一个方程，必然是有边界条件的，所以他干任何事情一定是在限制条件下求最优解。更重要的是，汪成为是军人出身，有战略思维，第五代计算机虽然热门，但他并没有先入为主地一定要走第五代计算机的路线。

汪成为也多次写文章声称自己虽然在软件领域的时间不算短（1957 年起），但对于人工智能，是在“306”项目组成立后才开始接触的，属于刚入门的小学生。但他有两个法宝，一个法宝是足够谦虚和坦诚，他每次开会都说自己的学问不如大家，并虚心请教，自己解决不了的问题也不藏着掖着，而是公之于众，集思广益。第二个法宝是汪成为坚信的两句话，第一句话是不了解世界就不可能了解发展的趋势，第二句话是不了解中国，就不能优化战略部署。

这两句话后来被李国杰和高文不断提起，成为“306”战略制定的行动纲领。

这两句话的背后其实是实事求是思想的折射，即要解这个问题的时候不是先去想怎么求解，而是先想周围的限制条件是什么，比如说有多少钱、有多少人力、社会目前的观点是什么、基础如何、现在还能够组织多少人等，就是先把所有的限制条件列出来，然后在这些限制条件下去思考，找出最优解。

一个有科学家的天马行空，一个有军人的脚踏实地，两个人说不上水火不容，但多少还是有些分歧的，加上专业领域的差异，于是在高庆狮和汪成为后，信息技术领域专家组又增补了国防科技大学的陈火旺为成员。

陈火旺长期从事计算机软件与编译工作，其编著的《编译原理》一书成为高等院校软件人才培养的经典教材；后来他参与了中国第一台亿次银河巨型计算机的研制，是银河机的主要设计者和领导者之一。“银河—Ⅰ”巨型计算机在 1984 年获得中央军委国防科技成果特等奖，陈火旺是一个在软硬件方面都有造诣的计算机科学家。

1987 年 7 月，智能计算机主题进行了人员扩充，成立了智能计算机“306”的第一届专家组，由张祥担任组长，戴汝为、王朴担任副组长；孙钟秀，王鼎兴、李未、陈霖等人也进入了专家组。

随着专家组的形成，“306”五个主题的分管工作也尘埃落定，其中组长张祥来自中科院计算技术研究所，当时的高庆狮已经远离计算技术研究所，多栖居在北京科技大学，张祥与高庆狮交往甚多，他帮高庆狮带学生和负责原来高庆狮在计算技术研究所的事情，所以由他负责智能接口，与高庆狮打配合。张祥为人宽厚，做事认真负责，是个很好的副手，由他管钱袋子再合适不过。张祥出国离开“863 计划”专家组后，由计算技术研究所的钱跃良担任“306”办公室主任的角色。

副组长戴汝为负责分管智能应用。在前面介绍模式识别的章节里有提到戴汝为，模式识别这个词就是戴汝为翻译的。戴汝为一毕业就成为钱学森的助教，一直是中科院自动化研究所人工智能方向的“种子选手”。戴汝为加入“863 计划”的一个原因是作为钱学森的学生，他与汪成为思考问题的方式几乎一样，两人可以无缝对接。

另一位副组长王朴来自国防科技大学，是陈火旺的搭档和同事，王朴除参与了银河系列计算机的研发外，还对当时人工智能流行的推理机有诸多研究。

担任组长和副组长的这 3 人，对应 3 个大专委，合情合理。

组员里，南京大学的孙钟秀负责计算机软件。孙钟秀对操作系统的理解和研究在中国当时是顶尖的，中国大学的计算机系学生一多半是读他写的操作系统的相关图书来学习操作系统的。孙钟秀本人也是 1984 年第五代计算机系统会议中国代表团的副团长。

王鼎兴，吴江黎里人，1959 年毕业于清华大学自动控制系，曾任清华大学计算机系主任，主要研究计算机体系结构。计算机组织与系统结构是清华大学最早的博士点，也是中国计算机领域最早的 6 个博士点之一。当时，清华大学的计算机体系结构实验室实力强劲，只有有陈光熙先生坐镇，胡铭增、方滨兴、徐晓飞等加持的哈工大计算机体系结构实验室可以与之相提并论。

李未负责计算机基础理论。改革开放后，国家格外重视对计算机学科的人才培养与教育，决定在全国选派 200 名骨干教师到国外进修学习，李未顺利通过了选拔考试，进入英国爱丁堡大学学习理论计算机科学，师从著名计算机科学家戈登·普洛特金（Gordon Plotkin）教授。

普洛特金提出了一种能简单有效地描述并行、通信和同步行为的逻辑方式，这种逻辑方式称为结构化操作语义。李未和他的导师等人合作攻关，在世界上首次应用结构化操作语义理论，系统解决了实用并发语言的结构操作语义问题，并对各种并发语言进行比较研究，建立了并发程序语言的翻译理论。他们所做的工作被国际学术界称为“并发语言比较研究的开创性工作”。

1983 年，李未获得博士学位后回到北京航空航天大学，成为新中国第一个学成归来的海外计算机科学博士，很快被“863-306”主题项目组召唤。

中科院研究员陈霖在 1982 年以唯一作者在《科学》(*Science*) 杂志上发表论文，提出了拓扑性质初期知觉理论，就“什么是认知基本单元”的根本问题，向半个多世纪以来占统治地位的“局部首先”的理论路线发起挑战。三十多年来全面系统地发展了“大范围首先”的视知觉拓扑结构和功能层次的理论以及认知基本单元的拓扑学定义。

可以说，这个专家组团队再加上高庆狮、汪成为和陈火旺，可谓当时国内计算机软硬件研发的最强阵容。

“863-306”主题受到当时国际智能计算机研发计划，特别是日本第五代计算机的研究计划的影响，专家们一致同意紧跟国际趋势，做智能计算机系统，但要不要直接对标上马第五代计算机，并没有统一的结论。

不同于前几代计算机，除了在架构上有较大的差异，智能化才是第五代计算机最大的特征，而智能化包含什么样的内容、究竟如何做、要分几步走等问题则需要探讨。

在执行过程中，专家组发现，日本第五代计算机的主要目标是实现自然语言翻译，其技术路线是在自然语言之间找到语句和语法的翻译规则，然后进一步使用逻辑符号来描述这些规则，最后在执行逻辑规则的计算机（即第五代计算机）上完成对自然语言的翻译。专家组进一步发现，自然语言之间的翻译规则多到通过人力无法全部找到，而且人们对规则是什么也没有统一的意见，最重要的是这个目标即使实现也不能直接有力地支持当时社会各行业的信息化和数字化发展。而同期美国的研发重点是个人计算机、高速工作站、超级计算机和互联网，这些是工业和各行业实现信息化和数字化的先决条件。

针对“863-306”主题，专家们需要以“走一步看十步”的眼光来考虑问题。智能计算机系统涉及人工智能的多个环节，每个环节的发展水平如何？与国际水平差距多大？不同环节的发展水平不一，能否把它们捏合成一个有中国特色的智能计算机系统？各环节之间能否相互匹配，甚至发挥出 1+1>2 的作用？在现有的条件下，如何让有限的科研经费发挥出最大的效果？面对差距与新技术研发，我们是先“收复失地”，还是先“开拓疆土”？如此种种，“863-306”主题虽然将人工智能放到了国家级计划的高度，但在具体实施上，如何在千头万绪中抽丝剥茧，找到一条适合中国人工智能的道路，对专家组来说是一个巨大的挑战。

汪成为带着这些问题去请教钱学森，在与钱学森讨论几次后，他认为日本的路子至少不适合中国国情。

1987 年 12 月 15 日，在汪成为的邀请下，钱学森来到清华大学甲所（专家组开会的现场）和全体成员交流。汪成为回忆道：“钱老十分谦虚地说他不是计算机专家，他是来向大家学习的。然后剖析了人工智能的本质和关键之处，结合中国的国情，提出了应该从 11 个方面开展人工智能技术的研究，即人工智能、脑科学、认知心理学、哲学、与形象思维有关的文学诗词语言、科学家关于科学方法方面的言论、社会思维学、模糊数学、并行运算、古老的数理逻辑、系统理论及系统学。”

钱学森的这次交流让“863-306”主题专家组开始不单朝着第五代计算机的方向研究，也开始寻找适合自己的发展道路。

8.3 1988 第五代计算机系统会议上的小心求证

日本的五代机计划的终极目标是搭建知识处理系统（KIPS），在此处的语境中特指实现专家系统和自然语言理解，并通过知识工程，将知识库与推理引擎结合起来，以达到知识信息处理的目的，这与第二次人工智能浪潮的趋势是一致的。

在 1984 年召开的第五代计算机系统会议（FGCS 1984）上，日本展示了第五代计算机在第一阶段的研究成果，包括速度为 20K LIPS（逻辑推理 / 秒）的 PSI 样机和检索数据时间只有过去数据库产品几百分之一的知识关系数据库 DELTA，正是这一知识信息处理的阶段性结果，将人工智能的“扩军备战”推向了一个高峰。

按计划，日本第五代计算机的第二阶段是在第一阶段研究成果的基础上，设计第五代计算机的计算模型，主要的工作包括三个方面：硬件系统（推理系统、知识库系统）、基本软件（第二号核心语言 KL1、问题求解和推理系统、知识库管理系统、智能接口软件、智能程序设计软件、基本软件验证系统）和开发支持系统。

代表团需要了解在这一阶段上述几个方面研究的最新进展，以便修订与实施“863-306”主题。

汪成为也是代表团成员之一。在 1988 年 12 月去日本参加日本第五代计算机第二阶段成果展示会议前，作为“863 计划”信息专家组成员之一的汪成为做了认真的准备，阅读了以前数次会议的资料。

而在听取了大会报告后，他发现渊一博在本次大会做的主旨报告中对第五代计算机的预期要比 7 年前低得多，另一位应邀做主旨报告的著名科学家司马贺，在报告中似乎也在回避一个敏感的问题，即能否按预期设想实现日本第五代计算机的目标。

带着这样的问题，汪成为带队的“863-306”访问团与司马贺在会场进行了短暂的交流。司马贺向汪成为表示，他本人以往对于人工智能技术的进展过于乐观，关于中国研究人工智能技术方面，他建议“要吸取美国、欧洲、日本的经验教训，有些事不必重复做一遍了”。

在会后，“863-306”代表团还通过当时在日本东京大学攻读博士学位的高文访问了 ICOT，直接向渊一博请教。

高文此前在哈尔滨工业大学获得计算机应用博士学位，后赴日本进修。他在东京大学选过田中英彦教授的课。田中教授是 FGCS 计划的参与者之一、FGCS 1988 程序委员会主席，也是博士资格委员会的成员，他曾经带着高文访问过 ICOT，认识了 ICOT 的所长渊一博和副所长古川康一。高文本人后来与古川康一成为好朋友，古川康一多次来中国访问，去过北京、哈尔滨、长春、延边等地，他也多次邀请高文去日本访问，并在家里招待过高文。高文的博士生导师田中英彦也是中国人民的老朋友，1990 年 5 月在北京友谊宾馆召开的智能计算机国际会议，田中英彦也应邀参加。

正是通过田中英彦教授的介绍，高文陪同汪成为带领的专家组访问了 ICOT，汪成为也向高文介绍了“863-306”主题项目的情况，这也是高文第一次接触到“863-306”主题。

高文与日本第五代计算机核心团体近距离学习研究的经历使他成了“863-306”主题专家组在日本的“眼睛”，之后专家组多次赴日考察和论证是否按照日本第五代计算机的路线发展我国的智能计算机时，高文均有参与和进行协调，他在回国后不久也进入“863-306”主题专家组，承担起智能计算机主题项目的重要工作。这是后话。

虽然通过与渊一博的会面得到的信息没有能超出其报告的内容，但这次访问 ICOT 使专家组深入了解了 ICOT 的实验样机和研究项目的阶段性成果，对第五代计算机有了更直观的认识。

8.4 李国杰入局

1989 年 10 月，为精简管理层次，国家科委决定取消信息领域专家委员会，直接由主题专家组实施领导，成立第二届智能计算机专家组，任命汪成为为组长，张祥和李未为副组长，戴汝为、孙钟秀、王鼎兴、李国杰为组员。

新的 7 人智能计算机专家组成员中有 6 人是上一届的老同志，对应的分管领域变化不大，只是做了精简。

有两个当时看起来影响不大，但事后带来很大影响的变化。一个变化是顾问三人组变成汪成为独挑大梁，在决策上更加高效。另一个变化是李国杰的入局。

李国杰由中科院计算技术研究所代培在中国科学技术大学就读硕士研究生。李国杰借普渡大学的青年教授黄铠来北京讲学考察，与黄铠结识，由此获得去普渡大学攻读博士学位的机会。1985 年 8 月，李国杰从普渡大学博士毕业后，前往美国伊利诺伊大学 CSL 实验室做了一段时间的博士后，继续从事并行算法和智能计算机的研究。1987 年 1 月，李国杰回国，进入中国科学院计算技术研究所工作，担任研究员，属于较早回国的博士“海归”之一。

李国杰的主要研究领域是计算机的并行处理与智能计算机，他建立的最优脉动阵列设计的系统性方法被同行称为“Li-Wah”方法（Wah 即李国杰的导师华云生），他与华云生共同编著的《用于人工智能应用的计算机》（*Computers for Artificial Intelligence Applications*）由 IEEE 计算机学会出版，是该学会的畅销书。在并行搜索与计算机领域，李国杰先后发表了 40 多篇论文，被称为“论文机器”（paper machine），是留学人员在国际学术舞台上较为活跃的学者之一。

李国杰回到中国时“863 计划”刚刚启动，在智能计算机领域小有名气的李国杰也进入了专家组。国家智能计算机研究开发中心（以下简称智能中心）就是为了集中力量完成“863 计划”的任务而建立的。

围绕智能中心的成立，“863-306”主题专家组邀请了军用信息和民用信息领域的技术专家和管理专家分别举行了两次需求研讨会，主要议题是“什么是我国最紧迫的需求”和“我国当前的发展瓶颈是什么”。

从 1989 年 3 月起，“863-306”主题专家组开始制订《智能计算机研究发展计划纲要》，提出了“四条原则、三个阶段、两个层次、一个总目标”的战略及“中心、网点、课题组”的布局，正式提出筹建智能中心的建议。

1990 年 3 月，智能中心在北京友谊宾馆科学会堂宣布成立，李国杰被国家科委任命为中心主任。

智能中心成立后不久，李国杰就带着赵沁平、祝明发等智能中心的筹备人员以及国家科委负责设备采购的官员及科研人员到美国参观访问。

代表团在卡内基梅隆大学堆满书籍的办公室里拜访了中国人工智能的老朋友司马贺，代表团很想知道人工智能领域未来十年在哪个方向能取得重大突破，以便规划和部署智能中心的研究工作，不过对此，司马贺的回答是未来十年人工智能不会有什么重大突破，但可能有上千个小突破。司马贺的回答让代表团大为震撼。

在卡内基梅隆大学，代表团还拜访了华人教授孔祥重（H. T. Kung）。孔祥重因为发明脉动阵列闻名于世，是最早在美国赢得声誉的中国台湾教授，之后在哈佛大学任教授。孔祥重在他自己开的餐馆里宴请了代表团。他明确建议应该先从鼠标、显示器、板卡等基本设备做起。

代表团还参观了南加利福尼亚大学，拜访了另一位教授黄铠。

黄铠在 20 世纪 70 年代就读于加利福尼亚大学伯克利分校。年轻时，在伯克利分校念书的黄铠已经有了很强烈的爱国热情。20 世纪 70 年代，杨振宁先生第一次回大陆，他返回美国以后，很多台湾的学生都渴望能从他的口中听听大陆的故事，了解他的体会和想法。当时还是普渡大学助理教授的黄铠给杨振宁先生打电话说："普渡大学里有 1500 名从台湾来的学生，他们想了解您在大陆访问的印象，希望您能亲自前来做一次演讲。"出乎他的意料，杨振宁先生二话不说就答应了，并且自己掏腰包从纽约飞到印第安纳州给同学们做演讲。在此之前，普渡大学校方曾多次邀请杨振宁教授前来做学术讲座，都被婉拒。当时尚且名不见经传的黄铠用赤诚的爱国之心把杨先生请过来了。

从 1978 年起，黄铠开始在清华大学讲学。由于老师们很少接触西方计算机的知识，所以黄教授带来的好几大箱资料都被拿去影印了。没有印刷纸，就找人民日报社借来七卷滚筒纸。8 开的纸，双面印，有时候正面的字会浮在反面。当时还有人扛着两个大摄像机，将课程内容全部录下来，再传送到全国的其他高校放映。黄铠带来的资料、课堂讲义全部被影印下来发给老师们，每人手上都拿着好几本厚重的"报纸"书。

当时由于国内急需好的教科书，所以黄教授返美后精心整理了他在中国上课 7 周的资料，并投入大量精力，于 1983 年完成了一本名为 *Computer Architecture and Parallel Processing*（《计算机结构与并行处理》）的英文专著。这本书后来被翻译为四国语言，畅销多年。这本书由清华大学的老师们负责翻译为中文，1985 年由科学出版社出版。

早在 1979 年，黄铠的《计算机系统结构》(*Computer Arithmetic*) 英文版就已出版，这本书也是全球最早的关于计算机体系结构的著作。1993 年，黄铠的《高级计算机体系结构》(*Advanced Computer Architecture: Parallelism, Scalability, Programmability*) 英文版出版，这两本书与 1983 年出版的 *Computer Architecture and Parallel Processing* 一书并称为计算机体系结构的三部曲。这三本书堪称计算机体系结构和并行处理领域的经典著作，推动了高性能计算的研究浪潮，影响了一代人，对确定"863 计划"智能计算机主题的技术方案也起到了推动作用。黄铠由此成为首位中国计算机学会

（CCF）海外杰出贡献奖（当时叫“傅京孙奖”）得主，当之无愧。

也就是在国内的一次讲学中，黄铠与李国杰相识并成为一辈子的朋友。

李国杰在普渡大学的导师是华云生，李国杰也把黄铠当成他的半个老师，但因为年龄相仿，两人更多以朋友相称。黄铠在接受笔者采访时表示，他当时在中科院讲完课后被李国杰拦住，几个问题问下来，他顿时觉得眼前的这个年轻人非池中物，一问，才知李国杰北大毕业，正在中科院读研究生，想去美国的大学进修。

黄铠教授将李国杰推荐给刚到普渡大学的华云生教授当学生。华云生接收的另一个著名的访问学者就是后来做了深圳大学计算机与软件学院院长的陈国良。

黄铠也想过让李国杰在自己的门下读博士，但当时他已经在带倪明选了，清华大学计算机系的郑衍衡也在他的课题组，他怕自己顾不过来。另外，黄铠的研究方向偏体系结构，李国杰的数学很好，可以在算法上取得很多成绩。从这一点上来说，他和华云生更匹配。除此之外，华云生刚到普渡大学，需要做出成绩，而且又没有博士生带，带李国杰可谓一箭双雕。

李国杰一行人在南加利福尼亚大学也见到了他们的老朋友——后来成为曙光服务器的重要研发者、曙光董事之一的徐志伟。

徐志伟于 1983~1984 年在普渡大学读硕士研究生，1985 年跟着黄铠去南加利福尼亚大学计算机系攻读博士学位。徐志伟博士毕业时，黄铠有很多高性能计算的项目要做，就把他留了下来。当时黄铠的项目经费很充足，他答应徐志伟每两个月可以回一次国探亲。就这样，徐志伟过了近十年的空中飞人的生活，也成为中美之间高性能计算学术交流的关键人物。

李国杰的考察团一路下来，发现美国在这一波智能计算机浪潮中的研发重点是个人计算机、高速工作站、超级计算机和互联网，与日本侧重的知识处理系统有较大的区别。

再结合司马贺等专家提出的“人工智能技术进展的估计可能过于乐观了”的想法，以汪成为为首的“863-306”主题专家组感觉到，虽然日本第五代计算机在第一阶段交出了一份不错的成绩单，也培养出一批优秀的技术骨干，但从准备阶段的研究成果向第五代计算机的计算模型转化上，有许多关键技术尚处在探索和攻关阶段，之前对于第五代计算机的规划过于乐观，很可能难以按期实现原定的知识处理系统的目标。同时专家组认为，我国的智能计算机应与现实需求相结合，脱离工业标准与计算机主流技术的智能计算机不可能有好的前途，我们应该虚心学习日本第五代计算机的研究经验，但不必走他们的道路。事实证明，当年这一判断使中国在智能计算机研究方面少走了许多弯路。

考察团还推动 1990 年 5 月智能计算机发展战略国际研讨会在北京召开。

会议邀请了美国总统科学顾问、纽约大学的许瓦尔兹教授、神经网络理论的奠基人之一霍普菲尔德教授、日本第五代计算机的重要参与者田中英彦、美国伊利诺伊大学的华云生教授、南加利福尼亚大学的黄铠教授及波音公司的德格鲁特研究员等。其中美方最重要的组织者就是黄铠。黄铠对回中国向来是积极的，这件事又可以帮李国杰的忙，自然双手赞成，忙前忙后。

受邀的国内专家有中科院系统科学研究所的吴文俊、软件研究所的唐稚松、自动化研究所的戴汝为及北京系统工程研究所的何新贵等上百名中国学者。

李国杰在会上全面汇报了中国智能计算机的发展计划纲要、当时拟订的技术实施路线、经费分配、实际进展，并演示了部分项目的阶段成果。与会的专家对于“863-306”主题的战略规划和技术路线进行了十分直接的评议，如：

> 这个发展计划纲要是比较切合当前计算机技术和人工智能技术的发展趋势的；
>
> 不必搞什么智能计算机，至少不必搞智能计算机的硬件，当下计算机硬件的潜力还很大，并不是开发人工智能应用系统的瓶颈；
>
> 应重点开发智能应用系统、智能接口，研究人工智能的理论；
>
> 突破中文信息智能处理的瓶颈很重要，希望中国科学家做出贡献。

最终，这些学者的意见整理成会议纪要上报国家科委。李国杰表示，这次会议对智能中心选择以通用的并行计算机（从 SMP[1] 做起）为主攻方向起到了重要的推动作用。

时任国家科委高新司司长的冀复生回忆说，当初“863 计划”并没有把高性能计算机列入其中，然而专家组认为，高性能计算机是将来整个国家计算机方向的一个制高点，更是各项科研工作的基础，这也是“863-306”主题专家组在得出了“计算机硬件的潜力还很大，并不是开发人工智能应用系统的瓶颈”的结论后依然迎难而上的原因，项目最终上马也正是在“863 计划”的专家负责制下由科学家力推的结果。然而限于经费，国家也只给了后来定名为“曙光一号”的高性能计算机项目 200 万元的启动资金支持。

但事在人为，方向对了，其实就成功了一半。

1 对称多处理（Symmetrical Multi-Processing），简称 SMP，是指在一个计算机上汇集了一组处理器（多 CPU），各 CPU 之间共享内存子系统以及总线结构。它是相对非对称多处理技术而言的、应用十分广泛的并行技术。

第 9 章

1987

1987 年：机器人的曲折向前

很难找到机器人这样的复合学科了，搞机械工程的、搞智能控制的以及搞人工智能的都认为机器人和他们研究的内容是一体的，是它们的高级阶段。

如前所述，20 世纪 80 年代正是全球第二波人工智能的泡沫期，国外对人工智能期望过高，美国、日本和欧洲在机器人领域制订出了发展具有很高智能程度的全自主机器人的研究计划。

中国机器人研究在 1987 年进入快速发展阶段，标志性事件是这一年，“863 计划”机器人专项正式启动。长期以来，国内对机器人研究一直有着不理解的声音，机器人列入国家“863 计划”专项后，“中国有那么多人为什么还要搞机器人”的非议可以休矣。

9.1 “七五”机械手开局

机器人是机械与自动化的交叉学科，中国机械工程学会和中国自动化学会都设立了专门的专业委员会，我国的机器人发展规划主要就是由这两个学会的专委会起草的。

中国机械工程学会机器人专业委员会成立于 1983 年，主任委员是时任北京机械工业自动化研究所机器人研究室主任的曹祥康。

曹祥康还是我国历史上第一个以机器人为主题的大型会议“嘉兴会议”的组织者。1977 年，他在浙江嘉兴组织召开了全国机械手技术交流大会，大会原计划邀请 100 余位参会者，最后实际参会的有将近 500 人。此后有关机器人技术的学术交流会几乎年年不断，对我国机器人技术的发展产生了重大影响。

“七五”机器人攻关计划也是由中国机械工程学会主力推动的，具体的目标是重点开发和定型微机控制的示教再现机器人在喷漆、焊接、搬运等作业中的应用，掌握第一代机器人的整机设计、调试技术、关键元件及配套技术，并开始开发对环境有感觉的第二代机器人，主要方向包括工业机器人基础技术研究，基础器件开发，在搬运、喷涂和焊接作业中使用的机器人的开发研究等。“七五”机器人攻关计划的标杆案例是由当时北京机械工业自动化研究所的曹祥康主持开发的中国第一台工业喷漆机器人 PJ-1 和为第二汽车制造厂（简称“二汽”）设计的适用于多个种类的混用型自动喷涂生产线，之后哈工大、上海交大等高校也开发设计出了自己的喷涂机器人实验样机。

20 世纪 80 年代与曹祥康一起鼓吹机械手的还有沈阳自动化研究所的蒋新松。

沈阳自动化研究所对机器人的研究由来已久，他们 1972 年提交的题为“关于人工智能与机器人”的报告甚至可以被看作中国机器人研究的开端。这一报告的立项申请由时任沈阳自动化研究所副所长的叶强拍板，机器人研究室主任吴继显提出了要做机器人研究的具体想法，并获得蒋新松与谈大龙的附议，最终由吴继显、蒋新松、谈大龙三人合写了这份报告。报告中首次提出“研制机器人是装备制造业自动化的必然方向，是一个国家工业发达强盛的重要标志”的观点。不过这个中国第一个提出开展机器人研究的建议最终被否决。

蒋新松是新中国培养的第一代自动化专业大学生，在提交报告后仍然在一线继续自动控制的研究和实践工作，未曾间断，这不得不说是他的幸运。加上蒋新松一直积极乐观，不断提升自己的技术能力，1977 年在友谊宾馆举行的全国自然科学学科规划会议上，他脱颖而出，最终成了自动化领域学科规划的主要执笔者。1979 年 5 月，蒋新松被任命为沈阳自动化所机器人研究室主任，这也得益于他积极的态度给领导留下了深刻的印象。

如前所述，1979 年 8 月，蒋新松带队参加了在东京举办的 IJCAI。在日本访问期间，蒋新松拜访了“仿人机器人之父”加藤一郎创立的早稻田大学加藤一郎实验室等 18 家单位。最大的收获来自日本产业机器人工业会常务理事米本完二，米本向蒋新松一行介绍了日本产业机器人的研究和应用情况，其中机器人提高效率，与人类工作形成互补的经验给蒋新松留下了深刻的印象，也为蒋新松解答了“中国人口众多，是否需要发展机器人”的问题。回国后，蒋新松更加积极地推动机器人的研究，并在所里提出了两项课题，一项是日后让其名声大噪的水下机器人，另一项是工业机器人示教再现机械手的课题。

国际上，示教再现机器人到 20 世纪 70 年代末在技术上已经相当成熟，相对于当时国内工厂普遍应用的挡块定位机械手，这仍然是国内尚未掌握的高精尖技术。20 世纪 70 年代末，一汽、二汽等国内汽车龙头企业引进工业机器人的可能性开始被人们讨论，蒋新松提出的示教再现机器人研究正当其时。但沈阳自动化研究所的机器人研究并不顺利。他们开发的第一台机器人是一台工业机器人，有半间屋子大，能码垛，还能写“中国”两个字，当然这是示教再现的结果。

1983 年经蒋新松建议，“机器人示范工程”被列为“七五”国家重大工程项目，蒋新松被聘为机器人示范工程总经理，直接领导并参加了可行性论证、总体设计与实施的工作，仅用了两年多就建成了 11 个实验室、一个例行实验室、一个计算中心和一个样机工厂，并投入运行，为该中心先后完成科研课题 76 项，为我国机器人开发工程转化基地、高级人才培养基地和学术交流基地的建设做出贡献。

在此过程中，沈阳自动化研究所的“工业机器人产业化”的目标也逐步清晰起来。1993 年，蒋新松用沈阳自动化研究所当时仅有的 1000 余万元自有资金，从日本购进 19 台机器人操作机，配以国产控制器，以应用工程促进产业化。

为推进产业化，蒋新松还特地提前召回了自己的第一个研究生、当时正在德国萨尔大学做访问学者的曲道奎。蒋新松特地将曲道奎召回，是因为他认为，中国机器人由研究走向应用的时机已经来临，而此前在中科院机器人学开放实验室从事机器人研究，参与过 863 个项目，又近距离接触过德国等西方国家机器人工业应用的曲道奎正是冲锋陷阵的最佳人选。

帮曲道奎坐镇后方的是时任沈阳自动化研究所副所长的王天然。王天然毕业于哈尔滨工业大学，1971 年来到沈阳自动化研究所，1981 年与蒋新松一起参加了在温哥华举办的第七届 IJCAI，1982 年又被送往美国卡内基梅隆大学做机器人方向的访问学者，1985 年被蒋新松召回，是所里重点培养的对象。王天然 1994 年接替蒋新松担任沈阳自动化研究所所长，继续贯彻执行蒋新松确定的“以应用工程促进产业化”的路线。1995 年，沈阳自动化研究所开发的第一批机器人被沈阳金杯汽车采用，沈阳自动化研究所挖到了在工业机器人上的“第一桶金”。到 2000 年工业机器人项目从沈阳自动化研究所分拆成立公司时，短短几年时间，沈阳自动化研究所的机器人已经占领了汽车、摩托车等行业机器人应用工程市场三分之一以上的份额，同时也迫使进口机器人大幅度降价。

遗憾的是，蒋新松积劳成疾，于 1997 年去世，没能看到之后中国机器人全面开花的场景。正因为如此，曲道奎和王天然讨论决定将这家以沈阳自动化研究所为最大股东的公司命名为“新松机器人”，以表达将蒋新松的遗愿发扬光大的美好愿景。新松机器人于2009年在创业板上市，如今已成为国内机器人产业当之无愧的“第一股”。

9.2 海人一号

中国自动化学会的机器人专业委员会比机械工程学会的机器人专业委员会成立得稍晚，于 1985 年成立，由蒋新松担任主任委员。中国机械工程学会协助完成了“七五”机器人攻关计划，中国自动化学会则协助推动了“863 计划”智能机器人主题发展规划。

制定时间稍晚的“863 计划”智能机器人主题发展规划在立项时，专家组从市场分析的角度，认为中国工业界大规模使用工业机器人的时代还没有到来。考虑到“七五”机器人攻关计划已经开始支持工业机器人的研制，“863 计划”中的机器人主题最终定位到当时的国际关注热点——智能机器人上。同时，与“七五”重复的项目不再列入“863 计划”，但要为它们的继续发展打好技术基础。

蒋新松做智能机器人，有一位超级外援，那就是谈自忠。

谈自忠 1937 年生于四川省忠县（现属重庆市），1968 年获密苏里州华盛顿大学控制系统科学与工程系博士学位，是著名的系统科学与控制理论家，也是第一位在 IEEE 担任学会主席（IEEE RAS）的华人。

谈自忠在之后多次来中国交流和挑选学生，机器人、智能控制及系统方面的世界著名专家，曾经出任 IEEE 国际机器人与自动化学会（IEEE RAS）主席的席宁就是谈自忠在 20 世纪 80 年代挑选的学生。

蒋新松是自动化领域的专家，在谈自忠在中国期间陪同安排他做讲学和挑选学生的工作，两人也因此熟悉起来。

谈自忠不仅在各种国际会议上帮助蒋新松牵线搭桥联系相关机构，在会议期间，也利用各种场合与机会，将蒋新松带领的中国代表团成员介绍给各国专家学者，融入国际科技界的圈子，给专家组创造更多交流学习和结识朋友的机会。

当时国家外汇紧缺，蒋新松想要将外汇省下来买设备，已经和蒋新松成为莫逆之交的谈自忠看出了蒋新松的窘迫，便主动承担与国外专家学者交流请客吃饭的费用——在后来他俩出席的国际学术交流活动中，蒋新松请客，谈自忠出钱，甚至成为他们之间的“惯例”。谈自忠的良苦用心，为中国专家组赢得了不少机会，让蒋新松一行非常感动。

对外有谈自忠这样的强援，对内蒋新松则有谈大龙这样的臂膀。

研究水下机器人是为了打消当时国内“机器人会抢人饭碗”的普遍担心，让机器人到水下等高危环境或人难以到达的地方作业。用现在的话说，就是开拓一片新的蓝海市场。

不过，由于机械部此时将重点放在推进工业机器人上，所以蒋新松团队把更多精力放在深海机器人上的做法遭到了批评。在一次中国科学院工作会议上，一位领导公开点名批评蒋新松，说陆上的机器人还没搞好，就想搞水下机器人。然而蒋新松并未受影响，他继续稳步前进。“海人一号”项目的项目组组长正是蒋新松的老搭档谈大龙。

当蒋新松水下机器人的报告被中科院领导批评时，谈大龙则表态“领导支持我们就快干，不支持慢点儿也要把它干出来”，力挺蒋新松。1981 年中科院有关负责人派了 5 个学部委员来沈阳审查水下机器人方案，本想通过 5 个学部委员找出缺陷从而砍掉这个项目，结果经过谈大龙一晚上的论证解说后，5 个学部委员反而一致同意研究水下机器人。

1983 年，“海人一号”水下机器人被正式列入中国科学院重点研究课题。

1985 年 12 月 12 日，中国第一台水下机器人“海人一号”首次在大连港下潜 60 米，试航获得成功，一年后又在南海创造了中国自行研制的水下机器人深潜水下 199 米的纪录。专家们评议后认为，“海人一号”已经达到同类型水下机器人的世界水平。

“海人一号”当然不仅仅是沈阳自动化研究所一家之功。蒋新松毕业于交通大学[1]（现西安交大和上海交大）电机系，这种渊源使得他早在 1980 年组建沈阳自动化研究所首届学术委员会时就邀请到了中科院学部委员、上海交通大学计算机应用研究所所长张钟俊教授担任名誉主任。在“海人一号”的具体分组上，上海交通大学负责水下机器人框架结构设计和制造以及螺旋桨的配置，沈阳自动化研究所主要负责水下多自由度液压机械手设计。这种与兄弟单位合作进行机器人开发的传统后来演变成了新松机器人“技术创业，两头在内，中间在外”的模式，即把精力集中在技术研发和市场营销，生产制造则和其他企业合作进行。

谈大龙在“海人一号”之后转去负责其他新领域的项目，水下机器人的研究转交其他同事，其中封锡盛主持领导研发出了缆浮游作业轻型水下机器人“金鱼二号”、第一台无缆水下机器人“探索者号”等不同用途的水下机器人。之后蒋新松于 1994 年当选中国工程院首批院士，封锡盛也在 1999 年被选为中国工程院院士，是沈阳自动化研究所的第二名院士。

1 蒋新松 1956 年毕业于交通大学。同年为响应社会主义建设和国防建设的需要，支持西部社会经济发展，国务院决定交通大学内迁西安。自 1956 年首批师生开赴西安，到 1959 年迁至西安的交通大学主体部分定名为西安交通大学，其中蒋新松所在的电机系老系主任、被誉为“中国电机之父”钟兆琳教授主持了交通大学电机系西迁。

9.3 七剑下天山："863 计划"机器人专项启动

1987 年，"863 计划"机器人专项正式启动，蒋新松担任自动化领域首席科学家。在蒋新松和自动化领域专家委员会委员、哈尔滨工业大学教授吴林的带领下，成立了第一届专家小组（1987~1989 年），组长由谈大龙担任，组员包括蔡鹤皋、赵锡芳、张钹、戈瑜、宁汉悦、卢桂章。七位专家来自当时国内机器人研究最前沿的七家单位，号称"七剑下天山"。

"七剑"自然以沈阳自动化研究所为首。

沈阳自动化研究所的代表是谈大龙，本科毕业于清华大学电机系，是蒋新松的得力助手和伙伴，除了协助蒋新松实际主持并具体组织了我国第一台水下机器人"海人一号"的研制工作，他还在 20 世纪 80 年代中期组织了"七五"科技攻关计划中对工业机器人控制技术的消化、吸收、研究和开发工作，为发展工业机器人控制器奠定了基础。谈大龙在 1987~1993 年连任三届"863 计划"智能机器人主题专家组组长，在此期间，除了组织我国机器人高技术发展战略的实施，还重点负责了室外移动机器人、遥控移动式作业机器人、壁面爬行机器人、高精度装配机器人以及 1000 米水下机器人和 6000 米水下机器人的立项论证和组织实施。谈大龙在 1992 年因眼疾复发右眼失明，1993 年退出专家组，并逐步淡出科研一线。

第二家单位哈工大的强项则是焊接机器人。哈工大是航天部直属的高校，焊接技术对航空航天至关重要，在 20 世纪 80 年代初，哈工大机器人研究所最重要的两个人吴林和蔡鹤皋合作设计了中国第一台弧焊机器人，在降低技术要求的同时提升了焊接的质量稳定性。吴林在 1992 年被组织任命为哈工大党委书记，把主要精力放在了行政工作上，而蔡鹤皋继续在科研前线教书育人，之后研制成功了中国第一台点焊机器人，建立了中国第一个机电控制及自动化学科的博士点，培养出了王树国、孙立宁、刘宏、赵杰、邓喜军、李瑞峰等一批学生，蔡鹤皋本人也在 1997 年当选中国工程院院士。

蒋新松的母校同样人才济济。除了担任沈阳自动化研究所学术委员会名誉主任的张钟俊院士，我国最早从事机器人技术研发的专业机构之一上海交大机器人研究所的第一任所长蒋厚宗在 1979 年研制成功中国第一台示教再现机器人，和蒋新松二人并称“南北二蒋”，蒋新松是“老蒋”，蒋厚宗是“二蒋”。在“863 计划”中，蒋厚宗担任了自动化领域第一届和第二届专家委员会委员。智能机器人主题的代表人物赵锡芳也出自上海交大。赵锡芳于 1961 年从上海交通大学机械工程系毕业，之后接替蒋厚宗担任了上海交大机器人研究所的所长。上海交大机器人研究所积极参与“863”项目，1992 年建成国家 863 机器人柔性装配系统网点实验室，多年来上海交大的机器人一直长盛不衰。

专家组中自然少不了国内工科第一的清华大学，代表人物是计算机系教授张钹。清华大学计算机系起源于自动控制专业，因此在早期不少老师选择的是机器人的方向，清华大学智能技术与系统国家重点实验室最早的三任主任周远清、张钹、贾培发均是机器人方向的研究者。张钹于 1985 年在清华大学组建智能机器人实验室，实验室拥有全国一流的条件，取得了不少令人瞩目的研究成果，张建伟、孙富春、王田苗等知名机器人专家均出自张钹门下。张钹在专家组中负责人工智能在机器人领域的应用，之后贾培发接替张钹进入了“863 计划”智能机器人主题专家组并在后来担任了专家组的组长，确定了“863 计划”智能机器人主题下工业机器人及应用示范工程、特种机器人、智能机器“三条线”的主题工作领域，探索了研究单位与企业紧密结合的技术转化模式，使技术更加迅速、有效地转化为生产力；加强了产业化基地的建设，为中国机器人事业的持续发展奠定了产业基础。

还有一所院校是南开大学。南开大学的机器人研究最早始于卢桂章在 20 世纪 70 年代开始从事的过程控制和控制理论的研究和实际工作，卢桂章也是我国最早将现代控制理论用于工业过程控制的研究者之一。卢桂章后来在南开大学创建了“人工智能与机器人实验室”，“七五”期间组织了主题的基础技术研究，提出了《机器人基础技术研究纲要》，安排了 7 个专题并提出主攻方向。在“863 计划”支持下，南开大学开始研究微操作机器人技术，在生物工程领域开展了多方面的应用。另一个重要的研究方向是微电子机械系统（MEMS）的设计环境研究，南开大学后续的机器人研究是基于这两个方向展开。

另外两个单位则是中科院系统内的自动化研究所和合肥智能机械研究所（下称“合肥智能所”）。沈阳自动化研究所是中国科学院自动化所的分支，蒋新松毕业时就被分配到了正在筹备的中国科学院自动化所，在这里他被编入了屠善澄任组长的计算技术组。1956 年，研究所安排蒋新松等一些新到的研究员参加了科学院举办的第一届电子计算机学习班，之后又派蒋新松到北大，在董天保教授的领导下研制数字机，这也是蒋新松接触到电子计算机，并对人工智能和机器人产生兴趣的契机。1965 年，中国科学院自动化所进行调整，将工业自动化研究的 100 余人整建制调到东北工业自动化研究所（即现在的沈阳自动化研究所），蒋新松也在其中，正是这一分工使得沈阳自动化研究所成了中国机器人研究的摇篮。

在第一届专家组中，中国科学院自动化所的代表是宁汉悦，他 1962 年毕业于哈尔滨工业大学，曾任中国科学院自动化所图像研究室主任，和胡启恒、戴汝为等人一起参与研制了我国第一台信函自动分拣系统的手写数字自动识别机，是主要的技术骨干。在专家组中主要负责撰写视觉专题白皮书，并承接工业零件识别项目。

中国科学院自动化所在宁汉悦之后进入专家组的是中国科学院复杂系统工程学开放实验室主任李耀通。李耀通此前已拿到加利福尼亚大学戴维斯分校教职，1988 年受马颂德的邀请回国组建了中国科学院复杂系统工程学开放实验室，并担任了国际自动控制联合会（IFAC）发展中国家委员会副主席。在谈大龙因病退出专家组后，接任第四届智能机器人主题专家组组长的正是李耀通。李耀通为人忠厚正直，又具备极强的组织能力，可惜天妒英才，过早离世，不然能为我国机器人研究、开发和产业化做出更多贡献。

合肥智能所和沈阳自动化研究所也颇有渊源。合肥智能所于 1979 年重新建制，所名由蒋新松提出，是中科院系统内第一家名字带“智能”的研究所。在 1979 年中科院首次参加 IJCAI 的四人中，除了来自沈阳自动化研究所的三人，另一位陈效肯就来自合肥智能所。合肥智能所没有辜负“智能”这两个字，1985 年，合肥智能所建成了我国第一个计算机农业专家系统。来自合肥智能所的戈瑜是专家组中年龄最小的一位，主持机器人传感器基础技术专题研究计划的实施和管理。在戈瑜之后，合肥智能所进入智能机器人主题专家组的是韦穗。韦穗的姐姐是前东南大学校长、中国第一位电子学女博士、教育部前副部长韦钰。韦穗后来担任安徽大学副校长，两人被称为中国高校校长“两朵姐妹花”。韦穗长期从事图像处理研究，是我国自主研制水下 6000 米作业机器人的首批科学家。

除了上述七家单位，国内还涌现出一批在机器人研究上各有特色的团队，在专家的选择上更多考虑的是如何能够相互互补配合，发挥出 1+1>2 的战斗力。如在视觉专题上，除了自动化所，西安交大的人工智能与机器人研究所有宣国荣与郑南宁，在模式识别方面也是国内名列前茅的团队，但考虑到团队综合实力及沟通协作的便捷性，最终由在北京的中国科学院自动化所的宁汉悦负责。其他的如华中科技大学熊有伦团队、浙江大学谭建荣团队等，也因各种原因暂时没有出现在第一批专家组中，但在后续智能机器人主题专家组的工作中，他们都先后参与进来，成为中国机器人和人工智能发展的重要推动者。关于他们的故事，笔者会在本书的后续作品中予以详细阐述。

9.4 从智能化跟踪到工业化落地

虽然确定了智能机器人的主题，但能做到什么程度，则需要再进行一番讨论。所谓不当家不知柴米油盐贵，20 世纪 80 年代中期，国外对人工智能抱有很高的期望，美国、欧洲、日本等制订出了发展具有很高智能程度的全自主机器人的研究计划，主题专家组一成立就受到来自多方面的压力，被要求研制具有很高智能程度、能适应各种未知环境、能在恶劣和极限环境下工作的机器人系统，否则就不能称之为智能机器人主题。然而客观来说，这一目标难以达到，因为在“863 计划”实施之前，中国的机器人研究也就处于可编程机器人的实验室研发阶段。专家们估计，当时中国机器人的研究与开发水平至少落后国外 25 年。在起点低、缺乏人才和资金的情况下，只能把有限的“技能点”用到最关键的方向上。

最终，主题专家组顶住了压力，选择有限的战略目标，将主题研究分为四个层次：型号与应用工程、基础技术研究、使用技术开发、成果推广。在型号与应用工程方面，提出研制 3 种类型（恶劣环境下作业的移动机器人、水下无缆智能机器人和高精度智能装配机器人）5 种型号（遥控移动式作业机器人、壁面爬行机器人、室外移动机器人、水下无缆机器人、智能装配机器人）的机器人，并选择了“遥控加局部”的技术路线，即通过交互技术把人与机器人结合起来，构成一个智能型自动化人机系统，解决特种机器人远距离作业的难题。在选题立项上以跟踪、消化现有技术为主，再加上部分关键技术的创新性研究，目的是希望用 5 到 10 年的时间，通过平台来带动技术的研发，通过技术研发进行验证，为之后的产业化打好基础。

基础研究方面，主题专家组决定以总经费的 1/3 来进行基础技术和关键技术的研究。当时大学与研究所与国企类似，面临机构臃肿、人员老化、离退休人员及福利费用剧增等问题，而且针对国家科研项目一般只支持项目费用，不支持实验室建设、人员与一般设备等方面的费用。为保证研究队伍的稳定性，“863 计划”在力所能及的条件下，对吸引年轻人才、建设配套实验室等方面给予了重视。负责“863 计划”自动化领域智能机器人主题基础研究与实验室建设的马颂德曾回忆，在“七剑下天山”的七家“863 计划”重点建设的实验室中，除机构、非视觉传感器、装配技术 3 个网点实验室投资略高外，大多数实验室仅获得了 30 万元左右的实验室建设投资。研究经费的情况略好，每年有 500 万元左右的经费，平摊到近千人的队伍上，人均约 5000 元。这个数字在今天当然不算什么，但在当时已经算是高标准了。

在集中有限类型和型号，大力加强基础技术的研究之下，智能机器人主题项目取得了可喜的进展，尤其在水下无缆机器人方面，陆续推出了 1000 米无缆水下机器人、6000 米自治水下机器人等多款产品，实现了跨越式发展。而就在进一步发展的关键时刻，智能机器人的整体研究环境发生了变化。

首先，人工智能研究的退潮，直接影响到了“863 计划”下智能计算机和智能机器人这两个与人工智能相关的主题的规划。智能计算机主题专家组参加了 1988 年日本的第五代计算机系统国际会议（FGCS 1988）第二阶段总结会，在觉察到第五代计算机颓势已现后及时掉头，转而进行在主流计算机上加智能接口研究；在智能机器人方面，我国的研究水平与国际水平存在比较大的代差，国外智能机器人的研究用力过猛，冲过了头，反而让国内研究者吸取了教训，也对智能机器人的走势有了更好的理解。

但智能机器人的尴尬之处在于，相对于计算机硬件技术的快速发展，机器智能技术的发展要缓慢得多。智能计算机主题转向后能交出“曙光 1 号”超级计算机的优秀成绩单，但智能机器人的问题与智能计算机的问题有着诸多不同，硬件技术的发展并不意味着智能问题能随之顺利解决。随着人工智能的退潮和对人工智能的反思，关于

“提出智能机器人研制任务是否为时过早”的讨论也随之而来，这也给了专家组很大的压力。

另一方面，在“863 计划”提出 5 年后，“发展高科技、实现产业化”的期盼在客观上也促进了智能机器人的产业化需求。相应地，“863 计划”专家组在“八五”期间对主要战略目标进行了调整，把直接为国民经济建设服务作为这一阶段的主要战略目标，确定了特种机器人与工业机器人及其应用工程并重的发展方针，智能机器人的主题也从“跟踪和追赶智能机器人研究”落回到了工业化的应用上。

但即便是工业机器人的落地也具备相当大的难度。虽然不少研究机构做出了工业机器人的原型，但成本不仅与国外机器人相比没有优势，相对于当时低廉的人工成本也过高。最重要的是，由于当时国内科研条件的限制，在多轴插补控制器、机器人关节减速机、驱动控制研究方面难以取得实质性的突破。这些主要的零部件需要从国外引进，国内的替代产品无法确保机器人的性能能够达标，这就导致样机无法批量生产。因此“863 计划”中很多在前沿进行探索的研究并未形成大规模的产业化应用。

为减轻“出成绩”的压力，专家组对“智能机器人”的界定又进行了进一步的延伸，提出了“专用的智能机器”的思路。时任“863 计划”智能机器人主题专家组组长的卢桂章在 1995 年对“863 计划”智能机器人研究进展做总结时就表示，对“机器人”这一名词应有更广义的理解，机器人就是一种能做某种拟人动作的自动化机器，将机器人技术和现有的机器相结合产生出来的新一代机器也应该被看作“机器人”。这实际上意味着，由于开展智能机器人落地的环境还不成熟，所以“863 计划”智能机器人主题将会更多考虑协同整个自动化领域的整体目标，分为两个层次，一方面在自动控制、数控机床等容易落地的领域先行推进产业化，另一方面抓紧机器人基础技术研究，跟进国际趋势，以期早日实现真正的机器人产业化。

虽然智能机器人主题的进展未能达到预期，但是自动化领域下的另一主题 CIMS（计算机集成制造系统技术，后来被进一步拓展为先进制造技术）取得了突飞猛进的发展。自动化领域有两个主题，除机器人外，还有 CIMS 技术。清华大学教授吴澄在专家委员会里负责 CIMS 的工作，后来还担任过 CIMS 主题专家组组长和自动化领域专家委员会的首席科学家。制造业在中国具有特殊的重要性，现在，中国制造业在中国的工业中已占近 80% 的比例，制造业增加值已占中国国内生产总值（GDP）近 40%，发展信息技术，提高制造业竞争力，当时就已经在“863 计划”中占据了重要地位。

但是 CIMS 在中国的发展方向，在“863 计划”中一直争议较大，一种较极端的看法是，CIMS 是由 MRP（Manufacturing Resource Planning，生产物料需求规划，后来拓广为 ERP，即企业资源规划）、CAD、CAM、CAPP[1] 和制造业底层数控与物料传输设备等构成的大系统，缺少任何环节都不能称为 CIMS，因此，只能在少数企业做一些“全”的 CIMS 示范；另一种极端的看法是，中国制造业应用 CIMS 技术的路途还很遥远，因此，研究一些其中的单元技术就可以了，不必提 CIMS。以吴澄同志为组长的 CIMS 主题专家组，既没有贪大求全，也没有放弃 CIMS 概念的前瞻性，提出了以集成技术为主的发展路线，而且紧密结合中国制造业，在全国动员了数千支科研队伍，深入数百个工厂企业，因地制宜，适当剪裁，以提高生产效率与管理效率为基本出发点，走出了一条中国发展 CIMS 技术的道路，既发展了 CIMS 及其相关技术，也取得了经济效益。

“九五”期间，先进制造技术被列入优先发展的技术领域，之后智能机器人主题又与自动化领域合并为“先进制造与自动化技术领域”，智能机器人成了先进制造技术领域下的主题。这一从属关系的改变，也使得中国的机器人研究进入一个与制造紧密结合的新时代。

但机器人与先进制造如何能够更好地结合，有两种截然不同的意见：做数控系统研究的院所及企业倾向于将机器人并入高端数控系统进行研究，而一部分人反对将机器人列入数控专项，认为应继续将机器人单列。

1 CAPP（Computer Aided Process Planning）是指借助于计算机软硬件技术和支撑环境，利用计算机进行数值计算、逻辑判断和推理等的功能来制定零件机械加工工艺过程。

这两种意见反映出来的实际上是当时机器人研究的窘境，以及“控制派”与“智能派”两类不同背景的机器人专家对当下中国机器人发展的不同理解。

所谓“控制派”，是指那些控制背景出身的机器人学者，例如蒋新松；接触到人工智能并将人工智能方法应用到机器人领域的则属于智能派。如果做一个简单划分，就是机械、自动化专业的学者多为“控制派”，计算机专业的学者多为“智能派”。两派学者之前在“863 计划”“973 计划”等项目上一直通力合作，观点并无很明显的差异，但在遇到具体问题时可能考虑的点不同。举个例子，同样是“机器智能”这一概念，控制派的重点可能在“机器”上，他们会考虑如何让机器更加智能化；智能派的重点则在“智能”上，他们会考虑如何将智能技术与现有设备结合，通过智能技术的赋能，实现真正的“感知—行动—决策”的机器智能体。

“控制派”的代表高校包括华中工学院（1988 年更名为华中理工大学，2000 年和其他两所学校合并为华中科技大学）、浙江大学、上海交通大学、北京理工大学、清华大学等。这几所高校为老牌工科学校，机械工程是这几所学校的王牌专业。在新中国成立后的工业建设中，这些高校均发挥了重要的作用。“863 计划”中设置的计算机辅助设计专题，使得一批机械工程的老师开始进入新的技术领域，随着先进制造被列入优先发展的领域，这些高校的机器人研究也随之发展起来。

这批高校中的代表是华中工学院。1987 年，郑州纺织机械厂从西德引进一套柔性制造系统，希望得到技术协助，华中工学院机械系教师段正澄带着李培根赶往郑州争取到了这个项目。“八五”期间，郑州纺织机械厂被列为“863 计划”计算机辅助设计技术应用工厂，原华中理工大学机械自动化研究室成为技术负责单位，李培根也因此成为“863 计划”计算机辅助设计技术专题专家组成员，之后他又被选为机器人主题专家组副组长和自动化领域专家委员。

让华中工学院的研究方向从机械演进到自动化和机器人的直接推手是机械工程系学术带头人杨叔子。1981 年，杨叔子作为访问学者前往美国威斯康星大学麦迪逊分校学习，这段为期两年的访学经历开阔了杨叔子的眼界，使其把机械工程与控制理论、信息技术、人工智能有机结合，拓宽了机械工程学科的研究领域，并在国内最早提出机械制造智能发展的方向，使得华中科大的机械工程研究从机床与精密制造进入了一个智能的时代。

和杨叔子一起将机器人与智能科学引入华中工学院的还有从英国进修归来的熊有伦。熊有伦于 1966 年从西安交通大学研究生毕业后来到华中工学院一系任教，1980 年作为访问学者前往英国谢菲尔德大学控制工程系学习。熊有伦建立了精密测量的极差极小化理论，建立了基于 J- 函数的碰撞、干涉检验方法，为机器人分析和运动规划提供了统一的准则和方法，所开发的机器人离线编程系统 HOLPS 为机器人操作规划提供了有效的分析工具。他编写的《机器人技术基础》一书是我国早期机器人专业的经典教材之一，直到今天依然有一定的参考价值。

同一时期另一本机器人经典教材是蔡自兴编写的《机器人学》，蔡自兴同样毕业于西安交大。

杨叔子和熊有伦分别在 1991 年和 1995 年当选中国科学院院士，两人共同指导的博士生丁汉则将机器人与智能制造的理念结合起来，在后续的“973”项目中，丁汉两度担任数字化制造基础研究的首席科学家，在 2013 年当选为中国科学院院士。加上段正澄、李培根和周济，华中科技大学在先进制造领域有六名院士，对先进制造领域有着相当的话语权。

智能机器人作为先进制造领域下的分主题，其相关项目规划是在先进制造的发展框架之内的，这也是不少“控制派”的研究者提议将机器人并入数字控制的原因。但“智能派”认为，将机器人纳入数字控制领域无疑会给机器人未来的研究应用带来局限，属于“点歪了技能树”的行为。虽然现在机器人智能化的研究尚未有突破，但已经取得了初步的成果，正处于“行百里而半九十”的关键阶段，一旦放弃则前功尽弃。

智能派如何说服控制派，很重要的一个节点性人物是王田苗。作为智能派的旗手，他又与控制派有着深入的交往和长期的往来，这是他能把两派团结于一体的关键原因。

王田苗是恢复高考后的第一届大学生，本科毕业于西安交通大学计算机系，博士就读于西北工业大学，在马远良院士的指导下做模式识别和工业系统中的专家系统研究，从出身看属于“智能派”。博士毕业后，王田苗则在与马远良有合作的清华大学教授张钹的指导下做博士后。当时张钹与浙江大学、国防科技大学等单位承担了一个移动机器人项目，这也是王田苗第一次接触到机器人。王田苗为这个机器人做了一个基于感知的决策系统，让机器人可以迅速判断突然出现的障碍，最终这个项目获得了电子工业部的一等奖。

通过这一项目，王田苗也加深了对人工智能和机器人的理解，他认识到一个机器人是离不开人工智能的，反过来机器人又给了人工智能一个很好的落地应用的场景。自此，机器人也成了他往后近 30 年的研究方向。

1993 年，王田苗到意大利学习期间参加了欧共体的医疗机器人项目，开始从事医疗机器人的手术规划。1995 年，王田苗回到国内加盟北京航空航天大学，在国内首先开始医疗机器人的研究。当时北京航空航天大学机器人研究的学术领头人是张启先，张启先是中国空间机构研究的重要开拓者。根据机构学的理论，物体在空间具有六个自由度，即沿 x、y、z 三个直角坐标轴方向的移动自由度和绕这三个坐标轴的转动自由度，这也是机械手要做到六个自由度的原因。张启先在六自由度理论的基础上进一步延伸，带头自创开发出了七自由度的机器人，从而实现了对人手臂的真实还原（人手臂有 7 个自由度）。近年来跨国机器人巨头们纷纷推出主打高端市场的 7 轴工业机器人，也说明张启先从事的这一研究的前沿性。

张启先 1995 年被评为中国工程院院士，他开始着手将之前分散在各个院系里的机器人相关研究整合起来建立机器人研究所，王田苗正是张启先十分看重的骨干。当时中国的工业机器人刚刚起步，医疗机器人还是没有影子的事，正是张启先的鼓励和他在前沿领域研究的言传身教，才让王田苗坚定了做学术研究要做和别人不一样的东西的想法，于是他投入到了医疗机器人研究中。

王田苗把中国的机器人发展分为 3 个阶段：20 世纪 80 年代是起步阶段，以机械手和机器人的基础技术研究为主；20 世纪 90 年代是工业机器人的发展阶段，重心在工业机器人的探索上；2000 年开始进入一个产业化的新阶段，机器人将会形成一个不亚于先进制造的产业，与先进制造业相结合只是机器人未来产业的一部分。

1988

第 10 章

1988 年：声图文组合拳让哈工大独占鳌头

如果问谁是能比肩清华大学人工智能天团的神级存在，在 20 世纪 80 年代，这个答案是哈工大。

在 1988 年的计算机学科评比中，1986 年建立的哈工大计算机应用技术的博士点不仅在计算机应用方向上力压清华大学成为当年唯一的国家级重点学科，还在所有的计算机博士点评比中排名第一。而当时哈工大计算机应用技术博士点提出的声图文的组合拳更彰显了哈工大在人工智能领域的深厚积累和强大实力。

哈工大的计算机专业创建于 1956 年，是中国最早的计算机专业。在 20 世纪 50 年代，800 多名平均年龄在 27.5 岁的青年师生响应国家号召，为了“打造新中国高等教育样板”的目标，从祖国各地齐聚哈工大，创办了 24 个新专业，为哈工大乃至全国高等教育界创设了一批新兴学科，为我国快速发展的高等教育及国家工业化建设做出了突出贡献。这批青年师生就是后人常常提起的哈工大“八百壮士”。在哈工大计算机专业发展壮大的过程中，“八百壮士”精神也一直引领着新一代哈工大人砥砺前行。

10.1 李生、王晓龙与微软亚洲研究院

哈工大计算机专业最早由“八百壮士”之一吴忠明和李仲荣开拓。两人于 1955 年 6 月从电机系工业企业电气化专业本科毕业后留校任教，一边攻读硕士研究生一边教学。他们清醒地认识到要提高办学水平，必须有一个高水平的师资队伍，最重要的是要有一个能带领全专业发展和前进的学术带头人。于是，1957 年 8 月，国家第一机械工业部设计局陈光熙教授受聘到哈工大担任计算机专业的学科带头人，担任计算机教研室主任，吴忠明为教研室副主任，李仲荣为实验室主任，由此奠定了哈工大计算机专业最早的班子。

最早的会下棋的智能计算机的研发也与这个三人班子有关。按照《哈工大报》前副主编马洪舒老师的描述，主导研发会下棋的计算机的人是吴忠明，但当时身为教研室主任的李仲荣是二把手，陈光熙则在方案论证和调配资源方面起到了重要作用。二十世纪六七十年代哈工大计算机系开展了超小型记忆磁芯高速存储器、百万次电子计算机、容错计算机等重大项目，三人也都是主要的负责人。

在这三人之后的哈工大的学术带头人是李生，李生也是哈工大“八百壮士”成员，从 1985 年起开始研究汉英机器翻译，之前机器翻译的研究多为从外语翻译为中文，因此李生算是我国最早研究和开发汉英机器翻译系统的学者之一。

李生做汉英机器翻译很大的原因是他带的第一个博士生是周明，当时李生还是副教授，理论上没有资格指导博士生。周明被招进来后挂名在哈工大计算机系的第一个

博导，也是中国计算机系最早的博导之一的陈光熙名下，由李生指导。

陈光熙把周明交到李生手上后，李生为周明定了一个中文文献关键词自动抽取的课题。周明调研后得出的结论是，当时国内还没有成形的自动抽取关键词的方法，如要借鉴国外的办法，可以先将中文文献翻译成英文，提取关键词以后再将其翻译成中文。李生认为这项研究对一个在读的博士生而言工作量过大，于是建议周明先将研究的重点放在前半部分，也就是文献的中英文翻译上。当时国内做中翻英的学者还不多，李生和周明所完成的汉英机器翻译系统 CMET-I 则成了我国第一个通过技术鉴定的汉英机器翻译系统。

有了这个成果，1989 年夏天，周明的博士答辩也十分风光，国内许多自然语言理解和计算机领域的专家被李生请来，清华大学计算机系人工智能的领头人张钹也受到邀请，他对周明的研究非常感兴趣，主动邀请周明到清华大学做博士后。周明是河北承德人，北京离家近对他很有吸引力，于是博士毕业后他就去了清华大学做博士后研究，在黄昌宁的指导下开展工作。

李生做过哈工大党委书记，还担任过哈工大的科研处处长。他从事行政工作前向组织提的一个条件是做行政不忘科研，他在做行政工作期间依然在带研究生，把哈工大计算机系最好的学生，包括周明、赵铁军、张民、王海峰、荀恩东等一批人都聚到了他这边来做自然语言，这也使得哈工大在自然语言处理上的研究成果层出不穷，哈工大也迅速成为国内自然语言处理的顶尖高校。李生在 2000 年第五届中国中文信息学会换届中当选副理事长，第六届连任，第七届又担任理事长。

微软中国研究院不仅有李生站台，也吸引了李生的两个博士生——王海峰和荀恩东（北京语言大学信息科学学院的院长）。当时进入微软中国研究院的哈工大博士一共有三个，除了王海峰和荀恩东，还有一个是刘挺。不同的是，刘挺是先留校再去微软中国研究院的，这种细微的差别也造成了他们在微软中国研究院不同的境遇。

刘挺是王开铸的博士生，但他毕业后加入了李生的实验室，李生也与刘挺一起带学生并言传身教，从这个意义上来说，李生和刘挺虽无师生之实，但有师生之谊。

李生桃李满天下。哈工大（深圳）特聘校长助理、国家杰出青年科学基金获得者张民也是李生的得意门生，只是张民1997年博士毕业，比王海峰和荀恩东早毕业两年。

李开复也对清华大学和哈工大进行比较，他的原话是，清华大学是中国的 MIT（麻省理工学院），而哈工大则是中国的 CMU（卡内基梅隆大学）。

卡内基梅隆大学是李开复的母校，李开复这样的大科学家给出如此评价，这种夸奖是能作数的。

李开复这样评价哈工大，当然不仅仅是因为微软中国研究院和哈工大关系不错。

1999 年夏天，微软中国研究院才开始与国内高校合作共同搞科研并到哈工大做活动，当时，刚成立不久的微软中国研究院还没有后来在高校里那么受欢迎，甚至有的学校还戴着有色眼镜对待微软中国研究院，因此，周明带队找到自己的老师李生，希望李生能够让学校相关部门安排一个处级干部帮忙站台，作为哈工大党委书记的李生答应了。到了活动当天，李生带着学校的各级领导参加微软中国研究院的活动，一下子拉高了接待微软中国研究院的水平，这可把微软研究院负责高校关系的尚笑莉乐开了花，自此，微软中国研究院到其他学校做活动，因为有李生的高规格在前，所以对方大多至少是副校长出来接待。

除了李生与李开复的交情，微软与哈工大还有交往。因为拼音输入法，王晓龙与微软尤其是与李开复的继任者张亚勤之间也有过诸多的交往。

微软与哈工大的合作始于 20 世纪 90 年代初。1995 年，微软与哈工大开始合作，双方成立联合语言语音实验室，主要从事中文语言处理研究。

1996 年，王晓龙与微软公司达成协议，授权微软在 Windows 上使用其研发的汉字整句输入技术，也就是今天被广泛使用的微软拼音输入法，王晓龙也因为这一研究被选为第四届中文信息学会理事。

进入 21 世纪后，随着自然语言处理研究的深入，以及云平台和大规模语料库的运用，拼音输入的准确率和速度进一步上升，拼音输入法这才终于压倒五笔成为被使用最多的中文输入法。

接过王晓龙衣钵的是关毅。在移动互联网时代，苹果的 WI 输入法曾经爆红过，奇虎 360 等大厂也因此来敲门，但关毅没有对该输入法进行资本化，而是将其一次性卖给了三星。

当时，负责输入法编码工作的是王晓龙的博士生王轩。王晓龙是智能拼音输入法的作者和架构的提出者，王轩是该输入法的主力开发人员。智能拼音输入法 1995 年被微软看中后，成为计算机上流行一时的微软拼音输入法，拼音整句输入最早的研究来自"863 计划"中的汉语分词的研究，王晓龙提出了取最小切分词数的分词理论，即一句话应该分成数量最少的词串，这一研究的副产品是汉语整句输入，即进行整句输入时，系统会自动分析和校正相应的汉字。大学里研究的输入法做到这个份上，前无古人。

王轩博士毕业后去美国西雅图的微软总部工作了一段时间，后来哈工大创办深圳校区，王晓龙很多时候在深圳，于是把王轩召回深圳，让他担任哈工大（深圳）计算机学院的院长。

接替王亚东出任哈工大人工智能研究院新任院长的刘劼也在微软工作多年，曾经担任过微软研究院 AIoT（人工智能物联网）方向的首席研究员。刘劼 16 岁进入清华大学自动化专业，在清华大学读书期间，据说拿遍了所有奖学金，包括 1995 年的清华大学特等奖学金（这是清华大学最难拿的奖学金，全校每年不超过 10 个）。1996 年，在清华大学拿到硕士学位的刘劼去了加利福尼亚大学伯克利分校读博士，刘劼应该是伯克利分校招的第二个清华大学的学生（1996 年那一年还有微电子系的张浩林），前一个是获得清华大学自动化系和数学系双学位的马毅（1995 年）。刘劼与清华大学自动化系的缘分不止于此，2018 年刘劼当选 IEEE Fellow，这一年的当选者里还有在国内机器学习领域享有盛名的清华大学自动化系的学者张长水。刘劼其实也是哈工大教授子弟，其长辈也是"八百壮士"的成员。笔者数年前和他聊过两次，AIoT 领域长期的经验和资源累积以及企业和学术的双栖视角使他给哈工大人工智能的研究带来无穷的想象。在刘劼的推动下，哈工大与黑龙江省联合成立了哈尔滨工业大学人工智能研究院有限公司这样的新型研发机构。

10.2 王开铸和“声图文”组合拳帮助哈工大登顶

王晓龙是和他的导师王开铸合作研究“863 计划”汉语分词的。在哈工大人工智能团队中，王开铸也是一个大人物。

王开铸很早就被哈工大当作培养对象派到北大插班学习，因此也与当时北京大学数力系计算数学方向的风云人物程民德、杨芙清、王选、马希文、石青云、石纯一等人相熟。若干年后，王开铸主持哈工大计算机系的工作时敢押宝计算机应用博士点，和北京大学、清华大学等高校争唯一的一个计算机应用国家重点学科名额，也是因为在北京大学的学习经历和人脉积累让他知己知彼，知道如何去打赢这一仗。

王开铸心思活络，又敢想敢干。1972 年中美关系破冰时，“人工智能之父”司马贺随美国代表团访华，当时哈工大已经南迁重庆，王开铸接到北京的朋友的消息后偷偷带了教研室的三个同事到北京听报告，还从二机部和七机部找了几个朋友办了一个 Fortran 编译程序会战组。当时国家科委已经将 Fortran 编译程序的任务安排给了国防科技大学的陈火旺，但王开铸初生牛犊不怕虎，他们搭的这个“草头班子”反而跑在了“国家队”的前面，这一研究也在 1978 年的全国科学大会上获奖，这或许也是后来在哈工大迟迟没有将计算机专业分拆升格成计算机系时，王开铸敢去校党委书记办公室拍桌子的底气所在。

王开铸很早就开始筹划成立计算机系了。从 20 世纪 70 年代末开始，全国高校就开始出现了一股计算机专业升级为计算机系的浪潮，但哈工大一直没有动静，原因是哈工大前后两任党委书记李瑞、李东光组织纪律性较强。为此，王开铸不仅发动老师和学生签字，多次去书记家和办公室堵门，还拍了书记的桌子，最后才解决了问题。

1985 年，哈工大计算机科学与工程系正式批复成立，王开铸担任首任系主任。当时全国已经有几十个高校成立了计算机系，作为全国较早成立的计算机专业，哈工大计算机系的成立确实有点“起了个大早赶了个晚集”的感觉，但王开铸敢想敢干，哈工大计算机系成立后的第一件事就是组织召开了反响很大的五代机研讨会，在随后的 1986 年，哈工大又拿下了计算机应用的博士点，而当时全国计算机方向上拥有两个博士点的，除了中科院计算技术研究所，就只有国防科技大学、北京大学和清华大学三所学校。

在 1987 年重点学科评比中，王开铸选择在计算机应用专业上“押宝”。在计算机组织与系统结构专业上，清华大学计算机系的几大“金刚”都在这个方向，国防科技大学则有“银河”机的底子，哈工大胜算不大，反而是计算机应用作为新的方向，大家的水平差不太多。

在计算机应用上，哈工大主要的竞争对手是北京大学和清华大学两所学校。王开铸的盘算是，这两所学校强则强矣，但同样面临着鱼和熊掌不可兼得的问题。如能借此机会整合哈工大计算机应用的相关力量，相比北京大学和清华大学分散出击的策略，反而可能会收到奇效，最终的结果也证明了这一点。

围绕计算机应用博士点的建设与重点学科评比，哈工大提出了一个“声图文”的概念，即利用计算机，进行声音、图像和文字的智能计算与识别。

“声”是指语音，哈工大在语音领域的研究此时呈现多点开花的情形。在计算机科学与工程系，朱志莹、王承发等在汉语单音节识别、噪声下的语音识别等方面开展了卓有成效的工作，研究了声控篮球比赛临场统计系统，使语音识别技术直接应用于实际比赛；后来在 20 世纪 90 年代中期，王承发研制了国内首创的高噪声背景下命令语音识别系统，哈工大在语音方面的研究也引起了当时刚成立的华为公司的注意，华为公司与哈工大最早合作进行了用于电话语音识别的高噪声有变异语音库研究，相关论文发表在 1998 年的《第五届全国人机语音通讯学术会议论文集》中，这大概是华为公司在国内学术会议上发表的首篇论文。

徐近霈则是哈工大语音处理研究的开拓者。在 20 世纪 80 年代初他就开始在国内开展语音识别研究，代表成果微型机语音识别接口于 1983 年获得过国防科工委科技进步二等奖，LS-83 语音 / 图像混合输入接口、汉语文本输入系统等研究也获得部级奖励。徐近霈最有名的学生是中国科学院院士、教育部部长怀进鹏。怀进鹏于 1984 年从吉林大学本科毕业后到哈工大攻读硕士学位，1987 年获得哈尔滨工业大学硕士学位后被分配到北京航空航天大学计算机系工作，在高文之后担任了“863-306”主题专家组组长。此外，中国培养的第一位 IAPR Fellow 徐雷也出自该专业。

“图”是图像处理。有意思的是，当时哈工大的图像处理和模式识别专业并不在计算机系。哈工大图像处理和模式识别教研室的特别之处在于它是一个跨专业的教研室，对应的模式识别专业，其前身是电气工程系电器专业，1977 年以后，根据国家建设发展形势的需求及哈工大学科建设规划，教研室开始从事模式识别与智能控制学科方面的研究。1978 年，该专业首次设立硕士点。到了 1980 年，电器专业的舒文豪和徐近霈领头成立了信息处理和跨专业的信息处理与模式识别教研室。徐近霈的方向是语音，舒文豪的方向是图像处理。

舒文豪曾于 1980 年到 1982 年到美国普渡大学做访问学者，师从模式识别之父傅京孙。舒文豪是本书提到的“模式识别八君子”之一，回国后他继续推进模式识别方向的研究，在哈工大创立了信息处理、显示与识别专业，即现在的模式识别与智能控制专业。舒文豪创造的“第一”还包括我国第一台手写输入电脑和第一个人脸识别系统，他为计算机应用技术学科博士点的建立和后续发展做出了重要贡献。

“文”则是指哈工大计算机学科原有的自然语言处理的相关研究。哈工大自然语言处理研究萌芽于 20 世纪 50 年代，当时全国集中人力在中科院计算技术研究所开展机器翻译研究，哈工大俄语教研室的王昣参与其中。1979 年，王开铸与哈工大俄语教研室合作率先开展了俄汉题录机器翻译的研究，并于 1981 年推出了 HIT-80 俄汉题录机器翻译系统。之后在“863 计划”的支持下，王开铸团队于 1988 年成功研制了一个基于理解的固定段落中文问答实验系统 CQAESI，这个问答系统能根据输入的文章回答问题，以至于有人认为答案预先存在机器里，为此，王开铸又与清华大学合作推出了加强版本，这个版本的机器可以对基于固定字、词语的现写的文章段落进行阅读理解和回答相应的问题。此外，王开铸还受上海《新民晚报》委托，成功研制了中文校对系统，在交付用户的测试过程中，该系统查出了经过三校且已经发表的一篇文章中的一个错别字，令挑剔的用户折服。

哈工大拿下计算机应用的博士点并在重点学科评比中排名第一，是哈工大人工智能天团的一次重要登顶。

10.3 建设计算机博士点，李仲荣托孤高文

关于哈工大计算机应用博士点的建设和重点学科的评比，以及人工智能研究，除了王开铸，还有一个人不得不提，那就是李仲荣。

如果说王开铸负责幕后指挥和做局，那么，李仲荣就是哈工大人工智能的创建者和践行者，他也是哈工大乃至全国人工智能智能接口领域的第一批研究者中的一位。

李仲荣在 1976 年后首次职称评定时被评为副教授，当时哈工大计算机学科只有一名教授，也就是哈工大计算机系的奠基人和中国计算机先驱者之一的陈光熙。当时陈先生年事已高，所以最开始哈工大的计算机博士都是由陈光熙和李仲荣联合指导的。

在哈工大计算机系刚成立时举办的首个活动，也就是五代机研讨会中，李仲荣扮演了重要的角色。中国要不要跟着日本走第五代计算机的路线，一直是整个 20 世纪 80 年代中国人工智能界乃至计算机界重要的话题。这段故事，容后再叙。

令人唏嘘的是，李仲荣身体不好。1991 年，李仲荣被查出身患重症，责任心极强的他来找当时哈工大的校长杨士勤商量，一起讨论后续工作。要保住计算机应用学科的博士点，必须找一位有博士背景的学术接班人，当时从哈工大毕业的计算机应用方向的博士生中可选的有两人，一个是张大鹏，另一个是高文。

在 1984~1986 年，张大鹏和李仲荣一起发表了多篇关于用微型机进行指纹自动识别的文章，以及微型机图像接口、遥感图像预处理和工业自动检测系统的文章。张

大鹏曾在香港理工大学担任系主任和讲座教授二十余年，现[1]任香港中文大学（深圳）校长讲席教授，是国际生物识别研究领域的著名学者、掌纹识别研究领域的开创者和领军者，连续多年入选“全球高被引科学家”。受当时的校长杨士勤的邀请，张大鹏受聘哈工大兼职教授、博士生导师，并创建了哈工大生物计算研究中心。张大鹏也是为数不多当选加拿大双院士（皇家科学院和工程院）的华人。

继 1977 年恢复高考后，1978 年 5 月又正式恢复了研究生招生。到 1983 年，新中国第一批共计 18 名博士生[2]在人民大会堂领取了学位证书，其中就包括中科院计算技术研究所代为培养的新中国第一名计算机类博士生冯玉琳。冯玉琳是中科大计算机专业 1978 年招收的 5 名研究生之一，著名计算机专家李国杰也在这个班。

从博士论文的研究方向上看，冯玉琳和 1984 年毕业的这一批博士均未涉及人工智能的研究[3]，1985 年毕业的张大鹏正是新中国培养的人工智能领域的第一位博士[4]。

李生原本可以成为新中国培养的人工智能领域的第一位博士，因为他本身就是老师，直接从研究生攻读博士，但在评副教授的时候评委会有人提出，不能又评副教授又读博士，让李生自己选，当时已经主持科研处工作的李生思前想后，决定放弃攻读博士学位而评副教授。若干年后李生成为哈工大的党委书记，遇到当年反对他读博士的评委，该评委很不好意思地表示自己当年是无心之举，李生大手一挥，哈哈一笑而过。

---

1 指本书编写时间。

2 1983 年的 18 名博士生及他们的学科专业为：来自中国科学院研究生院的冯玉琳（计算机软件）、黄朝商（理论物理）、马中骐（高能物理）、谢惠民（运筹学与控制论）、徐文耀（地磁与高空物理）和徐功巧（分子生物学）；来自中国科学技术大学的赵林城（概率论与数理统计）、苏淳（概率统计）、单墫（基础数学）、李尚志（基础数学）、范洪义（理论物理）和白志东（概率统计）；来自复旦大学的洪家兴（基础数学）、李绍宽（基础数学）、张荫南（基础数学）、童裕孙（基础数学）；来自华东师范大学的王建磐（基础数学）；来自山东大学的于秀源（基础数学）。

3 根据中国国家图书馆检索数据，1984 年出版的博士论文共 145 篇，从研究方向及内容看均未就人工智能研究系统展开。

4 从研究方向来说，1985 年毕业的这一批博士生中，北京大学的沈学宁（北大数学系 1981 级博士生）也是中国第一位人工智能博士的候选者。沈学宁的专业为应用数学，博士论文的题目为《数字图像的若干局部性质及其在指纹模式识别中的应用》，但论文中大多为数学推导，张大鹏的论文关于识别系统的研究相对更全面，因此本书仍采用“从博士论文的研究方向看，张大鹏是新中国培养的人工智能领域的第一位博士”的说法。

张大鹏接班遇到的问题很具体。张大鹏博士一毕业，杨士勤就找到他希望他能留校，并马上评副教授，只是当时张大鹏已经答应博士论文答辩委员会主席常迥去清华大学做博士后，所以最终没能留校。博士后工作结束后，常先生排除万难把张大鹏送到北美学习深造（1994 年张大鹏在滑铁卢大学获得第二个博士学位，照此推算，1991 年张大鹏刚刚去加拿大）。清华大学还把张大鹏的夫人安排在校内工作，因此让张大鹏回哈工大的可能性不大。

另一个选择则是高文。

1982 年，高文从哈尔滨科学技术大学本科毕业后进入哈尔滨工业大学攻读硕士学位，1985 年硕士毕业的高文留校继续攻读博士学位。

高文的博士生导师有三位，一位是陈光熙，一位是他的硕士生导师胡铭增，还有一位是李仲荣。之所以有李仲荣，是因为在高文的博士开题报告上，评委会发现他研究的方向更偏计算机智能接口，于是一致决定让李仲荣也做高文的导师。

1988 年，在胡铭增的推荐下，博士毕业的高文进入日本东京大学访问研修。当时东京大学的科研环境比国内要好很多，之前许多只能在文献里看到的操作，现在也可以亲手尝试。

良好的天赋、好学的性格和出众的动手能力使高文在进修期间成绩十分突出，也令他的日本导师对他念念不忘。在高文回国后，他的日本导师专程造访哈工大，提出让高文回到日本再读一个博士的想法。同时拿到两个博士学位，在当时的中国可以说十分罕见。

在日本读第二个博士学位期间，高文进入日本一家有名的电信公司，从事人工智能研究。要想让高文回来，得说服他放弃日本的高薪工作。

比较之下，还是觉得说服高文回归的可能性更大。

于是，李仲荣和杨士勤一起合计定下说服高文回归的计划。李仲荣马上给高文打越洋电话，让他赶紧回来一趟，电话里也没说具体事情，只是让高文尽快回来。高文一头雾水地从日本赶回来去李仲荣家里见自己的导师，他刚到李仲荣家里坐下不到

5 分钟，杨士勤就来敲门，高文这时才反应过来，有事情要发生，但杨士勤来后并没有说正事，而是让高文聊他在日本的工作和生活，这让高文更疑惑了，最后杨士勤与李仲荣对视，然后一唱一和，明确表示希望高文回哈工大参与计算机应用博士点的建设，承担起计算机应用博士点的学科评比和后续发展的大任。

高文为人大方得体，做事光明磊落，知恩图报，加上这件事是师之所嘱，校之所托，他觉得义不容辞，就没和家人商量，当场答应下来。

回到日本不久，高文就收到李仲荣病危的消息，高文才知道，这是李仲荣老师临终最重要的托付。

高文后来果然如约从日本归来，接过李仲荣的衣钵，但博士点基础薄弱，高文不得不带领团队筹措科研经费。无论是发展模式还是发展前景，都给他一种“摸着石头过河”的感觉。

1993 年，从卡内基梅隆大学和麻省理工学院等美国名校游学归来的高文接过王开铸的班担任哈工大计算机系主任，同期与高文一起在哈工大崭露头角的还有李晓明、方滨兴和王晓龙，他们并称为当时哈工大计算机系的“F4”。

高文还接替李仲荣进入“863-306”主题专家组。1996 年，“863-306”主题专家组换届，上一任组长汪成为推荐高文做专家组的组长，但“863 计划”的专家组组长有个不成文的规定，那就是他们最好常驻北京，理由很简单，汇报工作时有地利，不至于因为交通耽误决策。这难不住“863 计划”方面的人，很快，中科院计算技术研究所所长出缺。然而，对高文的调令在哈工大那里遇到阻力，“863 计划”的人跑到哈工大后也吃了闭门羹，到最后觉得实在不像话，当时的副校长强文义才出来接待，最终双方谈定的条件是高文必须在哈工大继续带学生。

高文的学生众多，带过的博士生也过百，他带的第一个博士生是中科院计算技术研究所人工智能的中坚力量陈熙霖。陈熙霖 1984 年考入哈工大，1991 年获得硕士学位的时候高文获得博士学位，2022 年 8 月任中科院计算技术研究所所长。陈熙霖的夫人也是高文的博士生。

中科院计算技术研究所的另一位视觉专家山世光是高文和陈熙霖的博士生。山世光 1993 年考入哈工大，1997 年在高文和陈熙霖门下读硕士，一直念到博士。

1996 年高文到中科院计算技术研究所另起一摊后，陈熙霖和山世光很快就跟随过来，闻风而动的还有在李生门下念博士的王海峰。

王海峰在本科毕业设计期间就跟着在李生的实验室里实习，当时实验室的主力是李生的博士生赵铁军，当时赵铁军在帮李生做第三代机器翻译系统 CMET-III，王海峰就跟着赵铁军写代码来实现该翻译系统。

赵铁军的父亲吴纯园也是哈工大计算机系的老教授。吴纯园本姓赵，后改姓吴。

CMET-III 本身就是“863 计划”的项目，所以，王海峰和高文很早就有交集。中科院计算技术研究所是国家队，网络条件更是一等一的好，王海峰充分查阅这个领域的全球最新研究成果，直到看到神经网络的相关文献，他顿时如醍醐灌顶，决定用神经网络做一套机器翻译系统。

和王海峰一样琢磨用神经网络做研究的人还有一个，他就是当时还在读博士，后来成为中科院自动化研究所所长的徐波。不过，两个人应用神经网络的场景不一样，一个用在语言上，一个用在语音上。后来和王海峰精诚合作的贾磊是徐波的博士生，这个世界不大。

神经网络在视觉、语音上应用起来要相对通畅一些，但用在自然语言处理上难度就不小了，王海峰最后甚至是围绕一串文字串不断做神经网络递进的。

另一个问题是，虽然解决了自然语言处理的参数化问题，但在网络结构上还需要进一步调整。当时主流的网络是 BP 网络[1]，而语言是有上下文的，纯粹的 BP 网络无法解决上下文问题。后来王海峰就琢磨让网络结构变成一个 RNN（循环神经网络）加上一个循环层链接回来的形式，来反映上下文关系，效果还不错。相关结果王海峰写在了自己的博士论文里，这项研究在当时即便放在国际上也是超前的。

1 即反向传播网络，是一种按照误差逆向传播算法训练的多层前馈神经网络，是应用非常广泛的神经网络模型之一。

与高文一样，虽然王海峰的博士论文答辩现场只有李生一人，但王海峰自己承认的博士导师有三人，除了李生，还有高文和洪家荣。

李生是王海峰的硕士生导师，王海峰要读博士，李生理应是王海峰的博士生导师。只是当时李生的博士生导师资格没有下来，所以王海峰挂在洪家荣名下。对很多学计算机的人来说，洪家荣这个名字可能有些陌生，但洪家荣在当时哈工大计算机系是众多学生心中的偶像，他当时是计算机系学术委员会的主席，是当时中国机器学习领域的旗手。洪家荣也是中国在机器学习领域最早取得国际性声誉的计算机科学家，围绕决策树归纳学习算法领域在国际顶级会议上发表多篇论文。然而天妒英才，洪家荣于 1997 年 2 月抱病辞世。辞世前，他出版了《归纳学习：算法 理论 应用》一书。

洪家荣在机器学习领域的代表研究是基于示例的学习算法 AQ15。示例学习也称为概念获取，在 20 世纪 80 年代，知识获取已被公认为专家系统发展的瓶颈问题，示例学习也获得更加广泛的重视。除 AQ15 外，当时示例学习在国际上最有影响力的算法还有奎林提出的 ID3，奎林也是语义网络模型的提出者，该模型对自然语言理解有着长足的影响。扩张矩阵可以用矩阵的方法做知识表示，经过变换后可以将文字串转化成神经网络可以训练的参数，通过示例学习的方法从具体的事例抽象出概念，从而进一步解决知识获取的问题。

继承洪家荣衣钵的是曾担任哈工大人工智能研究院首任院长的王亚东，王亚东后来的研究方向主要是生物计算。

王海峰也得到李开复的教导，当时微软中国研究院也就十几个人，院长李开复亲自带王海峰，教他怎么做语言模型，怎么用统计方法验证，微软中国研究院的第一篇论文就是王海峰和高建锋（2019 年入选 IEEE Fellow）合著的论文，李开复还亲自改了这篇论文。王海峰在微软待了一年，正是在这段时间，他从自然语言处理进入搜索的领域，后来进入百度，可谓天意。

另一个跟着王海峰进入 ACL 大家庭的是赵世奇，他担任 ACL 秘书长等职位。

和王海峰一样，赵世奇从小就是“别人家的孩子”。因为足够优秀应邀到比尔·盖茨家里做客，毕业后成为百度人工智能博士后流动站进驻的第一名博士后，很快升为百度的总监。

赵世奇是刘挺的博士生。赵世奇曾想着转去管理学院，于是他去找刘挺，进屋前发现刘挺一直在办公室里踱来踱去等着他的到来，这让赵世奇十分感动，但赵世奇下定决心继续做自然语言处理研究是因为刘挺的一句话——自然语言处理本就是交叉学科，本身就是跨界。

赵世奇也是李生的学生，而刘挺是王开铸的学生。

哈工大这一点不得不让人感慨，只要你是人才，其实没有那么多门第之见，也没有那么多规矩，学校会想各种办法让人才发光发亮。

刘挺不仅这么教导赵世奇，自己也是这么做的。他张罗的 SMP（全国社会媒体处理大会）从一开始的小圈子活动到如今已经成为跨界办会的典范。

刘挺本人也是跨界的典范。他学问做得好，自然语言处理顶会发布的论文数量他一直排在前二。另一个常客其实也是哈工大的熟人，他就是前文提到的周明。刘挺本人也与产业界有诸多交往，他自己也兼任多家公司的首席科学家，身体力行地支持哈工大校友创业，他与百度、腾讯、科大讯飞等中国主流人工智能公司也有诸多的交往。

刘挺也是开源运动的信徒和践行者，他与车万翔共同推动的语言技术平台（LTP）从 2007 年开源至今[1]已经迭代到 4.0 版。

2020 年夏天，刘挺出任哈工大计算机学部的学部主任，不过，让他备受关注的消息是他与另一位毕业于哈工大的博士王成录握手，在华为总部签署首个 HarmonyOS（鸿蒙系统）高校协同育人合作框架协议。在此之前的 2019 年夏天，王成录和王海峰的手握在一起，宣布百度推出的自主框架系统飞浆与华为的麒麟芯片深度捆绑。

1 指本书编写时间。

赵世奇在 2021 年离开百度加入华为。最终到底是开源思想焦灼其心，还是新一代信息分发技术鼓动其魄，不得而知，但可以想见，“规格严格，功夫到家”的哈工大校训一定是支撑其做出新选择的重要精神支柱。

为了本章的写作，笔者曾经专程拜访高文院士，问了一个问题：“从哈工大智能接口方向的重点实验室到‘863-306’主题，再到 AVS（信源编码标准），然后到鹏程，为什么您总是选择极难的事情去做，为什么又总能做成呢？”高院士想了想，用了“确立目标、坚持行动、自然而然”这十二个字作答。

这其实就是“规格严格，功夫到家”最好的诠释。在国之重任面前，在时代的洪流之中，自己做到最好，尽人事，听天命，努力向前，坚持不懈，做时间的朋友，是最笨但也许会是最好的做法。

1989

第 11 章

1989 年：智能语音的承前启后

智能语音技术的研究起源于 20 世纪 50 年代。20 世纪 60 年代到 20 世纪 70 年代初，语音识别的研究取得了一定进展，20 世纪 70 年代中期到 20 世纪 80 年代，语音识别的框架有了突破，统计模型逐步取代模板匹配的方法，隐马尔可夫模型成为语音识别系统的基础模型。同时，高斯混合模型（Gaussian Mixture Model，GMM）[1] 成为声学模型的主要建模方法，连接词识别和中等词汇量连续语音识别得到了较大发展。

语音研究本身也有中文的加持，在这样一个既有本土特色又能与国际充分交流的领域，我们一直处于能持续进步的状态。

1 高斯混合模型指的是多个高斯分布函数的线性组合。理论上高斯混合模型可以拟合出任意类型的分布，通常用于解决同一集合下的数据包含多个不同的分布的情况。

11.1 语音识别：声学研究所“开山立派”

和计算机视觉一样，语音识别最早一批的研究者也低估了语音识别的难度。不同的是，语音识别一开始的进程要比计算机视觉顺利得多，至少在理论上如此。20 世纪 40 年代杜德利（Homer Dudley）与波特（R. K. Potter）等人的研究表明，任何形式的语音都可以用两个特征参数来定义，从而奠定了语音合成的基础。1952 年，贝尔实验室首次利用计算机进行语音识别并开发了语音识别系统 Audrey，实现了 10 个英文数字发音的识别。智能语音研究也进入了一个新的时代，智能语音领域逐步形成了语音信号处理、语音编码、语音合成、语音识别这四大分支方向。

这一时期在语音研究上的突破使人们对语音合成和语音识别寄予厚望。当时的一个典型的研究方向是语音打字机，这一概念最早见于哈里·奥尔森（Harry Olson）与赫伯特·贝拉尔（Herbert Belar）1956 年的论文《语音打字机》（*Phonetic Typewriter*）。语音打字机具体来说就是对语音进行分析、识别、编码和解码，并用机械方法驱动打字机。我国在 1958 年由中科院的马大猷院士组织开展语音打字机的研究，利用电子管电路自动识别汉语普通话的 10 个元音。中国智能语音研究的“开山立派”，应该从马大猷这里算起。

马大猷也是最早在国内开展语音识别研究的研究者，他于 20 世纪 30 年代到美国留学，先后在加利福尼亚大学、哈佛大学学习，是哈佛大学历史上第一个用两年时间就获得博士学位的人，20 世纪 50 年代马大猷就建立了国内首个语音识别的研究组。

马大猷在美国留学期间遇到的几位导师都是语音方面世界级的专家，他们对马大猷有着明确的要求，针对他的研究给了足够的启发，为他提供了一个良好的研究环境，这种培养方式对马大猷产生了潜移默化的影响，他对自己的学生也采用了多“导”少“管”的方式，极大程度地培养了学生独立工作的能力。马大猷门下的张家騄、俞铁城、吕士楠等人均成为语音领域的知名专家。

在二十世纪五六十年代，除了在声学信号领域进行处理和分析，也有一批科学家从心理学及神经指令信号方面研究，试图发觉声学信号与直觉系统的内在属性。贡纳尔·方特（Gunnar Fant）编写的《语音产生的声学理论》(*Acoustic Theory of Speech Production*）一书以及詹姆斯·L. 弗拉纳根（James L. Flanagan）对言语分析、言语合成和言语感知的系统性论述为之后语音信号参数的处理提供了理论基础，由此产生了之后在语音信号处理中被广泛应用的声源—滤波器模型。在此后的几十年中，语音研究的基本概念并未产生突破性的变化，但从 10 个英文数字发音识别扩展到语音打字机识别数千个音符的组合，其中的难度呈指数级增长，因此人们也很快从认知上和知识上遇到障碍。20 世纪 60 年代，不少美国学者已经认为，实现语音的自动识别恐怕比登月还难。1969 年 7 月 16 日，随着“阿波罗 11 号”登月，这一判断终于成了事实。语音识别与合成研究也遭遇了一波低潮。

新的语音分析技术和语音处理技术，尤其是计算机在语音研究中的应用，是在低潮中推进智能语音研究的主要动力。中国最早利用计算机进行语音识别的先驱是俞铁城，他在 1957 年考入南京大学物理系声学专业，之后到中科院声学研究所马大猷的门下攻读硕士学位。

国内的声学学科最早的研究者是汪德昭、马大猷、魏荣爵、应崇福四位院士，这四位院士分别在水声学、音频、信号处理、超声领域“开山立派”。汪德昭、马大猷、应崇福在中科院声学研究所，魏荣爵在南京大学声学研究所。一北一南两个声学研究所，堪称中国声学研究最具实力的机构。不过相比之下还是中科院声学研究所的研究氛围更胜一筹，在这三位院士之后，中科院声学研究所还产生了四位院士，他们并称为“北斗七星”。中科院只招收研究生，国内声学最好的本科在南京大学，南京大学的语音发展方向是靠前端的语音信号处理和语音编码，在南京大学声学专业念完本科后到中科院声学研究所读研究生的人不在少数。

俞铁城就是最早从南京大学毕业后来到中科院读研究生的一员。南京大学声学学科创始人魏荣爵院士是中国声学信号处理方向的奠基者，马大猷是中国声学音频方向的领头人，俞铁城则身兼两家之长。

1970 年，俞铁城在参加首钢炼钢自动化渣化组工作时，萌生了利用语音控制机器自动操作的想法。在时任中科院院长郭沫若的支持下，声学研究所申请到了一台 Nova 120 小型通用计算机，在加速图样匹配过程和提高识别率等方面进行了大量卓有成效的研究。

1977 年,《物理学报》刊登了俞铁城的“用图样匹配法在计算机上自动识别语音”一文，这也是国内有关语音识别的第一篇论文。其研究成果“实时语音识别系统”是中国第一套微型机特定人口语指令识别系统，能对特定说话人所说的 200 ～ 400 个词进行识别，识别正确率在 97.5% 以上，基本达到了初步设想的用语音控制机器的目标。这套系统曾在 1979 年被《人民日报》整版报道，并被拍成新闻纪录片，是在 20 世纪 70 年代达到国际水平的识别系统之一。表 11-1 是 20 世纪 70 年代研制的几个具有代表性的孤立词识别系统。

表 11-1　20 世纪 70 年代研制的几个具有代表性的孤立词识别系统

研制者 研究时间	环境	词汇量	说话人 人数	测试语音 词（次）数	正确 识别率
Martin, Grunza 1975	高质量语音	10 个数字 12 个词	10 10	2400 1320	99.79% 99.32%
同上	飞行员 氧气面罩	12 个词	12	1440	97.15%

（续）

研制者 研究时间	环境	词汇量	说话人 人数	测试语音 词（次）数	正确 识别率
同上	85~90db 背景噪声，实际行李房操作应用	34 个词	12	9149	98.5%
Itakura 1975	电话语音	200 个日语词 36 个词 （字母数字）	1（男）	2000 720	97.3% 88.6%
Scott 1975	非特定说话人（不需训练）	10 个数字	30	9300	98.0%
Scott 1977	非特定说话人电话带宽（带纠错数字）	10 个数字 + 4 个控制词	139（男）+ 54（女）	56 000	96.0%
Coler	scopevcs 设备	10 个数字	20（男）	20 000	87.6%
同上	Best NASA/Ames 算法，高质量语音	100 个词	10（男）	100 000	93.2% 或 95.7% （5% 拒绝）
日本 NEC 公司 1978	特定说话人	10 个数字	4（男）	2400	99.8%
同上	同上	50 个日本城市名	1（男） 1（女）	—	100%
我国声学所俞铁城 1978	特定说话人	200 400	1（男） 1（女）		98.85% 97.7%

俞铁城在 1981 年 12 月至 1983 年 12 月曾以访问学者的名义被中科院派往法国巴黎第六大学程序设计研究所进修，回国后继续从事语音识别研究，使连呼语音识别及单音节识别达到应用水平。

计算机的应用使声学研究所在智能语音的研究上具备了其他机构所不具有的优势。除俞铁城外，马大猷的另两位弟子张家騄、吕士楠也利用计算机做声音频谱分析等语言声学方面的研究。张家騄是马大猷的“开门弟子”，是 1956 年在国家“向科学进军”的号召下，中科院首次公开招收副博士研究生时招收的学生。1958 年马大猷开展 10 个元音识别研究的时候，张家騄也参与其中。

1959 年，通信兵部、科技部组织有关单位研讨语音编码问题，当时在中科院电子学研究所的张家騄负责信道声码器的研究，这也奠定了他在语言声学领域利用电子计算机进行语音合成及语音识别的基础。

马大猷的另一位弟子吕士楠于 1963 年到中国科学院声学研究所从事声学研究，20 世纪 80 年代两度到德国科隆大学访问，接触到了当时语音合成领域的先进理念，回国后首次提出用基音同步波形叠加技术合成汉语，建成了高清晰度和高自然度的汉语文语转换系统，使这项技术进入实用化的阶段。

但人无千日好，花无百日红。20 世纪 80 年代后，随着计算机应用技术在我国逐渐普及和应用，以及数字信号技术的进一步发展，国内许多单位具备了研究语音技术的基本条件，而在此过程中，声学研究所却因为机制与后续人才问题不进反退，声学研究所的大多数研究生在毕业后去往企业界，俞铁城、张家騄、吕士楠后一辈的科研人员产生了长时间的断档。吕士楠的学生、在读博士期间开发了基音同步波形叠加拼接合成系统的初敏也去往微软亚洲研究院，是微软亚洲研究院第一位女性研究员和 TTS（Text To Speech，文字转语音）系统木兰的第一位研究者。初敏向我们回忆起木兰的研发故事，这是当时微软唯一一个完全放在中国运营的业务，微软曾经在美国启动过语音合成相关技术的研究，但因成效不佳转而使用第三方的合成技术。正是由于初敏团队取得了喜人的成果，微软才决定自研。

初敏在微软做的系统木兰，和科大讯飞 2003 年获得国家科技进步二等奖的“KD 系列汉语文语转换系统”有异曲同工之妙。

和科大讯飞的王仁华一样，吕士楠也是参加“863 项目”语音测评的常客，在几个项目的评比中和科大讯飞互有胜负。在20世纪90年代，吕士楠在汉语语音合成中，首次提出用基音同步波形叠加技术合成汉语，而王仁华也正是因为这个方向的研究打动了专家组，才在 1993 年得到“863 计划”的首笔资助，这才有了后来在 1995 年发布的 KD 系列的首个系统。王仁华和科大讯飞的故事笔者会在本书的后续篇章里展开叙述。

按初敏的话说，吕士楠的学术范很浓，在产品化上没有太多的想法。王仁华选对了刘庆峰，这也是科大讯飞产品化做得比较好的原因。吕士楠和王仁华两个团队的交流曾经非常密切，科大讯飞拿到 3000 万元的投资后，刘庆峰也拿了一笔钱出来与清华大学、声学研究所做联合研究。担任科大讯飞执行总裁很长时间的胡郁，就曾在声学研究所吕士楠的实验室蹲点学习过。

声学研究所的孙金坡老师曾经与刘庆峰一起参加了 1998 年的“863 计划”语音合成比赛。那次比赛，刘庆峰是第一名，孙金坡是第二名，比赛结束后，刘庆峰找到孙金坡，说服孙金坡与其合作，一起做语音合成，他们合作后的语音合成方案也成为中国最好的语音合成方案。刘庆峰请孙金坡以顾问的身份加入创始团队，并送了孙金坡两个点的股份，这部分股份在公司上市后也占千分之五左右，孙金坡据说也是声学研究所乃至整个北京声学圈子的首富，身家最多的时候有四五亿元人民币。

还有一个故事是，联想在投资科大讯飞前也考察过声学研究所，但最后柳传志一锤定音，选择了科大讯飞。声学研究所和科大讯飞的故事真是剪不断，理还乱。

2002 年中科院“知识创新工程”的实施使声学研究所迎来转机。时任英特尔中国研究中心主任、首席研究员的颜永红带着几名研究员回到中科院声学研究所组建中科信利语音实验室，一边做语音研究一边对实验室的研究成果进行商业运作后，这一局面才有所改善。

11.2 语音合成：语言学家与计算机学家的携手

20 世纪 80 年代也是国际语音研究的一个重要的分水岭。在 20 世纪 70 年代，贝克夫妇（Jim and Janet Baker）及弗雷德里克·杰利内克（Frederick Jelinek）将统计模型运用于连续语音识别，李开复和洪小文的导师拉吉·瑞迪（Raj Reddy) 领导的语音研究小组则在卡内基梅隆大学开发出了 Hearsay、Dragon、Harpy 等一系列的语音识别系统。在识别方法上，隐马尔可夫模型不断完善，已成为语音识别的主流方法。同时伴随着第五代智能计算机的风潮，此前已经遭遇了一次寒冬的语言机器的研究与开发又开始火热起来。

语音研究有两个流派，一个是由传统的语言学家引领的流派，另一个则是从计算机领域出发，探索在语音研究方面应用计算机的流派。前者基础扎实，后者工具先进，打个比方的话大概就是《笑傲江湖》里气宗和剑宗的区别。20 世纪 70 年代计算机飞速发展，后者获得了更大的话语权，传统的语言学家则在大声呼吁重视基础研究，方特在 1983 年的国际语音科学大会的主旨报告中就表示，如今最需要的不是第五代计算机，而是第五代语音学家，这和阿里·拉希米（Ali Rahimi）在 NIPS[1] 2017 说的“机器学习是炼金术”如出一辙。但中国的语言学家并没有如方特所言固步自封

1 NIPS（NeurIPS），全称神经信息处理系统大会（Conference and Workshop on Neural Information Processing Systems），是一个关于机器学习和计算神经科学的国际会议。

甚至与计算机学家对立起来，而是利用计算机展开了一系列卓有成效的研究，这或许也是 20 世纪 80 年代中国的语音研究能够快速赶上的原因。

中国从语言学角度对语音的研究始于 20 世纪 20 年代初刘复、赵元任等对声调的开创性研究。刘复通过浪纹计得出了汉语声调的曲线，赵元任则对声调曲线进行了描述。赵元任是 20 世纪 20 年代清华大学国学研究院四大导师中最年轻的一位，被称为“汉语言学之父”，著名的同音文（全文一个读音）《施氏食狮史》就出自其手。但很多人不知道赵元任文理兼修，他在康奈尔大学时读的是数学专业，是成绩第一的学霸，所获得的第一个教职就是康奈尔大学的物理系讲师，对于语言学，他自幼便展现出天赋，又在本科后期产生兴趣，最终成了他一生奋斗的目标。

正因有着扎实的理学基础，赵元任在研究语言语音时提出“字调和语调就是一种代数和的关系”的观点，字调好比小波，语调好比大浪，小浪大浪相互叠加抵消，在语音中体现为加强和减弱，这与物理学中的“波的叠加”是一致的。这一观点也进一步影响到他后来在中科院语言研究所工作时的助手吴宗济、丁声树等人。

为了更好地量化研究这种声浪之间的相互关系，中科院语言研究所专门购入示波器、语图仪等一批声学分析仪器，并在 1958 年让南京大学物理系声学专业的林茂灿等一批学者加入语音实验小组，科研人才队伍由此不断壮大。该小组是除马大猷的“语音打字机”小组之外另一个以语音分析为主要研究方向的团队，编号为语言研究所三组。

1975 年底，语言研究所由原来临时使用的国家文改会门厅搬到原地质学院主楼办公。语言研究所三组分配在四楼西侧，有办公室、仪器室，以及待建的录音室、审音室、计算机房。1977 年，中国社会科学院成立，中国科学院语言研究所三组升级为中国社科院语音研究室和应用语言学研究室，吴宗济任语音研究室主任。

实验室设备建设方面，国家经委批准语音研究室于 1977 年花费 8 万美元进口了丹麦 B&K 仪器公司生产的 Warrn 77 计算机和实时声谱分析器（即 3348 分析器），后来又得到国家专项经费的支持，继续进口全数字化各类语音分析仪，如美国 KAY 公司的 7800 型语图仪和 4800 分析仪等，语音学的研究工作逐渐走上了数字化道路。

1979 年在丹麦召开了第九届国际语音科学大会，吴宗济应会议主席的邀请参加了此次学术盛典，林茂灿和中国科学院声学研究所的张家騄一同出席。吴宗济在会议上报告了他的共振峰简易计算法（中文论文见《声学学报》第 1 卷第 1 期），并当选为国际语音科学大会常设理事会理事。会后，在两地大使馆的安排下，吴宗济、林茂灿、张家騄三人在哥本哈根和斯德哥尔摩学习考察，访问了哥本哈根大学语言学系和 B&K 仪器公司，以及瑞典皇家理工学院和爱立信公司。在瑞典皇家理工学院访问期间，多次跟方特教授领导的“语音传输实验室”举行座谈会。方特教授非常关心中国语音学研究，多次对语音工作提出具体建议，如建议在研究声调曲线的“弯头段”和“降尾段”时，应该进行感知实验。后来的不少工作在声学分析的基础上加上了听辨实验和感知实验的方法，使研究结论更为可靠。这是中国语音学界第一次“走出去”。

有走出去就有请进来。1979 年，方特教授首次来访中国，并在中国社会科学院语言研究所语音研究室度过了他的 60 岁生日。1983 年美国著名语音学家彼得 · 赖福吉（Peter Ladefoged）来语音室进行了为期一个月的访问研究，对普通话合成技术和语音室的研究工作进行了肯定，并且在国际学术期刊《语音学杂志》（*Journal of Phonetics*）上推荐相关研究成果。1985 年，日本著名言语工程学家、东京大学的藤崎博也教授首次来访中国，从此与中国有了密切联系，几乎每年来访，交流切磋一直延续到他荣休之后。在国外学者频繁来访的同时，中国语音学界也通过派出进修人员和参加国际语音学会议，加强与国际学术界的学术交流。

1978 年，林焘在北京大学中文系重建语音实验室，使北京大学中文系成为全国最早培养实验语音学方向研究生的单位之一。

林焘的《探讨北京话轻音性质的初步实验》（1983 年）是汉语轻音问题研究中的重要的文献之一。1984 年，在加利福尼亚大学伯克利分校访问结束的林焘与王士元合作撰写《声调感知问题》一文，通过改变双音节词中后字的基频和时长，考察前字声调的感知问题。在加利福尼亚大学伯克利分校工作长达 30 年的王士元教授生于 20

世纪 30 年代，出生在安徽，在中国台湾长大，在美国求学，是世界语言学大家，其词汇扩散理论在语音研究上也有很好的例证，关于语音研究有《王士元语音学论文集》。王士元也是很好的演说家，《谁是中国人》堪称传世名篇。

回来讲社科院的语音学研究，他们一直关注基础理论的研究，但也强调其与社会应用实践的结合。1972 年，林茂灿和鲍怀翘被借调到科学院电工研究所，参与“海洋石油勘探电火花震源”的研制任务。1977 年，吴宗济带领鲍怀翘和刚刚调入语音室的曹剑芬赴四川彭县四机部 30 所，参加语音编码器的语音诊断工作。鲍怀翘先后负责与有关研究所合作开展骨传导语音研究和深潜水氦氧语言研究。这些工作体现了语音研究在通信工程中的重要性，拓宽了语音学事业的发展视野。

在 1978 年的研究生考试中，吴宗济、林元灿这个理论和实践两手抓颇具极客气质的团队吸引到了一名叫杨顺安的 37 岁考生报考了语言学专业的研究生。这一举动在周围人看来有些不可思议，因为当时的杨顺安已经是第四机械工业部第三研究所的技术骨干和科研带头人，年近不惑，正处于事业上升期却甘心从一名电子工程师变为学生，这本身已经令人出乎意料了，他考的还不是中科院或者其他理工科院校，而是看起来和他的专业毫不相干的中国社会科学院。

面对周围人认为他“瞎折腾”的言论，杨顺安认为，自己过去从事的声学相关研究让自己对语音和人机对话技术有了一定的认识，这是一门看似单纯，实则复杂的交叉学科，要从根本解决声学研究遇到的问题，就必须从语言学和实验语音学入手。最终杨顺安考取了吴宗济、林茂灿的研究生，开始学习语言学和实验语音学。

1981 年，杨顺安研究生毕业后留在中国社会科学院语言研究所，继续从事语音合成的研究。当时由于计算机运算能力的提高，国际上语音参数合成技术得到很大发展，我国派多位学者到国外访问学习，与国外学者开展广泛的合作。这一时期的主要语音合成系统包括 1980 年声学研究所的李子殷与西德达姆斯塔特邮电研究所合作开发的双音素共振峰合成系统、1981 年中科院自动化研究所的黄泰翼与凯斯西储大学合作开发的线性预测合成系统，以及 1982 年张家騄与瑞典皇家理工学院合作开发的串联共振峰合成系统等（表 11-2）。

表 11-2　1994 年前汉语语音合成系统一览表

时间	作者	研究单位	合成原理	典型合成结果
1980	李子殷	西德达姆斯塔特邮电研究所	双音素共振峰合成	“声学所五定”报道
1981	黄泰翼	凯斯西储大学	线性预测合成	
1982	张家騄	瑞典皇家理工学院	串联共振峰合成	“北风与太阳”寓言
1984	杨顺安等	社会科学院语言研究所	串联共振峰合成	“刻舟求剑”寓言
1985	赵伯璋等	航天部 710 研究所	线性预测合成	“系统介绍”古诗
1986	张家騄等	中国科学院声学研究所	并联型共振峰合成	“北风与太阳”
1987	党建武	天津大学计算机系	波形拼接	地震语言报警指挥系统
1989	崔成林等	中国科学院声学研究所	多脉冲线性预测合成	“桥梁专家茅以升”
1989	罗万伯等	四川大学计算中心	线性预测合成	
1992	石波	英国伦敦大学	并联共振峰规则合成	“北风与太阳”
1992	许军	北方交通大学信息研究所	波形拼接	航空港指挥系统
1993	吕士楠等	中国科学院声学研究所	串并联型共振峰合成	“空城计”
1993	蔡莲红等	清华大学计算机系	波形拼接	“我家有个小弟弟”儿歌
1993	倪宏等	中国科学院声学研究所	码激励线性预测合成	“桥梁专家茅以升”
1993	李彤等	中国科学院声学研究所	矢量量化线性预测合成	“合成系统介绍”
1994	初敏等	中国科学院声学研究所	基音同步叠加波形拼接	“修复圆明园围墙”新闻

资料来源：吕士楠，《捷通华声 TTS 技术》

但总体说来，这些系统都是基于国外的相关研究来开展的，而汉语的发音规律与其他语言有着很大的不同，因此这些系统在汉语的合成上并没有什么很好的效果。这一时期，研究者们普遍采用的方法是根据汉语拼音准则，先合成声母和韵母再进行拼合，这一做法的好处是可懂度高，各种声调的字均可合成，数据压缩率高，但并不能真正反映汉语发音的特点，听起来总觉得有些别扭。

杨顺安结合汉语语言学和语音学的研究成果进行普通话语音参数合成，特别是在共振峰规则合成技术方面进行了开创性研究，包括普通话的声源动态特性、普通话元音声学特性和动态模型、声调和调连模型、轻声特性及其合成规则。提出了 SIFS 合成框架模型，并实现了单音节、多音节词语和语句的合成。在曹剑芬、许毅等的参与下，杨顺安一天合成一个音节，在国内率先把 1200 多个带调音节用计算机一个个合成出来，这在当时的语音界引起了很大的轰动。

基于这个合成系统，许毅实现了汉语普通话全音节的规则合成，祖漪清进行了发音参数语音合成的研究。基于语音规则的参数合成是这一时期的应用研究的典型代表。

杨顺安的研究成果——普通话音节合成系统获 1987 年中国社会科学院优秀成果奖，以及国家重大科技成果奖。专家们认为这个系统在提高合成语音的音质方面取得了突破性进展，合成的普通话语音已接近人的发音，在国内外处于领先水平。杨顺安编写的《面向声学语音学的普通话语音合成技术》由社会科学文献出版社于 1994 年出版。

杨顺安于 1992 年不幸早逝，他的衣钵由他在 1991 年专门从天津大学计算机系毕业的研究生中要来的李爱军继承。由于当时的计算机处理能力有限，所以语音处理需要在 PC 上加装专门的 DSP（数字信号处理）装置，杨顺安希望让语言学与计算机进一步结合，通过实时处理来提高系统性能。杨顺安去世后，刚从计算机领域转到语音处理领域的李爱军得到吴宗济、林茂灿等语言研究所的前辈的帮助，继续开展面向应用的语音学研究工作，这一时期语言研究所的重要研究有应用于电子词典的语音拼接合成系统等。之后在语音合成韵律库的建设和韵律研究，以及四大方言普通话语音库语料库 RASC863 的建立中，李爱军都是骨干。

11.3 王作英向左，李开复向右

中科院声学研究所与语言研究所 20 世纪 80 年代在语音识别和语音合成两个领域做出的基础性研究，与音频及信号处理、语言学两门学科的与时俱进，利用计算机来帮助自己研究是分不开的。声学研究所从辨识声音波形入手，所以率先在汉语语音识别上有所突破，语言研究所从语言学的角度辨识发音规律，所以在语音合成上取得了突破。如果把智能语音研究比作登山，那么这两个团队都从不同的路线登到了半山腰，而他们开辟的路线也为后来的研究者开拓应用领域提供了指引。

在 20 世纪 80 年代，随着超大规模集成电路（VLSI）技术的发展和 DSP 单片机的异军突起，DSP 单片机将微型计算机的运算器、控制器、RAM（随机存取存储器）、ROM（只读存储器）、I/O（输入 / 输出）接口等集成在一片 VLSI 芯片上，将微型计算机的灵活控制能力与阵列处理器的数据处理能力结合起来，运算速度比同时期的 Intel 8087、National 32081 这类微机快 100 到 200 倍，为语音识别和语音合成提供了更廉价的工业化解决方案。

这种技术路线给了微电子背景的研究者在语音研究上极大的便利，代表人物就是清华大学电子工程系的王作英。

王作英于 1959 年毕业于清华大学电子系，1960 年考入苏联莫斯科鲍曼高等工业学校无线电技术专业深造，1963 年毕业后开始在清华大学从事雷达、控制、图像处理和通信等专业的教学和科学研究工作。1986 年，由王作英教授牵头联合申请并承担了“863 计划”首批项目中的“计算机自然语音翻译”项目。1987 年，王作英创建了清华大学电子工程系语音识别技术实验室，并在经典隐马尔可夫模型的基础上提出了基于段长分布的非齐次隐马尔可夫模型（Duration Distribution Based Hidden Markov Model，DDBHMM），成功建立该模型的整体解决方案，在汉语语音识别领域进行了大量开创性的工作。

王作英本人多才多艺，擅长拉二胡，也是一名运动健将，又有很强的数学功底和抽象分析能力。非齐次隐马尔可夫模型是他当年根据马尔可夫模型中状态驻留概率与驻留时间的等效性，采用状态段的段长分布取代状态驻留概率提出来的。利用凸性分布的线性组合表示一般分布，解决一般非齐次马尔可夫的解码问题，使解码运算速度提高了数千倍，对语音识别的非齐次隐马尔可夫模型给出了整体解决方案。

王作英共培养了 70 余名硕士研究生和博士研究生，实验室人才济济。王作英与陆大金联合指导的、语音实验室第一个博士生曹洪是最早闯出名头的。从 1987 年起，曹洪与佛山市无线电八厂进行合作，并于 1990 年 4 月研制出世界首台声控中文打字机，将 20 世纪 50 年代时所设想的语音打字机变成现实。虽然当时的语音识别还只是单音节的识别，但在业内还是引起了一番轰动。

王作英的学生中还包括原腾讯副总裁、畅销书《浪潮之巅》[1] 的作者吴军，流利说首席科学家、联合创始人林晖，清华大学电子工程系副系主任、清华—讯飞联合实验室主任吴及等，声学研究所智能语音的领头人颜永红也是在清华大学电子系就读本科期间从王作英老师的实验室开始走上了语音之路的。

20 世纪 80 年代语音研究在研究方法上的突破来自卡内基梅隆大学的李开复。在导师瑞迪用专家系统的方式做语音识别系统的同时，李开复向导师提出用统计方法来解决语音识别的难题并得到了导师的支持。这正是李开复提到的“我不认同你，但我支持你”的由来。1988 年，李开复在博士论文中提出了世界上第一个“非特定人连续语音识别系统”。这套系统的名字 Sphinx 取自古希腊神话中用谜语刁难人的怪兽斯

1 本书由人民邮电出版社于 2019 年出版。

芬克斯。在英文中，Sphinx 用于比喻“难以理解的”，而在这套系统被研发出来之后，语音识别开始进入可被理解的新阶段。

李开复利用统计学原理开发的系统有三个开创性的贡献：一个是可以做大词汇量识别，词汇量达 1000 个，与之前的 10 个数字和 26 个英文字母这样的量级相比有了很大的飞跃；第二个是做到了非特定人语音识别，利用统计学的模型可以找到不同人发同一个音时的规则和共性，这样就可以通过一个模型来识别不同人讲的话；第三个是可以持续性地进行语音输入，在这之前人们对着机器说话时必须一个一个词停顿。而这些都是开创性地运用统计学的原理来实现的。

这一成果使得统计性方法在语音识别领域开始逐步取代传统的基于模板匹配的技术思路，而这一成果也推动了隐马尔可夫模型在语音识别领域的进一步使用。隐马尔可夫模型的基础理论在 20 世纪 60 年代，由伦纳德·鲍姆（Leonard E. Baum）和他的同事在一系列经典论文中发表，并被卡内基梅隆大学的贝克夫妇及 IBM 的杰利内克等人首先应用在语音处理中，但语音处理领域开始广泛理解和使用隐马尔可夫模型的理论要从 20 世纪 80 年代中期，AT&T 贝尔实验室将原本艰涩的隐马尔可夫模型工程化算起。李开复的 Sphinx 的核心框架就是高斯混合模型 + 隐马尔可夫模型（GMM-HMM）。其中高斯混合模型用来对语音的观察概率进行建模，隐马尔可夫模型则用来对语音的时序进行建模。Sphinx 为隐马尔可夫模型在语音识别领域的应用提供了充足的指导材料，也使得高斯混合模型 + 隐马尔可夫模型成为语音识别的主要方向。

虽然 Sphinx 达到了 95% 以上的识别准确率，但高斯混合模型 + 隐马尔可夫模型在商业级别上的进一步应用尚有欠缺。高斯混合模型 + 隐马尔可夫模型的优点是训练速度快，可有效降低语音识别的错误率，声学模型小，容易移植到嵌入式平台中，但由于高斯混合模型没有利用帧的上下文信息，不能学习深层非线性特征变换，所以在实际有噪声、说话人可能带有口音、犹豫、反复等现象的商业级别应用中依然表现不佳，无法达到可用的级别。要想让语音识别实现更广泛的商用，必须采用与以往不同的技术。

在大洋彼岸，华人语音非常厉害的人物邓力也在努力解决这一问题。在 1994 年，邓力在加拿大滑铁卢大学任教时与其指导的一名博士在论文中提出了一种增强神经网络记忆的新模型，但该模型在效果上仍然无法超越其他统计学习方法。就连这篇论文的外部评审、大名鼎鼎的神经网络之父杰弗里・辛顿（Geoffrey Hinton）在看过这篇论文后都不得不承认，现阶段想要在神经网络方面有所突破实在太难。这使得邓力在随后的十余年中远离了神经网络研究，而把精力放在了高斯混合模型 + 隐马尔可夫模型、贝叶斯统计方法和生成模型的研究上。后来，高斯混合模型 + 隐马尔可夫模型在商业应用上陷入瓶颈，邓力又想到了神经网络，他重新研究了辛顿于 2006 年发表在《科学》的那篇划时代论文《神经网络用于降维》（*Reducing the Dimensionality of Data with Neural Networks*），于是他在 2009 和 2010 年两次邀请辛顿来到位于西雅图的微软雷德蒙研究院，看看如何将这篇文章提出的思路与他们正在研究的深度 Bayesian 语音识别模型结合起来。

值得一提的是，这篇论文中的"降维分层训练"的观点虽然今天看起来理所当然，但在当时这篇论文看起来还是晦涩难懂的，而且它只有短短的 3 页纸，很多原理没有细讲，因此也存在很多争议。直到 2012 年 AlexNet[1] 在 ImageNet[2] 上以巨大优势夺冠，才掀起了深度学习的浪潮。邓力和俞凯的故事，笔者将在《中国人工智能简史》的后续作品中展开介绍。

1 卷积神经网络（CNN）重要的模型之一。

2 ImageNet 项目是一个用于视觉对象识别软件研究的大型可视化数据库。自 2010 年以来，每年都会举办 ImageNet 大规模视觉识别挑战赛（ILSVRC）。

11.4 中科院自动化研究所接过全国人机语音通讯学术会议的大旗

如果对国内智能语音研究划分阶段，20 世纪 70 年代末和 20 世纪 80 年代是国内智能语音研究的起步阶段。以语音识别为例，在20世纪70年代，国际上在小词汇量、孤立词的识别方面取得了实质性的进展，俞铁城的语音识别研究刚好赶上了这一波的尾巴，为国内开了个好头。但在20世纪80年代，国内研究缺乏积累的短板开始显现，国际语音识别的重点开始转向大词汇量、非特定人的连续语音识别，此时国内的智能语音研究与国外相差了 10 年左右。

除了知识结构，在智能语音方面中国与其他国家的差距主要体现在多学科合作上。智能语音是一门典型的交叉学科，语音技术的研究不仅需要研究人员了解计算机的编程和算法，还需要他们了解数字信号处理和语言学、语音学等多方面的知识。在20世纪80年代，包括中科院声学研究所、中科院自动化研究所、社科院语言研究所、清华大学、中国科技大学在内的几家从事语音研究的核心单位因为种种原因，相互之间缺乏交流，各自为战。这就造成了一个尴尬的现象：中国的语音市场几乎被国外公司垄断，我们自己的中文语音技术，反而是国外的公司做得比较好。

随着几家语音研究单位交流的深入，经清华大学计算机系的郑方倡议，清华大学牵头组织中科院自动化研究所、社科院语言研究所等几家单位做了一次全国语音识别学术报告会。

郑方后来创办了智能语音公司得意音通，但当时他还只是清华大学的吴文虎（吴文虎更有名的事情是对中国信息奥赛选手经年累月的培养）教授带的一名名不见经传的硕士研究生。早在 1979 年，吴文虎便和方棣棠创立了国内高校首个语音实验室，方棣棠创建的语音识别科研组，其科研水平一直处于国内领先地位，是计算机系的招牌之一，微软首席语音科学家的黄学东就是方棣棠指导的第一名博士生。

黄学东在一篇文章中回忆，当时由于清华大学计算机系在语音研究方向还没有博士学位授予资格，所以学校安排黄学东挂靠在自动化系的常迵先生门下，但黄学东最终选择去英国留学，在人工智能专业知名学府爱丁堡大学拿到博士学位。当时黄学东、方棣棠和蔡莲红就合作研究语音输入系统。蔡莲红于 1970 年毕业于清华大学自动化系，从 1979 年开始从事语音处理、识别和合成的相关研究，先后完成多项国家攻关项目、国家自然科学基金项目等，并因在推动语音识别、合成等领域的技术进步上做出了突出贡献而获得了 2016 年度 CCF 夏培肃奖。

关于黄学东，还有一段故事。关于微软亚洲研究院的设立地点，当时微软在中国和印度之间摇摆，正是黄学东的极力推动，邀请微软相关人员考察清华，最终才促成此事。

回过头来说 1990 年的这场语音识别学术报告会，几家单位的嘉宾原本认为是为研究生做的一场简单的学术报告会，但报告会开下来却让大家大吃一惊，原来由于缺乏交流，大家实际上都是在做“重复发明轮子”的事情。本次大会郑方邀请了中科院自动化研究所的黄泰翼做报告，黄泰翼曾以为中科院自动化研究所是国内最早将隐马尔可夫模型应用于语音识别的国内单位，但一交流才发现清华大学早就在这个方面进行了研究，王作英还提出了隐马尔可夫模型的改进方法，即非齐次隐马尔可夫模型。这使得黄泰翼认识到交流平台的重要性，在会后他提了几点建议，包括将会议改成每两年一次的系列会议、扩大会议的讨论范围并为会议重新命名、加强与国外的联系、加强与语言学的联系、邀请年轻学者做大会报告、关注神经网络等创新研究等。

黄泰翼 1956 年毕业于上海交通大学，历任中科院自动化研究所四室（小型控制计算机研制）副主任、中科院自动化研究所副所长，20 世纪 80 年代初前往美国凯斯西储大学进修。在美学习期间，黄泰翼接触到了语音识别，这也是他从事语音识别研究的开始。

从第二届开始，会议的学术交流内容扩大为人机语音通信领域会议，并将会议名称改为全国人机语音通讯学术会议（National Conference on Man-Machine Speech Communication，NCMMSC）。

黄泰翼是第二届全国人机语音通讯学术会议主要的组织者。第二届会议的规模和论文数量跟第一届相比均实现了翻番。在此后的多届会议中，中科院自动化研究所均积极参与其中，全国人机语音通讯学术会议也成为中文信息学会组织举办的重要学术会议之一，到 2021 年已是第十六届。

全国人机语音通讯学术会议作为语音研究者的一个重要交流平台发挥了重要的作用。经过交流，大家开始形成共识，汉字的发音，以及语音处理、识别、合成等，都有与英文不一样的地方，中国的语音研究必须考虑汉语的特点，前面提到的杨顺安在 20 世纪 90 年代初做的 1200 多个汉语带调音节合成就是具有中国特色的研究工作。同时，语音研究得到了国家层面的重视和支持，国家自然科学基金项目、“七五”“八五”攻关项目以及“863 计划”相关项目的制定，也给予了汉语语音研究一定的支持。在这一时期，除了继续学习国际相关研究思想，及时运用隐马尔可夫模型等工具，逐步接近国际水平，还增加了更多的中国特色元素，国内的语音研究进入了一个新的阶段。

20 世纪 90 年代，中科院自动化研究所承接了多项语音的攻关项目和 863 项目，包括与声学研究所合作的连呼语音识别及单音节识别、汉语综合资料库及信息处理系统评价方法（王仁华也有参与该项目），以及汉语人机对话系统工程等项目，还有独立完成的口语自动翻译方法的研究等。

在项目的攻关过程中，汉语语音识别面临的最大挑战也逐步显现出来。首先是地方方言和口音的问题，中国各地方的口音差异较大，尤其中国南北方的口音相差较大，限制了语音识别系统的应用；其次是语言模型方面的要求更高，在语音识别之后，自然语言理解的重要性开始体现。宗成庆就是最早在中科院自动化研究所开展自然语言理解研究的研究者，他在中科院计算技术研究所读完陈肇雄的博士之后来到自动化研究所，并从语音转入自然语言的研究，帮助解决了诸如声调的语音参数处理、音字转换等汉语特有的难点，为之后自动化研究所开发大词汇量、非特定人的连续语音识别系统提供了支持。

自动化研究所的这套语音识别系统的主力研究人员是黄泰翼的博士生徐波。徐波 1988 年从浙江大学电机工程学系毕业后便来到中科院自动化研究所，参与了国家自然科学基金和“八五”语音攻关的多个项目，崭露头角。徐波在技术的适用化上颇有想法，他当时还组织开发了一个应用程序——紫冬口译，所谓“紫冬”，其实就是自动化研究所“自动”的谐音，这大概是智能移动设备上最早的国产口语翻译应用程序。

徐波在 2015 年就任中科院自动化研究所所长，他在读博士的时候就开始带学生做项目，其中最出名的学生是贾磊。贾磊 2011 年加盟百度，短短几年间让百度的语音搜索技术取得了良好的进展，他本人也被任命为百度语音技术部门负责人、百度语音首席架构师。另一位中科院自动化研究所培养的语音识别人才是俞栋，俞栋在浙江大学本科毕业后来到自动化研究所攻读硕士学位。俞栋后来留学美国并在 2002 年进入微软研究院语音和对话组，他提出了以 senones 为最小建模单元直接建模的方法，和邓力一起为语音识别做出了开创性的研究。不过这是后话了，笔者会在《中国人工智能简史》的后续作品中展开介绍。

语音识别在 20 世纪 90 年代发生的一个重大变化是，在研究思路上由传统的基于标准模板匹配的技术思路转向基于统计模型的技术思路，并开始运用神经网络技术进行语音识别。而在神经网络研究方面，中科院自动化研究所很早就与中科院生物物理研究所的郭爱克团队针对人工神经网络模型及其应用进行研究，这方面的研究成果也被用于语音，使中科院自动化研究所成为国内语音研究第一梯队的团队之一。

1990

第 12 章

1990 年：从中文信息到自然语言处理

在自然语言处理这个词流行起来之前，国内与之相关的研究统称为中文信息处理。相比欧美国家可以很方便地用计算机来处理自然语言信息，中国的研究者首先要解决如何将中文信息输入计算机的问题和后续的处理问题。只有解决了这些问题，我们才能按照自己的想法对中文（自然语言）进行计算和处理。

12.1 中文信息学会

1981 年，旨在推动中文信息处理的中文信息学会成立，今天这一学会也是国内自然语言处理研究影响力最大的学术组织。

中文信息学会的首任理事长是“中国力学之父”钱伟长。钱伟长当年考入清华大学中文系时中文和历史都是满分，后来因为深感力学为国家所需才改学物理，后来牵头创办中文信息学会又回到原来的领域。1979 年，钱伟长参加一个国际会议，会上有人对他说汉字会影响中国的现代化发展，还有人告诉钱伟长，汉字进入计算机要靠他们。受了气的钱伟长心想：“我们国家的文字已经有 3000 多年的历史，却还要让只有 300 年历史的国家的人来帮我们。”这也是他后来四处奔波组织成立中文信息学会的原因，后来中文信息学会的最高奖也是用钱伟长的名字来命名的。

中文信息的标准化和机器处理工作在中文信息学会成立之前就已经开展了。20 世纪 50 年代进行俄汉翻译时采取电报码和四角号码做汉字编码，这也是最早的计算机汉字编码输入。20 世纪 60 年代完成了“见字识码”的方案设计和码本。1974 年国家开始实施汉字信息处理系统工程（即“748 工程”），我们熟悉的汉字激光照排系统就是该工程的一个子项目，这一项目后来成了方正集团的业务主体。除了方正集团，从 20 世纪 80 年代到 20 世纪 90 年代，围绕着汉字系统处理工程还诞生了一大批明星产品和科技企业，包括联想汉卡、四通利方、清华紫光等。进行编码工作的刘涌泉、做激光照排的王选、开发联想汉卡的倪光南等从一开始就是中文信息学会的骨干。

中文信息学会成立最初几年将重点放在了汉字编码和计算机输入上。20 世纪 80 年代可谓汉字编码和输入法的黄金时代，汉字编码从屈指可数的几个方案快速增加到数百个方案，其中申请专利的就有四百多种。这一时期的输入法不断优化，优秀的输入法层出不穷，从五笔字型到自然码、郑码、拼音输入法、智能 ABC、智能狂拼等，逐步演化成为形码和音码两大阵营。

形码的代表是王永民 20 世纪 80 年代初研发出的五笔字型，五笔字型首次突破了汉字输入每分钟百字的大关，是 20 世纪 80 年代效率最高的输入法。音码中的拼音输入法不像五笔字型输入法那样要求记忆字形，但由于汉字同音字太多，早期的拼音输入法效率一直上不来，也影响盲打。

整句输入功能的引入让拼音输入法拥有与五笔字型输入法一战之力。拼音整句输入最早的研究来自王晓龙和其导师王开铸进行的“863 计划”汉语分词的研究，王晓龙提出取最小切分词数的分词理论，即一句话应该分成数量最少的词串，这一研究的副产品则是汉语整句输入，即进行整句输入时，系统会自动分析和校正相应的汉字。20 世纪 90 年代初，王晓龙和自己的学生王轩就开发出了产品原型。1996 年，王晓龙与微软公司达成协议，授权微软在 Windows 上使用该技术，也就是今天被广泛使用的微软拼音输入法，王晓龙也因为这一研究入选中文信息学会第四届理事会理事。关于输入法，关毅在王晓龙之后继续从事类似的研究。

进入 21 世纪后，随着自然语言处理研究的深入，以及云平台和大规模语料库的运用，拼音输入的准确率和速度进一步上升，各种拼音输入法这才终于压倒五笔字型输入法成为被使用最多的中文输入法。

1995 年，微软与哈尔滨工业大学开始合作，双方成立联合语言语音实验室，主要从事中文语言处理研究。实验室的主要负责人之一是后来成为哈工大党委书记的李生。

关于李生和自然语言处理，还有一个故事。

想必大家听过比尔·盖茨的一句话——自然语言处理是人工智能皇冠上的一颗明

珠。其实这句话不是比尔·盖茨说的，在刘挺老师课题组关于情感分析的一个会上，时任微软亚洲研究院常务副院长的周明博士说了这句话。周明说由他来说分量不够，想算成组织者李生说的，李生说这样不行，然后他就把这句话移到了比尔·盖茨的身上。大家现在知道了，这句话的真正出处不是比尔·盖茨。

20 世纪 90 年代，随着中文输入问题的解决，中文信息学会的工作重心开始转向基础资源的建设上。1991 年，中国国家语言文字工作委员会开始建立国家级大型汉语语料库，北京大学计算语言学研究所成了主力。

此时北京大学计算语言学研究所的带头人是俞士汶。1989 年，北京大学计算语言学研究所两位创始人朱德熙与马希文两人相继赴美国讲学，这导致刚建立没多久的计算语言学研究所一下子陷入了是解散还是保留的困境。当时还是副教授的俞士汶认为这个学科会有良好的发展，申请接手并获得了校方的支持，接过了马希文在北大计算语言学的传承，将计算语言学研究所挂靠到了计算机系，还请当时的北大计算机系主任杨芙清担任了所长。用俞士汶的话说，这叫“大树底下好乘凉”。

俞士汶 1964 年毕业于北京大学数力系，是马希文的师弟，他在计算语言学研究所的后续业务的研究上也继承了马希文开拓的方向。计算语言学研究所从 1986 年起就开始了语料库的建设，俞士汶接手后进一步加强了力度，先后建成了 2600 万字的 1998 年《人民日报》标注语料库，2000 万汉字、1000 多万单词的篇章级英汉对照双语语料库，以及 8000 万字信息科学与技术领域语料库等，全部语料按《北京大学现代汉语语料库基本加工规范》的 106 个代码对词语进行切分，标注词性，还对多音字（词）进行了汉语拼音的标注。这一系列分词语料库成为中文信息处理领域广泛使用的语言资源库，此外，计算语言学研究所的《现代汉语语法信息词典》《现代汉语语义词典》的开发也得到了业内的广泛认可。俞士汶本人也成为中文信息学会的骨干，他本人在中文信息学会第五届和第六届组委会中担任常务理事，从第七届起担任指导委员会委员，在 2011 年中文信息学会成立 30 周年活动上，俞士汶获得首届中国中文信息学会“终身成就奖”。

在俞士汶指导的学生中，最知名的是华为诺亚方舟实验室语音语义首席科学家刘群。刘群在中科院计算技术研究所读完硕士后在陈肇雄课题组从事机器翻译相关研究，与俞士汶深入进行过合作，在工作几年后又到北京大学在俞士汶门下读博士生。

刘群 1989 年作为免试推荐的硕士生进入计算所，后来国家智能计算机研究开发中心（简称智能中心）成立，设立理论组，理论组的组长是白硕，刘群成为白硕的同事。刘群后来加入华为诺亚方舟实验室，继续做自然语言处理方向的有关研究。

在陈肇雄团队工作过的另一位自然语言处理的专家是宗成庆，他也是国内自然语言处理学习和研究必备的参考书《统计自然语言处理》的作者。宗成庆 1998 年在中科院计算技术研究所获得博士毕业，后到中科院自动化研究所做黄泰翼的博士后。1999 年科技部重大基础研究发展规划项目“图像、语音、自然语言理解与知识挖掘”立项，牵头单位是中科院自动化研究所，首席研究员为马颂德。项目将自然语言理解问题列为研究内容，宗成庆便在项目下继续进行自然语言理解的研究，从而为中科院自动化研究所开辟了自然语言理解的方向。

国内这一时期一直坚持机器翻译研究的单位是东北大学。20 世纪 80 年代，东北大学的计算机专业水平在全国名列前茅，东软集团创始人刘积仁就毕业于这里。东北大学自然语言处理实验室由姚天顺、王宝库等人于 1980 年成立，姚天顺是与黄昌宁同一辈的研究者，1979 年曾赴香港中文大学做访问学者，在孔安道机器翻译研究所和计算机科学系学习，后来还担任过陈肇雄的博士生副导师。1981 年，姚天顺创建了中国第一个以计算机语言学为主导学科的计算机科学理论博士点。

除了汉语语料库，新疆大学、新疆师范大学、内蒙古大学、西北民族大学、中国人民大学等单位还对少数民族语言资源库的建设做了大量工作，这也为日后少数民族的信息化发展，以及将汉字信息处理技术成果向少数民族语言文字移植提供了保障。

为了使相关基础研究和实际应用取得发展，中文信息学会还在 20 世纪 80 年代先后成立了自然语言处理专委会和计算语言学专委会。今天我们知道，自然语言处理和计算语言学实际上是一个硬币的两面，二者可视为同一个意思的术语。当涉及理论和原理的时候，用“计算语言学”这个术语；涉及方法和应用的时候，用“自然语言处理”这个术语。按理说理论先行，成立计算语言学专委会的时间应该早于自然语言处理专委会成立的时间，但由于出现了机器翻译，应用先行，自然语言处理专委会反而比计算语言学专委会早成立了一段时间。

12.2 中文分词

翻阅国内的论文可以发现，“自然语言理解”一词从 20 世纪 80 年代中后期逐步兴起，这是因为中文信息处理研究在 20 世纪 80 年代后期从表层结构研究（汉字编码等）进入了深层结构分析（汉语理解等）。“自然语言处理”一词的抬头，也正是在对外交流中与国际接轨的体现。此外，20 世纪 80 年代专家系统的兴起促进了自然语言理解的应用，推动自然语言理解为更多人所知，使其进入一个黄金发展期。

从中文信息处理过渡到自然语言处理，研究者遇到的第一个问题就是分词问题。分词是中文等东亚语言在自然语言处理中的典型问题，大多数汉语信息处理技术和应用建立在汉语切分的基础上。而西方主流语种大多属于拼音文字，一般不存在分词问题；汉语没有分词的自然形态界线，对“词”没有一致认可的定义。不同的人对于同一句话往往有不同的分词结果，如 1996 年理查德·斯普罗特（Richard Sproat）针对 6 个母语为汉语的人进行调研，结果显示人与人之间的分词结果的认同率平均只有 76% 左右。

正因为汉语没有形式上的分界符，缺乏严格意义上的形态变化，所以只要词的意义和语言习惯允许就能将词汇组合起来，这导致不同的人对词的认定会出现很大的偏差。最早系统地对中文分词进行阐述的是北航的梁南元教授。北航在 20 世纪 80 年代初完成了 2500 万字的现代汉语词频统计工作（在自然语言处理研究中，这种用词频数据进行预处理统计的过程被称为创建词典），基于此，梁南元在 1983 年完成了第一个实用的汉语 CDWS 自动分词系统。1990 年前后，清华大学电子工程系的郭进博士用统计语言模型成功解决分词二义性问题，所用的就是北航的词典。

吴军在《数学之美》[1] 中提到了这个故事。吴军是郭进的同门师弟，两人当时合作用统计的方法进行汉语语音理解和音字转换，在音字转换的过程中不可避免地遇到了理解中文的问题，而隐马尔可夫模型等在语音识别中的成功运用，对自然语言处理也起到了积极的作用。

吴军和郭进在 1996 年还合作发表过一篇智能拼音输入方法的文章，与此类似的是在此之前哈工大王晓龙在 20 世纪 80 年代提出了最少词数的分词理论，围绕这一理论的研究最后演化为微软拼音输入法，吴军和郭进提出的智能拼音输入法则是运用统计方法和基于语料库统计的句子理解方法完成了拼音到汉字的转换。在郭进之后有不少学者利用统计的方法，进一步完善中文分词，其中值得一提的是清华大学的孙茂松和香港科技大学的吴德凯的工作。基于统计的分词方法后来成为主流，二人在这一方向上成绩斐然。孙茂松曾担任清华大学计算机系的系主任和中国中文信息学会副理事长，吴德恺则是 ACL（国际计算语言学学会）第一位华人 Fellow，两位研究者都搭上了统计学习的快车。

虽然在 20 世纪 90 年代，中文信息处理界已经意识到分词可以作为真实标注语料上的机器学习任务进行操作，但限于语料库的规模并未能推广开。在“863 计划”和“973 计划”期间，国家曾组织过多场中文分词评测，这个时候的分词非常依赖词典，所有参评单位的分词器自带词典进场。评测的内容就变成了各家单位自带的词典和划分标准，最终也不得不依靠人工审核来评分。国家也出台过分词规范（GB13715），提出过“结合紧密，使用稳定”的分词建议，后来发现这个建议弹性太大，不同的人有不同的理解，无法有效实施。

直到进入 21 世纪，随着基于语料库统计的分词技术的成熟，这种因缺乏相关标准而各不服气的现象才有所好转。尽管每家研究机构的分词标准不一，但在构建

1　本书由人民邮电出版社于 2012 年出版。

语料库的时候还是有基本一致的规则。2003 年，ACL 下的汉语处理特殊兴趣小组 SIGHAN 组织 Bakeoff 分词评测，这是中文分词有史以来第一次国际性的评测，宣告中文分词进入了 2.0 时代。

Bakeoff 分词测试的一个特点是请出题单位提供语料库，通过语料库确定词的定义，从而使各单位的结果有一个可横向比较的基准。多年以来在自动分词上无法看出孰优孰劣的现象被打破，各种分词技术在相同的测试环境下高下立现。评测收集了北京大学、宾夕法尼亚大学、香港城市大学等的语料，每种语料被划分为训练数据和测试数据两部分，参赛单位可选择语料进行参赛。整个评测分为开放测试和封闭测试两部分，评测指标包括整个系统的精确率、召回率、调和平均数、未登录词的召回率、词表词的召回率等。比赛共有 6 个国家的 12 支队伍提交了成绩，总体来看，没有哪一个系统能够在所有语料库的比赛中都独占鳌头，在四个语料开放测试和封闭测试的多个项目中，中科院计算技术研究所拿了两项第一，北京大学、加利福尼亚大学伯克利分校、微软和 SYSTRAN 各获得一项冠军。

这场比赛也是分词方法的一个分水岭。各支队伍可谓八仙过海，各显神通，中科院使用的是多层隐马尔可夫模型，加利福尼亚大学伯克利分校采用的是 1 元最短路径粗分 + 使用规则细分的方式，SYSTRAN 使用的是大词表 + 规则的方法，北京大学使用的则是人工规则。

颇为特别的是微软的 NLPwin 系统，NLPwin 是一个基于句法—语义规则的句子分析系统。吴安迪本科及硕士毕业于南京大学英文专业，20 世纪 80 年代曾短暂留校任教，后转行赴美用 7 年时间拿到加利福尼亚大学洛杉矶分校计算语言学博士学位。在分词的技术路线上，他提出“先理解后分词”，主张在句法分析的过程中解决分词的问题。吴安迪认为句法分析器可以同时提供 MM 算法中缺少的全局信息和统计方法中缺少的结构信息，但实际上在 CTB 语料的封闭测试中，采用句法分析器的分词精度甚至低于没有用句法分析器的情况。

到了 2005 年和 2006 年的 Bakeoff，这种基于手工规则的自动分词系统的辉煌难以再现，取而代之的是基于字的字标注统计学习方法，Bakeoff 的数据集也被广泛用于后续研究中。目前中文分词的机器自动切分结果的确在不断逼近人类的切分结果，但是，可以看到，越到后面，提高性能的代价越大。迄今为止，似乎还没有看到能跨越最后几个百分点的技术方向。

12.3 ACL

20 世纪 90 年代计算语言学和语料库的发展直接促进了中国学者对自然语言处理的研究。从20世纪90年代起，汉语分词与词性标注等理论方法研究得到了快速发展，研究者们相继提出了全切分分词方法、最短路径分词方法、*N* - 最短路径分词方法，基于隐马尔可夫模型或 *N* 元语法（*N*-gram）的一系列分词方法相继提出，但这些研究成果大多基于国外其他前期研究扩展而来，中国在自然语言理解方向上的研究基础依然薄弱。

关于世界最高级别的自然语言处理学术会议 ACL，直到 1998 年才由清华大学黄昌宁教授课题组发表了第一篇 ACL 文章。中国最早一批研究者与 ICCL（国际计算语言学委员会）的关系更近，这一结果也属正常。值得注意的是，其中黄昌宁和赵军合写的《一种用于汉语基本名词短语结构分析的准依赖模型》（*A Quasi-Dependency Model for Structural Analysis of Chinese BaseNPs*）成为这届 ACL 的两篇特邀论文之一，在大会论文集中，这篇论文排在第一篇，可谓一鸣惊人。

黄昌宁 1937 年出生于广东，1955 年考入清华大学电机系。1961 年毕业后留校任教。20 世纪 80 年代世界银行给中国政府提供了一批贷款，资助一部分研究学者出国进修。1982 年，45 岁的黄昌宁由此走出国门到耶鲁大学进行为期一年的访问学习，这也给他打开了一扇新的窗口。

在耶鲁大学访问学习期间，黄昌宁的合作者是当时的学界巨擘美国人工智能学会会长、耶鲁大学计算机系系主任罗杰 · 尚克（Roger Schank）。尚克是将自然语言理解研究发扬光大的人，自然语言理解肇始于特里·维诺格拉德（Terry Winograd）在 1972 年研制的 SHRDLU 系统，尚克则是在 1977 年建立了一个系列的语言理解程序，他主张跳过句法分析直接进入文本的语义理解和处理，这对句法比较松散的汉语自然语言处理似乎更有吸引力。但是黄昌宁很快就发现了尚克的问题，跳过句法直接理解语义相当于舍去形式直抵内容，他认为这在实践中很难实现。他的发现后来也被证实是正确的，尚克本人不久也离开耶鲁大学去了美国西北大学进行学习研究。

1983 年学习结束后，黄昌宁按时回国，自此一直从事自然语言理解的研究。20 世纪 80 年代初，在国内自然语言处理的研究几乎还是空白的时候，黄昌宁把这门学科的思想带进中国，极大地促进了自然语言处理在国内的发展，并承担起了“七五”国家攻关项目“自然语言理解和人机接口”、国防科研项目“军事文本理解技术”等。黄昌宁还在 1993 年发表论文《关于处理大规模真实文本的谈话》。这是国内首篇公开主张大数据真实文本处理的文章。黄昌宁在清华大学有众多学生，曾任清华大学计算机系系主任的孙茂松就是黄昌宁的学生。

中国最早一批自然语言理解研究者与 ICCL 的关系更好。黄昌宁第一篇国际顶会学术论文正是 1992 年在 COLING 上发表的。在 1994 年，黄昌宁又有两篇论文中了 COLING。1998 年，COLING 与 ACL 两个大会一同举办，或许是因为这一层关系，以黄昌宁为代表的中国学者得到了 ACL 圈子的注意。

同样注意到黄昌宁的还有李开复。1998 年，李开复受命组建微软中国研究院，他在香港约见了在香港大学短期讲学的黄昌宁，动员他加盟微软中国研究院。第二年黄昌宁在清华大学荣誉退休，随即接受了微软中国研究院的聘请，成为当时研究院中年龄最大的研究员（除了黄昌宁，当时年龄最大的李开复还不到 40 岁）。在黄昌宁的带领下，微软中国研究院成立了自然语言计算组，其研究的内容涉及当时自然语言处理的方方面面，如中文分词、句法分析、机器翻译、问答系统等。2000 年，ACL 在中国香港举办，当时大会总共接收了 70 篇论文，微软亚洲研究院有 6 篇论文入选，其中 4 篇出自黄昌宁所带领的团队。这也是国内较早的几篇发表在国际顶会中的论文。

一同来到微软中国研究院的还有黄昌宁的博士后周明。周明是哈尔滨工业大学教授李生的第一个博士生，李生最初研究的是信息检索，周明 1985 年来到哈工大读硕士时，李生给了他一个中文文献关键词的自动抽取的课题，周明发现国内尚未有方法能完成课题，如果要借鉴国外的方法则需要将中文文献翻译成英文，提取关键词后再翻译回中文。考虑到工作量太大，李生建议将重点放在前半部分，也就是文献的中英文翻译上，而他没有想到，这一方向会成为自己和他的学生此后 30 多年来的研究方向，周明也成了这一方向的“开山大师兄”。

周明博士毕业后去了清华大学做博士后，之后又在清华大学留校任教。他在 COLING 上发表的第一篇论文就是 1994 年和黄昌宁合作完成的。之后周明 1999 年进入微软亚洲研究院，继续与黄昌宁合作研究了多个项目，在 2000 年 ACL 上入选的微软亚洲研究院的 6 篇论文中，有 3 篇就是周明和黄昌宁共同合作完成的。黄昌宁因为年龄的增长和视力的严重衰退，渐渐退出微软的管理工作，周明渐渐接过了黄昌宁的班，成了微软亚洲研究院自然语言组的负责人。他带领微软研究院的自然语言处理团队进行了微软输入法、英库词典（必应词典）、中英翻译、微软中国文化系列（微软对联、微软字谜、微软绝句）、微软小冰等重要产品和项目的研发，并对微软 Office、必应搜索、Windows 等产品中的自然语言技术做出了重要贡献。英库词典获得《华尔街日报》举办的亚洲创新奖，与中科院合作的手语翻译荣获微软 CEO 特别嘉奖。在学术研究方面，周明博士在重要会议和期刊上发表了 150 余篇论文，其中包括 50 篇以上的 ACL 论文。周明也于 2016 年当选 ACL 的候任副主席，并于 2019 年正式履任 ACL 主席。

周明是 ACL 历史上的第二位华人主席，第一位正是周明的同门师弟、百度首席技术官（CTO）王海峰。王海峰在哈工大就读期间就有很好的名声，这很大程度上是因为他在读硕士的时候经常去北京，从国家图书馆复印几千页的文献回哈尔滨分享给做相关研究的老师和学生。除李生外，王海峰还有两位导师——洪家荣和高文，这三位导师和他们背后的渊源代表着哈工大在中国人工智能细分领域的一方成就和行业领先地位。

李生和赵铁军带王海峰入了机器翻译和自然语言理解的门，洪家荣为王海峰带来了机器学习的思想，高文在王海峰读博士时成为“863-306”主题的首席专家，按惯例调往北京入驻中科院计算技术研究所，王海峰也跟着到计算技术研究所做了一年。计算技术研究所网络条件良好，这也为王海峰接触神经网络和形成自己独特的研究方式打下了基础。

王海峰 1999 年加入微软中国研究院，是自然语言处理组的第二名到岗者。当时微软中国研究院自然语言处理组有三名哈工大毕业的博士生，除王海峰外，还有刘挺和荀恩东。刘挺读大学时就是学校的风云人物，不仅成绩突出，还是哈工大辩论队的主力辩手，拿过全校辩论比赛的冠军，获得过“哈工大十佳大学生”的称号，他也是当时为数不多先留校再来微软中国研究院的人之一。

当时微软中国区来哈工大招聘，计划招一人，分笔试和面试两轮。笔试成绩王海峰第一，有道数学题很难，只有王海峰在规定时间内算出来了；口才好的刘挺面试拿了第一。面试官李开复犯了难，去问李生录取哪个好，李生的回答是，如果让他选，他会选择荀恩东。

荀恩东也是李生的博士生，和王海峰同期，但他在读博士之前已经工作了五年，他在 1986 年进入哈工大材料专业，1990 年获得学士学位。

李生推荐荀恩东的原因很简单，那就是荀恩东的动手能力更强。荀恩东后来成为北京语言大学信息科学学院的院长，他也是中国大学人工智能和计算机领域里，为数不多的一直在写代码并且在一线做理论研究的院长之一。荀恩东主持开发过国内外最大的在线语料库——BCC 语料库，中国本土语义研究者因此受惠良多。

李开复索性把三个人都招到微软中国研究院，不过，这三个人都没有在微软中国研究院留很长时间。刘挺很快回到学校，在哈工大计算机科学与工程系主任徐晓飞的劝说下联合创业，但未果，折腾一段时间后回到哈工大。

王海峰和荀恩东在离开微软中国研究院后去了中国香港，有一段短暂的创业经历，他们的合作者是后来成为华人第一位 ACL Fellow 的自然语言处理专家吴德恺。

吴德恺是中国香港人，1984 年获得加利福尼亚大学圣迭戈分校计算机工程学士学位，在加利福尼亚大学伯克利分校获得计算机科学博士学位，曾在多伦多大学从事博士后研究。1992 年，吴德恺回到香港科技大学计算机科学与工程系，1995~1996 年在哥伦比亚大学做访问学者。

吴德恺出身学术世家，他的父亲是香港科技大学的创校校长吴家玮。吴德恺的出身给他的成长带来很大影响。2000 年，吴德恺创办了一家名为 Weniwen 的机器翻译公司，王海峰和荀恩东加入的正是这家公司。当时中国自然语言处理领域的诸多青年才俊在这家公司工作过，譬如俞士汶北大计算语言学研究所的衣钵传人穗志芳就在王海峰和荀恩东之前为吴德恺夫妇工作过。再比如，北京理工大学人工智能研究院的院长黄河燕也与王海峰等人一起在 Weniwen 工作过。

关于黄河燕，石纯一教授给笔者讲述了一段往事。1984 年，计算机学会人工智能与模式识别学组在黑龙江省的镜泊湖召开年会。镜泊湖是中国最大的高山堰塞湖，因湖面如镜而得名，是著名的风景胜地，石纯一是那次活动的组织者。会议报名结束的第二天午夜，石纯一已经睡下，他被一阵急促的敲门声吵醒，打开门才知道，黄河燕的室友发现黄河燕一直没有回来，担心她出了什么事情，于是来找石纯一，石纯一一听也很是担心，于是找了几个人一起去湖边找人，出去不久就遇到黄河燕正往回走，于是大家很快散去。石纯一送黄河燕回到住处，黄河燕有点害羞地告诉石纯一，自己是和陈肇雄去湖边散步去了，走着走着忘了时间，希望石纯一给他们俩保密。陈肇雄和黄河燕后来结成夫妻，这段故事也成了一段佳话。

回来说吴德恺。

2000 年 ACL 在中国香港举行，吴德恺是组委会主席，王海峰因此进入组委会，从此与 ACL 社群结缘。从 2004 年起，王海峰连续 15 年参加 ACL，基本每年有文章发表或深度参与组织。2006 年的 ACL，王海峰更是一个人中了 5 篇论文。

在 ACL 这个社区中，王海峰的勤奋和乐于助人的特质得到了大家的认可。2013

年，王海峰就任 ACL 主席，是 ACL 历史上首位华人主席；2016 年他又当选中国大陆首位 ACL Fellow，会士评选委员会在对王海峰的评语中写道：王海峰在机器翻译、自然语言处理和搜索引擎技术领域，在学术界和工业界都取得了杰出成就，对于 ACL 在亚洲的发展也做出了卓越贡献。和王海峰合作多年的吴华也于 2006 年在 ACL 上发表文章，并在 2013 年成为 ACL 的程序主席。

周明是李生的第一个博士生，第三个博士生是赵铁军，第二个博士生是张民，张民后来成为哈尔滨工业大学（深圳）特聘校长助理。张民也是 ACL 等国际顶会的常客，顶会论文数量达两位数。

张民也是自然语言处理领域为数不多的杰青之一。

第 13 章

1991

1991 年：人工神经网络

人工神经网络大致在三个时期有较大的发展：20 世纪 40 年代 ~20 世纪 60 年代的控制论时期人工神经网络萌芽[1]、20 世纪 80 年代到 20 世纪 90 年代中期联结主义兴起，以及 2006 年以来深度学习的全面复兴。20 世纪 80 年代到 20 世纪 90 年代中期的这一波巅峰大概在 1991 年，这一年《终结者 2》上映，施瓦辛格扮演的“终结者”说：“我的 CPU 是一个神经网络处理器，是一个会学习的计算机。”可见“神经网络”的概念在当时的火热程度。

1 人工神经网络最早的模型——MP 神经元模型由沃伦 · 麦克洛克（Warren McCulloch）和数学家沃尔特 · 皮茨（Walter Pitts）于 1943 年提出，两人与诺伯特 · 维纳（Norbert Wiener）并称为“控制论金三角”。

联结主义[1]在 20 世纪 80 年代到 20 世纪 90 年代中期的这一波浪潮中也对中国人工智能的研究产生了重要影响。不同的是，中国研究者没有第一波神经网络研究者被打压的经历。当时，以马文・明斯基（Marvin Minsky）为首的人工智能研究者打压神经网络研究者，学术领头人弗兰克・罗森布拉特（Frank Rosenblutt）溺水而死，整个研究方向进入“大饥荒”[2]的时代。与此相比，在 20 世纪 80 年代到 20 世纪 90 年代中期的这一波浪潮中，中国的神经网络与人工智能的融合要顺畅得多。

1991 年也是神经网络与人工智能融合的一个关键时间点，这一年，全国 8 个一级学会（电子、通信、计算机、自动化、物理、数学、生物物理和心理学会）联合成立了跨学会的“中国神经网络委员会”（CNNC），为神经网络和人工智能的研究做出了重要贡献。

1 联结主义（Connectionism）是认知科学领域的一种方法，期望能够以人工神经网络（ANN）来解释心灵现象。联结主义的中心原则是使用简单且经常一致的单元互联网络来描述心理现象。不同模型的联结及单元形式可以有所不同。例如，网络的单元及联结可以分别表示神经元及突触，如同人脑那样。

2 又称“黑暗年代”，根据罗素・艾伯哈特（Russell C. Eberhart）和罗伊・多宾斯（Roy W. Dobbins）的著作《神经网络：PC 工具书》（*Neural Network PC Tools*），多数研究人员把人工神经网络研究从 1969 年（明斯基《感知机》发表）到 1987 年（国际神经网络会议召开）这段被打压的时期称为 Dark Age（黑暗年代），卡弗・米德（C. Mead）等少数人把这一时期叫作“大饥荒”。本书采用的是米德的提法。

13.1 人工智能已死，神经网络万岁

1987 年 6 月 21 日，第一届国际神经网络会议在美国海滨城市圣地亚哥召开。该会议的宣传口号是“来参加世界上最大规模的神经网络会议，共同迎接新时代的到来”。当时神经网络的研究人员与人工智能的研究人员闹到了水火不容的程度，以至于在这次大会上不仅成立了新的神经网络学术组织国际神经网络学会（INNS），还贴出了“人工智能已死，神经网络万岁”的口号。

神经网络学派的拥趸在这次会议上表现出的狂热，或许很难让没有经历过“大饥荒”的中国研究者感同身受。“大饥荒”是神经网络与集成电路专家米德提出的一个概念，指明斯基在《感知机：计算几何学》一书中对感知机进行批驳，该书出版后，神经网络学派被打压、艰难度日的约二十年黑暗时期。明斯基指出单层感知机不能解决异或（XOR）问题的局限后，神经网络的研究热潮迅速退去，这也造成了人工智能的第一波退潮。平心而论，误伤人工智能或许并非明斯基的本意，这就犹如《三体》中的降维攻击，攻击者根本都没意识到按下一个按钮的影响——消灭你，与你无关。

最早注意到神经网络学派复兴动向的国内研究者是当时正在美国访问的罗沛霖。罗沛霖是新中国电子信息产业的开拓者和奠基人，他本科就读于上海交通大学，在交通大学念书时与钱学森就是好友，之后被派到美国学习，在加州理工大学拿到博士学位。1987 年罗沛霖访美时回到母校加州理工大学，拜访了两位神经网络领域的厉害人物——约翰·霍普菲尔德（John Hopfield）（顺便说一句，李兆平博士师从霍普菲尔德，他是 1984 年 CUSPEA 第一名，于 1988 年在 NIPS 上发表论文，是 NIPS 的第

一位中国籍作者）和米德，了解了神经网络的新趋势。回到国内后，他便立即组织召开了一个座谈会，推动有关研究工作的开展。

罗沛霖这次访美还有一个重要的中间人，他就是 INNS 的发起人之一、美籍华人斯华龄（Harold Tsu）。杨振宁和李政道获得诺贝尔奖激励了斯华龄进入物理领域进行研究，1985 年前后他曾多次在中国举办神经网络相关的交流讲座。他也是促进国际联合神经网络学术大会（IJCNN）1992 年在北京举办的人物，并担任了大会的外方程序委员会主席。关于 1992 年的神经网络国际会议及该会议对神经网络研究的影响，笔者后面再详细叙述。

神经网络在 20 世纪 80 年代末重新崛起，一部分原因是传统人工智能研究遇到了瓶颈，被寄予希望的第五代智能计算机又迟迟未取得突破，但更重要的原因是霍普菲尔德在 1982 年提出了 Hopfield 神经网络（HNN）。该神经网络模型引入了网络能量函数的概念，以神经网络为模型的光学信息处理引起了诸多研究者的兴趣。1984 年，霍普菲尔德又利用电阻、电容和运算放大器等元件组成的模拟电路实现了对网络神经元的描述，把最优化问题的目标函数转换成 Hopfield 神经网络的能量函数，通过网络能量函数最小化来寻找对应问题的最优解，这为神经网络的实现奠定了基础。在第一届国际神经网络会议上，开场演讲嘉宾正是带领神经网络走向复兴的霍普菲尔德。

与第一批从事神经网络研究的有生物学背景的科学家不同，以霍普菲尔德为代表的物理学家从物理角度为神经网络带来了研究思路与方法，如我们熟悉的梯度下降算法就是物理学思维的体现，在一个误差构成的“能量函数”地形图上沿着最陡峭的路线下行，直到达到一个稳定的极小值时收敛。霍普菲尔德的一个创举是引入了能量函数的概念，明确了神经网络与动力学系统之间的关系，利用李雅普诺夫（Lyapunov）稳定性概念证明了当连接权矩阵为对称的情况下，网络在平衡点附近是稳定的，这成为神经网络研究的一个重要里程碑。围绕神经网络的非线性动力学、稳定性与能量函数，研究者们又相继提出了多种理论，这也使得神经网络的研究进入了一个新的阶段。

同样，国内对神经网络研究的主战场也从生物物理领域转向了电子信息领域。早在 1965 年，中科院生物物理研究所就提出用矩阵法描述神经网络模型，20 世纪 80 年代将马尔的《视觉计算理论》翻译和引入中国的，也是中科院生物物理研究所的汪云九和姚国正等人。而 Hopfield 神经网络提出后，其可以实现联想记忆功能的特点得到了研究者的关注，许多人试图对其进行进一步扩展，以设计出更接近人脑功能特性的网络模型，通过模拟人脑神经系统加工、记忆信息的方式，来研制一种具有人脑那样的信息处理能力的机器。Hopfield 神经网络在电子电路和光学信息处理方面首先落地，电子学会也成了国内推进神经网络研究的急先锋。

从 1982 年霍普菲尔德提出 Hopfield 神经网络到 1987 年第一届国际神经网络会议举办，国际神经网络研究掀起了一个小小的浪潮：杰罗姆·费尔德曼（Jerome A. Feldman）和达娜·巴拉德（Dana H. Ballard）的连接网络模型（1982）指出了传统人工智能“计算”与动物大脑计算的不同点，并给出了并行分步处理的计算原则；杰弗里·辛顿（Geoffrey Hinton）等人提出的玻尔兹曼机（1983）从理论上给出了多层网络的算法，大卫·鲁梅尔哈特（D. E. Rumelhart）等提出的 PDP 理论（1986）[1] 提出了多层神经网络的“误差学习算法”；1986 年，辛顿还和鲁梅尔哈特等人发表了有关 BP 算法 [2] 的著名文章《通过反向传播错误学习表征》（*Learning representations by back-propagating errors*），这些理论突破也为神经网络的复兴打下了基础。

同期还出现另一个概念，即“神经网络计算机”。日本第五代计算机研究虽然当时还在推进，但是已经遇到瓶颈。一方面，现行的计算机或者说冯·诺依曼结构的计算机与人们所期望的结构相差甚远；另一方面，随着时间的推移，科学家们逐渐认识到基于符号逻辑推理的观点和理论的局限性影响着计算机科学的发展。于是，寻找一

---

1 PDP 的全称是 Professional Dyna-Metric Programs（行为特质动态衡量系统），它是一个用来衡量个人的行为特质、活力、动能、压力、精力及能量变动情况的系统。

2 BP 算法是误差反向传播算法的简称，是一种与最优化方法（如梯度下降法）结合使用的用来训练人工神经网络的常见方法。 该方法对网络中所有权重计算损失函数的梯度。这个梯度会反馈给最优化方法，用来更新权值以最小化损失函数。 反向传播要求有对每个输入值期望得到的已知输出，来计算损失函数的梯度。

种新型的非冯·诺依曼的计算机被提上日程，而神经网络相比冯·诺依曼结构所体现出的优势，则成了计算机科学家重点研究的方向。

神经网络的信息处理是并行的，神经元之间的信息传递在毫秒级别，电子计算机的信息传递速度比人脑快上几个数量级，但人类却能够做到在复杂环境下快速做出判断，这是依赖高速计算和推理的计算机和人工智能所不能做到的。换言之，人脑的计算必定建立在大规模并行处理的基础上，这反映了与冯·诺依曼计算机不同的计算原理。此外，环境越复杂，人类擅长做出决策的优势就越明显，约束条件越多，越能迅速做出决策的方式与计算机搜索正好相反。

人类大脑还有一个冯·诺依曼计算机无法比拟的优势，那就是系统的鲁棒性。人脑每天都有大量的神经细胞正常死亡，但这并不影响大脑的正常工作，而对计算机来说，元件的损伤、程序中的微小错误都会导致严重的后果，这体现出计算机极大的脆弱性。因此研究大脑神经网络的机制并仿制计算机成了一个热门研究课题。

1988 年，被誉为“非线性电路分析理论之父”的加利福尼亚大学伯克利分校教授蔡少棠（Leon Chua）和杨林（Lin Yang）在两篇文章中提出了 CNN 处理器的构想。这里所说的 CNN 并非我们所熟悉的卷积神经网络（Convolutional Neural Network），而是细胞神经网络（Cellular Neural Network）。蔡少棠还发明了著名的蔡氏电路，并且首次提出其背后的理论，推测出忆阻器（Memristor）的存在，这也使神经网络计算机的研究热度提升了一个级别。

蔡少棠同样积极在中国进行学术交流。从 1980 年起，他就多次在国内访问讲学。西安电子科技大学智能感知与图像理解教育部重点实验室主任焦李成出生于 1959 年，属于 20 世纪 80 年代国内神经网络研究的“少壮派”。他在电子科大听了一个月蔡少棠的课，课程内容包括非线性、混沌和神经网络，焦李成听完后很受启发，由此进入神经网络这个领域开展研究。但相比之下，蔡少棠的名气还是远不如自己的大女儿蔡美儿（Amy Chua）大。蔡美儿出生于 1962 年（虎年），这也是很多父母所熟悉的“虎妈”名字的由来。她所编写的自传畅销书《虎妈战歌》更是引起了东西方的激烈讨论。

尽管当时国际上对神经网络的研究日新月异，但国内整个科学体系还是落后于世界太多，尽管在 20 世纪 80 年代末和 90 年代初国际对神经网络的研究的主流方向已经转向了神经网络计算机，但当时中国的神经网络研究大多与信号处理相关，只有中科院半导体研究所的王守觉院士将多逻辑值的半导体器件设计与神经网络结合，并在此基础上领导团队于 1995 年研制出我国第一台人工智能网络计算机“预言神一号”。

13.2 从信号处理到其他分支

按信息论的定义，信号是一种可用数学函数表示的信息流。我们熟悉的语音、图像都可以看作一种信号形式，对于语音和图像的增强、降噪、识别等操作本质上都属于信号处理。

1989 年的第一届全国信号处理—神经网络学术会议是中国首次举办的神经网络学术会议，由中国电子学会下属的电路与系统学会、信号处理学会、生物医学电子学会以及广东省电子学会联合主办，华南理工大学与广东省电子学会协办。此前学会计划举办数字信号学组年会及第四届信号处理理论与方法研讨会，为减少会议重复内容与差旅费用，电子学会决定将三个会议合并在一起举行。大会主席团包括华南理工大学的徐秉铮、中科院电子学研究所的柴振明、西安交大的陈鸿彬、东南大学的何振亚和韦钰。

会议的东道主华南理工大学是国内较早进行神经网络研究的高校之一，学术带头人徐秉铮是华南理工大学重建无线电工程系的关键人物，同时也是会议的协办单位广东省电子学会的第四届理事长。1978 年我国恢复研究生招生制度后，在他的领导和组织下，华南理工大学的通信与电子系统[1]成为国家重点学科。他在教学和科研方面成绩卓著，也是我国信息论领域的开拓者和重要成员，1962 年电子学会信息论分会成立时就担任了第一届委员会的副主任委员。1988 年，我国信息论领域的首个国际学术会议 IEEE 国际信息论年会在北京举办，徐秉铮是这个会议的组织者之一。

1　20 世纪 80 年代我国高等教育学科目录经历了四次大的分类调整，该学科现改称“通信与信息系统”。

也是在这一年，徐秉铮与中国其他四位教授赴日本参加信息论的国际学术会议时，结识了人工神经网络研究的领军人物甘利俊一，并带回了国际神经网络研究的资料，在华南理工大学开展了神经网络的研究。帮助徐秉铮进行这一新方向研究的是他的研究生李海洲，李海洲是徐秉铮的得意门生，攻读硕士学位期间，李海洲在语音识别领域多次发表学术论文，其中《基于音素的普通话孤立字、词的不认人识别》获得了广东省高教科技进步二等奖。接触到神经网络后，李海洲在他的博士论文中就用到了神经网络的语音识别算法。当时计算机的计算能力没有现在这么强，在他的博士论文结果中，计算机只能识别 10 个数字，但这一成果已经让李海洲十分兴奋。在华南理工大学工作后，李海洲和徐秉铮继续沿着这个方向探索，为今日华南理工大学深度学习与视觉实验室奠定了基础，李海洲之后也成为语音识别领域的专家，2012 年还担任了国际顶会 ACL 的大会主席。

1989 年 11 月 20 日至 24 日，首届全国信号处理—神经网络学术会议在广州召开，共有 140 余人参加了会议。会议收到学术论文 148 篇，其中神经网络论文 40 篇，充分反映了国内在本学科领域的成果。尽管神经网络的论文数量只占总数的不到三成，但在会议期间，与会者针对神经网络这一新兴的学科分支的讨论最为激烈。会议期间还特别召开了一次小型座谈会，这场会议不仅促成了在电路与系统学组内成立一个神经网络学科筹备组，并计划于 1991 年在东南大学召开第二届全国信号处理—神经网络学术会议，还推动了中国神经网络委员会的成立。

东南大学与华南理工大学同属“四大工学院”[1]，同样是国内信号处理方面比较活跃的研究机构。在第一届信号处理—神经网络学术会议的主席团中就有两位来自东南大学，其中何振亚是我国数字信号处理领域的开拓者和奠基人之一，也是东南大学信号与信息处理国家重点学科创始人，国内最早一批的 IEEE Life Fellow（终生会士）之一。何振亚本人虽不是两院院士，但他的学生中在不同领域出了几个院士，包括电子科技大学首任校长刘盛纲、核武器电子学专家李幼平、担任过联想集团总工程师的

1 1952 年院系调整建立的四所著名重点工学院，另两所是华中工学院（华中科技大学）和大连工学院（大连理工大学）。

倪光南，以及担任过中国人工智能学会两届理事长的李德毅等。何振亚曾写过很多介绍神经网络的文章，对神经网络在国内的推广起到积极作用。

另一位是时任东南大学校长的韦钰。韦钰是中国电子学的第一位女博士，1981 年从德国获得博士学位回国后，根据国家需要从事生物医学电子学和分子电子学的研究。生物医学电子学是电子学与生物医学的交叉学科，该学科随着集成电路集成度的提高和超大规模集成电路的发展，元件尺寸达到分子级别，从而进入了一个高峰期，人们提出用分子作为芯片的构想，进入了分子电子学时代。神经网络在 20 世纪 80 年代兴起，无论是神经科学方面的研究，还是从功能模拟的角度研究人工神经网络，都涉及生物电子学和分子电子学，这些学科与神经网络结合也是自然而然的事情。

韦钰将神经网络的研究划分为三个层次：第一个层次是神经系统的机理研究，第二个层次是知识表达与学习算法的研究，第三个层次是硬件实现方面的研究。韦钰认为，由于神经科学还不足以为神经网络的研究提供充分的理论依据，主流的神经网络研究往往忽略了第一层次，而采取更接近工程实际的方法，通过生物化学、生物物理等基础研究，有望从神经系统的机理出发，进一步研究人的学习和记忆的机制。另外，通过研究蛋白酶构象可更好了解生物系统的信息处理能力，通过进化学习可以确定酶的构象，从而影响神经元突触的传递效率，为模拟人类思维、实现人工智能研究找到新的实现途径。

为得到更多支持，在钱学森被授予“国家杰出贡献科学家”称号后，韦钰在 1991 年 10 月 16 日写信给钱学森表示祝贺，并说了自己在人工神经网络方面的一些想法“供指正”。钱学森在 12 月 2 日给韦钰回信（图 13-1），表示自己觉得“模拟神经网络这个想法是脱离实际的”，在硬件方面赞同走分子电子学的道路，但“不一定是生物分子电子学”。1993 年，经国务院学位委员会批准，在东南大学设立了我国第一个生物电子学博士学位授予点。正是在这一年韦钰调任教育部副部长，该实验室后续的研究方向也更偏向于生物信息材料与器件、生物信息获取和传感、生物信息系统和应用，生物分子电子与神经网络的交叉组合并未取得里程碑式的进展，这是后话。

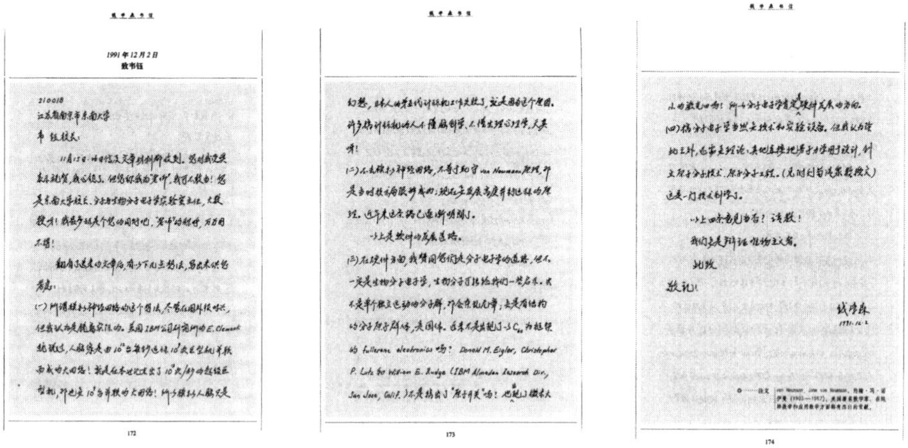

钱学森书信

1991年12月2日
致韦钰

210018
江苏省南京市东南大学
韦钰校长：

11月15日来信及文章均收到。您对我说受表示祝贺，我心领了。但您称我为“老师”，我可不敢当！您是东南大学校长、分子与生物分子电子学实验室主任，大教授！我最多称是个您的同行吧。“老师”的称呼，万万用不得！

细看了送来的文章后，有以下几点想法，写出来供您参考：

(一) 所谓模拟神经网络的这个想法，尽管在国外很时兴，但我认为是脱离实际的。美国IBM公司研究所的E. Clement就说过，人脑实是由10^{12}个每秒运算$10^{[illegible]}$次微型机并联而成的大网络！就是在本世纪末出了$10^{[illegible]}$次/秒的超级巨型机，那也只是$10^{[illegible]}$台并联的大网络！所以模拟人脑只是

172

钱学森书信

幻想，日本人的第五代计算机工作失败了，就是因为这个原因。许多搞计算机的人不懂脑科学、不懂生理心理学，天真呀！

(二) 不去模拟神经网络，不等于就守von Neumann原理，那是当时技术局限所成的；现在是发展高度并行运算的原理。近年来这条路已逐渐明朗了。

以上是软件的发展道路。

(三) 在硬件方面，我赞同您们走分子电子学的道路，但不一定是生物分子电子学，生物分子可能给我们一些启示。但不是单个微观运动的分子群，那会出现混乱；而是有结构的分子原子群体，是固体。近来不是出现了以C_{60}为框架的fullerene electronics吗？Donald M. Eigler, Christopher P. Lutz和William E. Rudge (IBM Almaden Research Ctr., San Jose, Calif.) 不是搞出了“原子开关”吗？也出现了微米大

173

钱学森书信

小的激光器吗！所以分子电子学肯定是硬件发展的方向。

(四) 搞分子电子学当然要技术和实验设备，但我认为除此之外，也要走理论，要把直接把量子力学用于设计，创立原子分子技术、原子分子工程。(见附上的冯家胜教授文) 这是一门技术科学了。

以上四条意见当否？请教！

我们都是辩证唯物主义者。

此致

敬礼！

钱学森
1991.12.2

①……注文 von Neumann, John von Neumann，约翰·冯·诺伊曼（1903—1957），美国著名数学家，在纯粹数学和应用数学方面都有杰出的贡献。

174

图 13-1　钱学森给韦钰的回信
（《钱学森书信》P172~P174）

除了电子信号模拟，光信号模拟神经网络也是 20 世纪 80 年代神经网络硬件模拟的一个方向。神经网络光计算采用光学互联来实现光学逻辑件以及图像信息之间的三维联系，应用光学关联记忆实现图像相关、卷积、提取、符号代换、矩阵运算及高密度信息存储。相对于电子信号，光作为信息载体的优点在于光子间没有直接相互作用，从而易于建立一种类似于大脑的稠密联接性结构的通信网络，而且光通信还有可以进行调制、通过改变光的波长改变其携带的信息的特点，因此光学也被认为是潜在计算技术的基础，这就和科学家利用量子纠缠的特性来研究量子计算和研究量子计算机背后的道理是一样的，只不过实现途径不同。传统电子计算机好比火车，光子计算机好比飞机，量子计算机好比火箭，它们都能运送人或者货物，只是实现的方法不一样而已。

20 世纪 80 年代末 90 年代初，神经网络研究处于高峰期，而第五代智能计算机的研制处于由盛转衰的节点，神经网络自然成了实现人工智能，为第五代智能计算机续命的新方式。当时大家的共识是需要为神经网络做一个硬件实现，无论是电子元器件还是后来的光子和分子都是如此，后两者的硬件设计更是奔着制造光子计算机和分子计算机的目标而去的。但三十年后的今天再看，这也不过是研究者们限于当时的条件未能走通的道路。

13.3 助推中文模式识别，神经网络找到第一个落脚点

神经网络在 20 世纪 80 年代的兴起也促进了它在模式识别中的应用。20 世纪 80 年代中期到 20 世纪 90 年代，神经网络方法开始取代统计模式识别和句法模式识别成为模式识别的主导方法。

神经网络其实是特别适合应用于模式识别的一种方法。人们通常认为神经网络，尤其是多层神经网络的工作原理是建立在模式变换的基础上的。神经网络最初的模型——罗森布拉特的感知机模型也是为解决模式识别的应用问题而提出的，并实现了标识向左和标识向右的图片的识别和分类。罗森布拉特还写了一篇名为“能自学的电脑”（Electronic “Brain” Teaches Itself）的文章，称感知机不依赖于人类的训练和控制，有望成为第一个能感知、会识别、可确认周边环境的非生命机理。电脑这一名称可能就出自罗森布拉特。

在随后的一段时间里，对神经网络的研究仍在进行。此前被明斯基嘲笑的“单层感知机无法解决异或问题”这一点，随着多层神经网络的出现也迎刃而解。图 13-2 是一个最简单的两层神经网络，当输入码组为 (1,1) 时，加到神经元 N_1 的激励电信号 $x=1\times1+(-1)\times1=0$，小于神经元的阈值 1，因此输出信号 $y_1=0$。同理也可以算出神经元 N_2 的输出信号 $y_2=0$，也就是没有输出信号，神经网络最终输出 $z=0$。当输入码组为 (0,0) 的时候，神经网络最终的输出 z 也等于 0，但当输入码组为 (1,0) 和 (0,1) 时，

神经网络最终输出 z=1。引发第一波人工智能神经网络退潮的问题竟然可以如此简单地得到解决，这恐怕是罗森布拉特万万没有想到的。在人工智能的研究历史中，有许多人的灵光一闪改变了历史的进程。

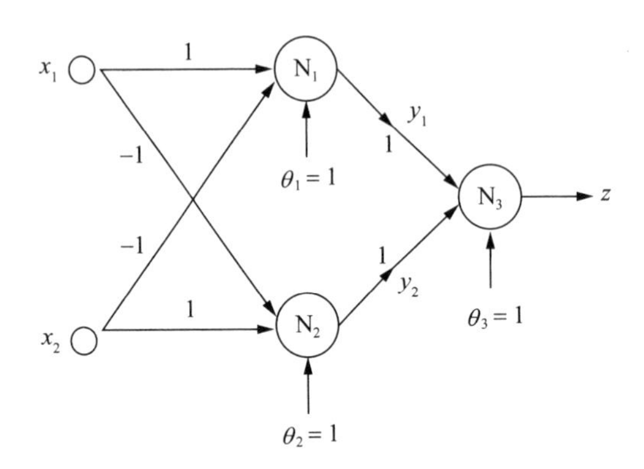

图 13-2　能解决异或问题的两层神经网络

神经网络研究的进步使研究者开始用模式识别解决更复杂的问题，例如汉字识别。汉字识别的研究最早源于 IBM 在 1965 年发表的一篇印刷汉字识别的论文，但由于汉字数量多，字形复杂，难以用单独的模式去描述，所以汉字识别研究的进展比较缓慢。

我国汉字识别的研究始于 20 世纪 70 年代，到 20 世纪 80 年代正好赶上神经网络再度兴起的浪潮。从 1985 年开始，神经网络在汉字识别的应用上出现一个小热潮，先是总参通信部与中科院自动化研究所合作，研制出运用神经网络与句法模式识别的联机手写汉字识别系统（即汉王的前身），此后不久，清华大学无线电电子学系（1989 年更名为电子工程系）的吴佑寿、丁晓青等又研制了一个能识别 GB2312 国标码中收录的全部 6763 个汉字的系统，而此前表现最好的是日本研制的汉字识别系统，识别字数在 2000 字以下，它也需要小型机或专用大型计算机来作主机运行，因此难以应用。这一突破使神经网络在汉字识别这一前沿舞台上取得了一席之地。

吴佑寿于 1948 年在清华大学电机系毕业后留校，是出生于泰国的归国华侨，祖籍潮州，与李嘉诚同乡，所以二人相识多年。吴佑寿参与了 1952 年无线电系的创建并担任系秘书。作为孟昭英、常迵的助手，他在毕业后留校工作的最初几年负责无线电实验室的建设和管理工作，1956 年成为通信教研组主任，领导研制了 14 路语音编码终端，开创了我国从模拟通信到数字通信的先河。

吴佑寿经历过 20 世纪 60 年代电视传输从模拟到数字化的过程，对数字信息的作用有着深刻的理解，因此对于无线电电子系的转型有着深刻的认识。他带领图像组开展汉字模式识别研究的契机是“748 工程”。“748 工程”分为三个子项目，分别是精密中文编辑排版系统、中文情报检索系统和中文通信系统，王选的北大方正激光照排系统就是“748 工程”的研究产物。“748 工程”刚被提出来时，清华大学无线电电子系还在绵阳，信息闭塞，因此没能第一时间参与。回到北京后，吴佑寿则选择了汉字识别这个当时还没有被解决的问题。吴佑寿认为，汉字识别可能是更适合图像组研究的课题，从技术层次看，汉字识别需要大量图像处理，模式识别和人工智能的方法有很大的应用空间，从应用程度看，汉字识别是汉字信息化的关键技术，有着广阔的前景。

从 1982 年起，吴佑寿与一批教师和研究生围绕汉字识别持续进行研究，1986 年在一台国产 0520 微机上完成国标 6763 个印刷体汉字识别后，吴佑寿的后继者丁晓青又将字符识别扩展到少数民族语言领域，推出多字体印刷藏文（混排汉英）文档识别系统。丁晓青还在指纹识别、人脸识别和笔迹识别等生物特征识别领域进行研究，在 2004 年的国际人脸认证竞赛（FAT2004）中以较大优势获得第一，她也于 2006 年当选 IAPR Fellow。值得一提的是，2006 年是中国模式识别研究获得国际广泛认可的一年，除了丁晓青，谭铁牛、张大鹏等人也在这一年当选 IAPR Fellow，不同的是谭铁牛、张大鹏在海外获取博士学位，而丁晓青则是清华大学自己培养的。

运用神经网络的模式识别方法与传统方法最大的不同是，用来识别输入信号的信息存储在每一个神经元的连接权值中，而不是像传统方法那样需要建立一个特征库。

此外，各神经元可以并行工作，而不是按照事先编写好的程序串行运行，因此速度也更快。有利必有弊，神经网络最大的缺点是系统比较复杂。以清华大学电子系研发的汉字识别系统为例，系统需要先进行第一级的粗分类，将汉字分为若干子集，其中某些子集只有一个汉字，可作为结果直接输出，包含多个汉字的子集则继续进行分类，直到最后得到包含 2 个或者 3 个汉字的“孙集”，之后对“孙集”进行细分即可得到单字识别输出。其中有关模式识别的各个方面，包括描述、辨认、分类和解释均用神经网络来进行，层层叠加下来，这套系统的复杂性可想而知。当然复杂是相对的，2015 年微软亚洲研究院的何恺明在图像识别中就应用了高达 152 层的神经网络，复杂性远胜于当年。不过当时还没有现在那么充足的算力，又缺乏专用的神经网络器件和神经计算机，能在传统 PC 上跑通汉字识别，这也催生了一项技术——汉字 OCR（Optical character recognition，光学字符识别）。

从 1986 年到 1988 年，我国先后进行了 14 次印刷体汉字识别的成果鉴定。北京信息工程学院张炘中在《我国汉字识别技术的历史、现状和展望》一文中总结道：

> 1986 年初到 1988 年底，这三年是汉字识别技术研究的高潮期，也是印刷体汉字识别技术研究的丰收期。总共有 11 家单位进行了 14 次印刷体汉字识别的成果鉴定，这些系统对样张识别能达到高指标：可识别宋、仿宋、黑、楷体，识别字数最多可达 6763 个，字号从 3 号到 5 号，识别率高达 99.5% 以上，识别速度在用 286 微机的条件下达到 10~14 字 / 秒，但它们对真实文本的识别率就没有这么高了，这是以上系统对印刷文字形状变化（如文字模糊、笔画粘连、断笔、黑白不均、纸张质量、油墨反透等）的适应性和抗干扰性较差造成的。

这样的成果标志着我国在 OCR 领域的研究已经走到了世界的前列。1986 年汉字识别被列入“863 计划”，由此国内在 OCR 方面的研究进入了一个实质性的阶段。清华大学在 1992 年推出中国第一款汉字识别软件 TH-OCR，但早期因为没有好的影像采集设备，TH-OCR 并没有得到很好的应用。直到 20 世纪 90 年代末，随着平台式扫描仪的广泛应用，OCR 技术得到进一步发展，由此 OCR 的识别正确率、识别速度满足了广大用户的要求，TH-OCR 产品的质量也得到了快速的提升。就算在 21 世纪的今天，TH-OCR 仍然是一款非常经典的产品，市场占有率依然非常高。后来微软在 Office 中使用了 TH-OCR，惠普等多个 PC 厂商也都预装了 TH-OCR 软件。除了清华大学的 TH-OCR，北京信息工程学院张炘中所主导的 BI-4F、BI-4DW 以及自动化研究所的汉王 ICR 在印刷字体识别上也都表现优良。当然以上这些都是对印刷体的识别，对于手写字体的识别，在之后很长一段时间内都没有取得进展。

不管是神经网络还是支持向量机，都是在模式识别中为了解决实际的分类问题所采用的方法。而在实际场景中，模式识别又是实现不同的工程应用所采用的方法。模式识别最基本的功能是分类。有句话是这么说的：如果你手里有一把锤子，你会觉得所有东西都长得像钉子。不得不说模式识别确实是一把很好用的锤子，有什么东西不可以归到分类上呢？声音信号的处理是分类，一幅图像是猫还是狗属于分类，文字识别是分类，二叉树往左还是往右是分类，股票该买还是卖还是分类。从人的感官到模拟思维，很多东西可以用分类来解决。在商业应用场景中，我们甚至可以利用分类来进行数据挖掘，挖掘出类似（奶粉，尿布）与（啤酒，刮胡刀）这样具有高度关联性的产品对。在计算机视觉、语音识别、自然语言理解等研究领域，模式识别也得到了很好的应用。

13.4 中国神经网络委员会

如前所述，1989 年“信号处理与神经网络”学术研讨会在华南工学院召开期间，曾召开了一次对中国神经网络发展至关重要的小型座谈会，与会者包括李衍达、李志坚、何振亚、徐秉铮、刘泽民、迟惠生、钟义信等人。当时会上曾讨论成立“中国神经网络学会”的议题，但大多数人认为时机还不成熟，而且学会的成立难度很大。

虽然很难成立单独的学会，但这并不代表没有其他办法。座谈会参加者之一、担任中国电子学会学术委员会副主任的钟义信回到北京后，给中国电子学会理事长孙俊人、副理事长罗沛霖、秘书长沙踪写了一封长信，信中说鉴于国内神经网络的研究势头很猛，而神经网络是一个交叉学科，建议由中国电子学会出面，联合其他相关的国家级学会共同组织和召开我国神经网络学术大会，这封信得到了积极的影响。

按钟义信的计划，与神经网络研究相关的国家级学会主要包括中国电子学会、中国人工智能学会、中国计算机学会、中国自动化学会、中国物理学会、中国心理学会、中国生物物理学会和中国通信学会这 8 个国家一级学会，其中前 5 个学会都是 IEEE 北京分部的成员，而 IEEE 北京分部的牵头学会正是中国电子学会，沙踪是 IEEE 北京分部的秘书长。以 IEEE 为纽带，先把与“电”有关的几个学会联系起来，然后以此为基础联系其他几个学会就顺理成章了。

电子学会的几位领导觉得这个意见很好，于是拍板决定召开中国首届神经网络学术大会，并任命钟义信为程序委员会主席，牵头组织会议。中国神经网络首届学术大会于 1990 年 12 月 9 日至 13 日举办，国际神经网络联合会（INNS）副主席拉塞尔·埃伯哈特（Russell C. Eberhart）从美国赶来祝贺并作报告。趁热打铁，这 8 个学会派出代表，成立了中国神经网络委员会筹备委员会，并将筹办神经网络委员会提上日程。

中国神经网络委员会筹备委员会的主要负责人是清华大学的吴佑寿，罗沛霖在 1958 年组织研制“超远程雷达”时，吴佑寿就是项目组成员之一。罗沛霖牵头组织跨学会的中国神经网络委员会时就想到了吴佑寿，除了吴佑寿本人在神经网络研究上的成就，和吴佑寿三十多年的交情也是一个重要因素。

1991 年 12 月 3 日至 6 日，第二届全国信号处理—神经网络学术会议在东南大学召开，吴佑寿和东南大学校长韦钰担任这届大会的主席。这次会议上正式宣布了中国神经网络委员会（CNNC）成立，并推选吴佑寿出任中国神经网络委员会主席，推选马颂德、郭爱克、徐秉铮、何振亚、钟义信为中国神经网络委员会副主席，沙踪为秘书长。

中国神经网络委员会的成立对国内神经网络的研究和应用起到了很好的协调和组织作用。中国神经网络委员会主张神经网络及人工智能研究应当融合并接受一切学科，兼容并包，并提出了“携手探智能，联盟攻大关”的口号。在最初的 8 个学会之后，又有电机学会、生物医学工程学会等 5 个学会加入中国神经网络委员会，神经网络研究队伍不断壮大。

中国神经网络委员会成立后操持的第一件大事就是国际联合神经网络学术大会（IJCNN）的召开。如前所述，国际神经网络学会（INNS）的创始人是华裔教授斯华龄，从国际神经网络学会和国际联合神经网络学术大会创立之初，国内研究者就与之保持着密切的联系，国际神经网络学会副主席拉塞尔・埃伯哈特 1990 年来中国参加“中国神经网络首届学术大会”，其实也是为两年后在北京召开国际联合神经网络学术大会做铺垫，在中国神经网络委员会成立后的一年中，委员会的主要工作也围绕着国际联合神经网络学术大会展开。

1992 年 8 月 24 日，中国神经网络委员会在北邮召开了第一次全会，就国际联合神经网络学术大会的进展和下一步的工作安排进行了研究。会议初步商定，今后每隔一年召开一次国际学术会议和一次国内学术会议，其中第三届全国神经网络学术大会定于 1993 年在西安召开，由西安电子科技大学承办，1994 年召开的国际会议除神经网络的内容外，还准备加入模糊系统的内容，会议名称初步定为神经网络与模糊系统国际会议（International Conference on Neural Networks and Fuzzy Systems）。

1992 年 11 月 3 日至 6 日，由 IEEE 神经网络委员会（NNC）和国际神经网络学会联合主办的国际联合神经网络学术大会在北京召开，大会由中国神经网络委员会承办，参会者 400 余名，其中来自海外的参会者 154 人，参会者中 30 岁左右的青年人占一半以上（图 13-3）。不算之前临时由北京改到罗马举办的 IAPR’88 大会，1992 年举办的国际联合神经网络学术大会可以算中国正式举办的第一次有影响力的人工智能国际学术会议。

1992 年国际联合神经网络学术大会的组委会中有三个主席是中国人，其中大会主席是沙踪，吴佑寿是会议联席主席，钟义信是程序主席。沙踪和吴佑寿都出生于 20 世纪 20 年代，钟义信于 20 世纪 40 年代出生，更为年轻的钟义信自然承担了更多沟通协调的工作。钟义信在北邮拿到硕士学位后留校，最早从事通信理论与信息理论的研究，曾在英国伦敦大学帝国理工学院做过两年访问学者，专攻信息理论，20 世纪 80 年代国内掀起“老三论”（即系统论、控制论和信息论）的研究浪潮，钟义信就是“信息论”的代表人物。1986 年完成《信息科学原理》一书后，钟义信也开始进入人工智能领域，转向“信息—知识—智能”的信息科学理论体系的构建，神经网络也正是其研究的重要部分。

正因如此，转向人工智能研究的钟义信对人工智能和神经网络并没有先入为主的看法，对于那句有名的“人工智能已死，神经网络万岁”的口号，钟义信在深入研究了人工智能和神经网络的发展史后，对它们进行对比分析，认为这句口号的背后其实存在很大的矛盾。在他看来，人工智能研究虽然在方法论上存在错误，但这一学科不可能真的“已死”，神经网络和人工智能应该是互补的，而且我们可以用信息科学的框架让其互相包容。由于人工智能与神经网络“宿怨”已久，人工智能和神经网络的

1992 International Joint Conference on Neural Networks

Beijing, China
November 3-6, 1992

INNS

General Chair
Dr. Zong Sha
Chinese Institute of Electronics
Beijing, China

Sponsored by:
The IEEE Council on Neural Networks
The International Neural Network Society
The China Neural Networks Council
The IEEE Beijing Section

The International Joint Conference on Neural Networks (IJCNN '92-Beijing) will be held November 3-6, 1992 (Tutorials on November 1-2), in Beijing, China. This conference is intended to provide a forum for dissemination of the latest scientific and technical information in the various fields of Neural Networks.

Conference Co-Chairs
You Shou Wu, Tsinghua University, China
Shun-Ichi Amari, Tokyo University, Japan
Russell C. Eberhart, Research Triangle Institute, USA
Program Co-Chairs
Yi In Zhong, University of Posts & Telecom., China
Harold Szu, INNS, USA
Organizing Co-Chairs:
Zong Sha, Chinese Institute of Electronics, China
Shiro Usui, Toyohashi University of Technology, Japan
International Advisory Co-Chairs:
Paul Werbos, National Science Foundation
Robert Marks II, University of Washington, USA
International Advisory Members:
Stephen Grossberg, Boston University
Teuvo Kohonon, Helsinki University
Bernard Widrow, Stanford University
Kunishio Fukushima, Osaka University

General Information: For further details you may write or fax:

(In China)
Prof. Yi Zin Zhong
IJCNN '92 Beijing
Beijing Univ. of Posts & Telecom.
Beijing 100088, China
Tel: 201-3388 ext. 2203
Telex: 210431 CIE CN
Fax: 500-5233
(Outside China)
Dr. Russell C. Eberhart, Director
Biomedical Engineering
Research Triangle Institute
PO Box 12194
Research Triangle Park NC
27709 USA
Tel: 919-541-7123
Fax: 919-541-8746
E-mail: rce@rti.rti.org
or
Dr. Harold Szu
INNS President Elect
9402 Wildoak Dr.
Bethesda MD 20814
Tel: 301-394-3097
Fax: 301 394 3923
E-mail
btelfe@ulysses.nswc.navy.mil

图 13-3 1992 年国际联合神经网络学术大会的资料

研究呈现出“碎片化”的趋势，从短期来看，各自可能会得到比较突出的成果，但是从长期来看是不利的。为此，大会提出“携手探智能，联盟攻大关”的口号，也正是希望纠正“人工智能已死”这个口号的影响。从何永保 1992 年发表的《人工神经网络系统应用研究的进展》一文中可以看出，当时国内的主流观点是“神经网络是人工智能的一个研究分支”，现在国内神经网络和人工智能研究者们能和谐共存，在研究上互补，中国神经网络委员会当记一功。

在与国际神经网络社区的交流上，钟义信也是活跃者。1993 年，我国和日本、韩国共同发起成立了亚太神经网络联合会（APNNA），并创办国际神经信息处理学术大会（ICONIP），由参加国每年轮流主办，影响不断扩大。目前参加国家已扩展到新加坡、新西兰、澳大利亚、印度、土耳其等国家，俄罗斯也希望加入，欧美各国有关组织也经常派代表列席理事会参加 ICONIP 学术大会，对神经网络研究在我国的发展起到了重要作用。钟义信从一开始就参与了亚太神经网络联合会的筹办，并于 2001~2002 年担任亚太神经网络联合会主席，2002 年卸任后获得了亚太神经网络联合会的“主席奖”。另两位中国研究者徐雷和郭爱克也分别于 2006 年和 2009 年获得亚太神经网络联合会的“杰出成就奖”。2006 年之前仅有日本神经网络研究领军人物甘利俊一和福岛邦彦获得此奖。

迟惠生也是国际神经网络社区交流的活跃者。迟惠生早年从事卫星通信与信号处理方面的研究，与石青云一起参加了视觉与听觉信息处理国家重点实验室的筹建工作，在实验室建成后负责多项人工神经网络理论方法、听觉计算模型及说话人识别等跨学科的国家级项目研究。2001 年他与徐雷一同当选为国际神经网络学会理事会理事，是最早担任该组织理事的两位中国学者。迟惠生也是世界神经网络大会（WCNN）的常客，当时在国际神经网络学会主席斯华龄以及中国神经网络委员会代表的共同努力下，每年召开的世界神经网络大会上都会组织一次华人学者聚会，迟惠生每次参会后都会写一篇参会述评文章发表在国内杂志上，让不能到现场参会的研究者也能了解到神经网络的最新研究工作。那段时间国际神经网络学会和中国神经网络研究者交流密切，迟惠生、吴佑寿、何振亚、钟义信、沙踪、徐雷等人在 20 世纪 90 年代相继获国际神经网络学会颁发的“神经网络领导奖”（INNS Leadership Award）。

然而希望越大，失望也越大。由于受到当时的理论模型、生物原型和技术条件的限制，20 世纪 90 年代后期，国际神经网络研究开始遇到瓶颈，以神经网络为主的人工智能研究也开始分化为若干不同的方向，一部分人回归神经科学领域，NIPS[1] 成为神经网络与机器学习的标杆会议。IEEE 神经网络学会的活动也逐渐减少，2003 年正式改名为 IEEE 计算智能学会（Computational Intelligence Society）。

钟义信于 2001~2005 年担任中国神经网络委员会的主席，他也注意到了这一变化趋势。此时的他还是人工智能学会的理事长（1999~2009 年），在任上他将人工智能学会的挂靠关系从社科院迁到了北邮，使人工智能学会逐步被计算机圈子所接受。2002 年，人工智能学会成立了神经网络与计算智能委员会，由研发出中国第一台神经网络计算机的王守觉院士担任名誉主任。王守觉在 2005 年担任中国神经网络委员会的主席，由于他日常的科研任务比较重，所以人工智能学会也逐步接过了中国神经网络委员会的关系，此前在中国神经网络委员会活跃的神经网络研究者也陆续转向人工智能学会这一平台。

值得一提的是，在 20 世纪 90 年代后期到 2012 年这一段神经网络的寒冬中，国内研究者仍未放弃神经网络的优化与研究。从知网等平台上收录的论文数量来看，这段时期与神经网络相关的论文均保持着较多的水平，并取得了一些突破性成果。香港中文大学教授徐雷提出了 Bayes 学习机和 Y-Y 机，证明了 EM 算法 [2] 收敛的优越性；王守觉等人对神经网络的硬件实现及在模式识别领域的应用进行了广泛而深入的研究；伯明翰大学的教授姚新从进化算法出发提出了进化人工神经网络的概念；中科大

1　神经信息处理系统会议（Conference on Neural Information Processing Systems）的简称。会议在 2018 年改称为 NeurIPS）。

2　EM 算法，全称 Expectation Maximization Algorithm，即期望最大化算法。它是一种迭代算法，用于含有隐变量（Hidden Variable）的概率参数模型的最大似然估计或极大后验概率估计。

的教授陈国良提出了主从通用神经网络模型，并且开发出了通用并行神经网络模拟系统，为神经网络提供了高级描述语言以及可编辑和可执行的环境；南京大学教授周志华等人于 2001 年提出了基于遗传算法的选择性神经网络集成算法 GASEN，并于 2003 年提出用于解释集成神经网络功能的方法 REFNE，焦李成、钟义信、史忠植、周志华等人编著的一系列神经网络的系统论著也成了各高校学生学习神经网络的经典教材。

清华大学的张钹院士曾说过，神经网络现在还在演进，关键是怎样选择正确的框架，如何进行训练，以及如何在前人研究的基础上进行优化。神经网络及人工智能的几度起落也说明了这一点。虽然起步不久，当中也多有挫折，但我们永远是在通往更高层次的人工智能的路上，这也是人工智能的魅力。

第 14 章

1992

1992 年：“人工智能理论危机”中的新希望

1992 年，日本于 1982 年制定的为期 10 年的“第五代计算机技术开发计划”划上了句号，被寄予厚望的第五代计算机并未实现最初预想的目标，正式宣告失败。这也是第二波人工智能浪潮进入低谷期最具标志性的事件。

事实上，就在第五代计算机技术开发计划失败的几年前，人工智能就已经遭遇了“理论危机”。虽然中国的人工智能研究起步较晚，仍以学习和消化之前的研究成果，缩短与国际上的差距为主要任务，但国内研究者还是能感受到新的理论和框架在不断涌现，人工智能开始进入一个百家争鸣的时代。

国内研究者另一个更直观的感受是，在顶级人工智能学术会议上发表论文越来越难——在传统人工智能时代，国内研究者还能在前人的基础上拾遗补阙，但随着人工智能理论的更新换代，拾遗补阙的价值随之下降，如果想参与到新一轮人工智能理论的百家争鸣中，那么无论是精力还是知识结构上，第一代人工智能研究者都心有余而力不足。

在这种情况下，20 世纪 80 年代出国的非公派留学生接过了人工智能研究的重担，尤其是那些在国外取得教职的年轻教师，他们不仅成了在顶级国际人工智能学术会议上发表论文的主力军，还积极推动中国人工智能的国际交流，代表性事件是在 1992 年中科院计算技术研究所举办的人工智能暑期班（AI Summer School），参加者大多为第一批在国外攻读博士和取得教职的研究者。在“中国人工智能理论危机”中，这批“海外教一代”积极推动中国参与国际人工智能交流，为进入新世纪后中国人工智能的起飞播下了希望。

14.1 新一代青年研究者登上舞台，大争论开场

1991 年 8 月 24 日至 31 日，第 12 届 IJCAI 在澳大利亚悉尼举行，这也是 IJCAI 首次在南半球举办。与大多数国家的气候相反，8 月在北半球正是一年当中非常热的时候，而在澳大利亚却是冬春交替、乍暖还寒的季节。或许在 4 年前，IJCAI 选定澳大利亚悉尼作为举办地也有“为过热的人工智能降降温”的含义在内，未料当悉尼正式举办会议时，由于日本第五代计算机研发未能达到预期，全球范围的人工智能研究真的进入了低谷。

相比前一届大会，这一届大会上中国学者发表的论文数量有较大幅度减少。中国研究者贡献了十余篇论文，除了在海外留学的研究者贡献了八篇文章，国内的刘叙华、张钹、陆汝钤、边肇祺、王东明等研究者也各自有论文发表。到了 1991 年的 IJCAI，国内仅有国防科技大学的陈火旺及其学生王献昌发表了一篇论文，而来自海外机构的有 5 篇论文，基本出自 20 世纪 80 年代尤其是 1984 年自费留学全面放开后，在国外进修并拿到博士学位，刚刚获得海外教职的年轻教师们，包括滑铁卢大学的杨强、西安大略大学的凌晓峰、当时即将入职澳大利亚麦考瑞大学的张康，以及在麻省理工学院读博的赵峰，另一位论文发表者林德康尚在阿尔伯塔省研究委员会工作，但也在 1992 年入职曼尼托巴大学。不经意间，中国在国际人工智能顶会上发表论文的主力军已经从年龄在四五十岁的第一代研究者们变成了这批 30 岁左右的年轻研究者。

这一变化也代表着人工智能研究趋势的变化。20 世纪 80 年代初，国内第一代人工智能研究者接触人工智能时正是人工智能第二波浪潮的上升期，人们利用符号表示和逻辑推理的方法，通过计算机的启发式编程，成功建立了一种能模拟人类深思熟虑行为的智能模型，表明用计算机程序的确可以准确地模拟人类的一类智能行为。与此同时，人们运用同样的模型，在计算机上建造了一系列实用的人造智能系统——专家系统。这一时期可称为传统人工智能时代，国内第一代人工智能研究者所取得的成绩基本是在这一时期取得的成果上展开的。

然而到了 20 世纪 80 年代中期，两个根本性的问题使传统人工智能研究再一次出现"危机"：其一是交互问题，传统方法只能模拟深思熟虑的行为，无法实现人与环境的交互，依托于传统方法的智能系统也很难在动态和不确定的环境下使用；其二是扩展问题，传统人工智能方法只适合建造领域狭窄的专家系统，对规模更大的复杂系统则无能为力。人工智能要想进一步发展，就需要突破这一局限。

随之而来的，是一个百家争鸣的时代。

关于人工智能发展路线，第一次激烈讨论的是美国艺术与科学院（The Academic of American Arts，AAAS）1988 年出版的院刊《代达罗斯》（*Daedalus*）第 137 卷的"人工智能"专辑。其中的文章取自 AAAS 论文，麻省理工学院出版社在次年将这一专辑单独出版为一本名为《人工智能辩论：错误的开端，真正的基础》（*The Artificial Intelligence Debate: False Starts, Real Foundations*）的书。该专辑共包含 14 篇文章，基本反映了 20 世纪 80 年代初期以来专家系统得到广泛应用，联结主义开始复兴，计算机视觉研究取得进展，传统符号人工智能受到质疑的这种时代气氛，不仅体现了符号主义和联结主义的分歧，也从计算机视觉、进化论、精神分析等更广泛的视角讨论了人工智能的理论基础。

作为 1988 年的这次大讨论的后续，1991 年 1 月，IJCAI 的会刊，也是人工智能领域顶级学术刊物之一的《人工智能》第 47 卷发表了人工智能基础专辑，指出了人工智能研究的趋势，并就人工智能学科有关方法的基础性假设进行了辩论。专辑含

11 篇文章，其中最重要的一篇是加利福尼亚大学圣迭戈分校认知科学系的戴维·基尔希（David Kirsh）撰写的总论性文章《人工智能的基础：大问题》，他在文章中提出了如下人工智能的五个基本问题（或核心假设）。

1. 知识与概念化是否是人工智能的核心？
2. 认知能力能否与感知分开研究？
3. 认知的轨迹可否用类自然语言来描述？
4. 学习能力是否可以和认知分开？
5. 所有的认知是否有一种统一的结构？

按基尔希的分析，当前人工智能的几个流派的研究纲领或多或少基于这五个假设及其推论，但在不同问题的意见上不尽相同。具体来说，逻辑主义认同前四个假设，反对第五个假设；认知 / 心理学派在前两个问题上能与逻辑主义保持一致观点，但在第三个问题上观点略有不同，并反对第四个和第五个假设；联结主义认同第四个假设，在第二个假设上其内部并未形成统一的意见，对第五个假设持中立态度，同时反对其余两项假设；最极端的是行为主义，行为主义反对传统人工智能和联结主义的所有假设。换言之，行为主义的机器人研究与人工智能其他流派存在巨大分歧，而即使将行为主义排除在外，也没有一项假设能得到所有流派的一致认可。

除这篇总论性的文章外，剩下十篇文章则分为五组，对五个基本问题进行正反两方面的论述，每一组由一篇正方文章和一篇反方文章组成。这场大辩论是人工智能历史上迄今为止在学术上最严肃的讨论之一，其展现的分歧和概念的差异到今天仍然是整合人工智能研究纲领的核心主题。这场大辩论虽然没有形成最终结论，但这些基本问题的提出为后续的年轻学者找到了“打破天花板”的努力方向，围绕着这些基本问题，新一代研究者们开始成长起来。

14.2 1991 年 IJCAI 上中国学者的聚会

《人工智能》杂志的大辩论一经刊登就引起了很大的反响，到下半年的 IJCAI 开幕，关于人工智能的基础问题仍是圈内关注的话题，也是参会的中国学者们所讨论的重要内容。

对于刚起步的中国人工智能研究来说，1991 年的 IJCAI 是一个重要的里程碑。中科院计算技术研究所的陆汝钤担任 1991 年 IJCAI 的顾问委员会委员，他也是第一位担任这一职务的中国学者。这届 IJCAI 共有二十余位中国学者到现场参会，但国内唯一发表论文的陈火旺、王献昌未能参加，在海外的几位年轻教师成了主角。

国内代表团主要来自教育部（张钹、刘叙华等）、计算机学会（高文、陈树楷等）、中科院（陆汝钤、史忠植等）等单位及“863 计划”专家组（汪成为等），以学习和了解国际人工智能研究趋势为主。其他参会者除了海外中了论文的研究者，还有一些在澳大利亚留学的中国教师和留学生，其中包括吉林大学管纪文老师的硕士研究生张成奇，他当时是澳大利亚新英格兰大学的讲师。当时他在澳大利亚昆士兰大学已经提交了博士论文，在写博士论文期间，他与陆汝钤老师有深入的交流与讨论，本次会议他专程拜会陆汝钤老师。

和陆汝钤一同来到澳大利亚的还有史忠植。史忠植的主要研究方向是知识工程，和陆汝钤在专家系统方面多有合作，也是当时国内积极参与 IJCAI 社区活动的活跃人物之一。1997 年 IJCAI 在日本名古屋举办，史忠植成了继陆汝钤之后第二位担任 IJCAI 顾问委员会委员的国内学者。

史忠植来参会的一个重要目的是给申请 IJCAI 探路。他当时担任中国人工智能学会的副理事长，是积极推动国内人工智能研究的主力人员。中国人工智能学会（CAAI） 活动到组织形式都参照了美国人工智能协会（AAAI），AAAI既 人工智能顶级会议的名字，但美国人工智能协会历来 能协会关系密切的 IJCAI 在世界范围内举办，如果中 中国，这算办成一件大事。1999 年，史忠植正式代 申办 2003 年的 IJCAI，但输给墨西哥，此后又在 200 但再度失败。一直到 2009 年在美国帕萨迪纳举办的 责申办 2013 年 IJCAI 才取得成功，之后又接连获得 2 举办权，这是后话。

的二十余位中国学者自然聚在一起进行了交流。不过 IJCAI 上。大家觉得，现在中国人在各种人工智能顶会 谈举办会议还为时过早。大家更关注的还是年初《人工 个基本问题高屋建瓴的辩论，毕竟当前人工智能遇到了瓶 能有进一步的突破，而不同道路的选择，也是自己在未来 产出的关键。慢慢地，话题变成了和自己切身相关的内容：么有影响力，我们之中什么时候才能有人在《人工智能》上

于 1970 年，走的是精品路线，发刊量比较小，是业内公认的人 期刊之一。由于一年仅刊登六七十篇文章，所以在其上发表文章 智能协会、IJCAI 上发表文章还要高，当时尚未有中国学者的论 当时能在《人工智能》上发表文章，和十年前在《自然》(*Nature*) 或 *ience*）上发表文章差不多，是了不得的事情。

听到大家谈及《人工智能》，张成奇内心泛起波澜。不久前他给《人工智能》投了一篇用群论的同态映射解决分布式专家系统中的不确定性转换的文章。这篇文章是他博士论文的精华部分，但是否能够被接收他自己心里一点底都没有，所以他觉得自己还是少说多听为好。后来大会结束后，张成奇收到了《人工智能》编辑部的回信，评审的结果是“Reconsider after minor revision”（稍作改动后再议），此时他才意识到，“第一个在《人工智能》上发表论文的中国人”的荣耀可能会落到自己身上。

张成奇很快修改完论文寄回，等待论文发表。1992 年 6 月，张成奇收到了《人工智能》的新一期杂志，如愿以偿地看到了自己的名字，他也成为第一个在《人工智能》上发表论文的中国人。他是从大山里的农村考到复旦大学的学生，对于这一结果他颇感意外。张成奇现在是悉尼科技大学的副校长，人工智能领域的杰出教授，2024 年 IJCAI 的大会主席。

当时的他并不知道，那时在 IJCAI 上讨论在《人工智能》上发表文章的人中，还有另一位参会者和他一样已经投稿，正在翘首企盼杂志编委会的回复，他就是滑铁卢大学的杨强。

杨强是北大子弟，其父亲是北京大学教授、天文学家杨海寿。在父亲的熏陶之下，杨强最初在北大就读的正是天体物理专业，算子承父业。1982 年，杨强从北京大学本科毕业，同年通过了李政道创立的 CUSPEA 考试赴美留学。来到美国后，杨强在马里兰大学继续攻读天体物理，花了 3 年时间拿到了天体物理的硕士学位。

但杨强还有另一个爱好，那就是计算机。早在 20 世纪 80 年代初他还在北京大学的时候，他就被当时的小型机所吸引，通宵达旦地研究计算机，并在计算机上编写了一个游戏程序，后来在美国做太阳耀斑活动研究的时候，还用计算机做了一个 3D 模型。再说一个小插曲，本科时的杨强并不近视，今天的杨强戴着眼镜，就是因为研究生期间对着计算机时间过长所致。

真正将杨强引上人工智能道路的是当时先一步来到马里兰大学攻读博士学位的彭云。1977 年，彭云以优异的成绩考取了中科院计算技术研究所的研究生，随后又作为第一批公派留学生赴美国密歇根韦恩州立大学和马里兰大学学习，取得硕士学位和博士学位，他也是在 1976 年之后国内赴美留学并在计算机领域较早获得教职的人之一。马里兰大学的强项是模式识别，傅京孙之后模式识别的领军人物罗森菲尔德就在马里兰大学，彭云也因此开始人工智能的学习。

在彭云的影响下，杨强在 1987 年拿下了计算机硕士学位，在决定继续攻读计算机博士学位前，杨强还专门询问父亲杨海寿的意见，杨海寿表示遵从自己的选择比子承父业更为重要，于是杨强遵从了自己的内心，转向人工智能研究，并于 1989 年获得计算机博士学位。

在参加 1991 年 IJCAI 的二十余位中国学者中，杨强是当之无愧的学术新星。自 1989 年在 IJCAI 首次发表论文后，他在 1990 年和 1991 年的美国人工智能协会也各有两篇论文发表，成绩颇为突出。当时杨强也有两篇论文投给了《人工智能》，但由于修改文章花费了较多时间，所以他的两篇论文比张成奇的论文晚发表了一步，分别被发表在第 57 卷和第 58 卷上。值得一提的是，在《人工智能》第 57 卷上还出现了另两位中国学者的名字，分别是杨强论文的合作者、滑铁卢大学的李明，以及博士毕业于斯坦福大学、后来成为杨强在香港科大同事的林方真，这两位与杨强关系密切的研究者，在 1992 年也和杨强一起回国交流，参加了由中科院计算技术研究所组织的一场青年人的盛会——人工智能暑期班。

杨强的研究方向是机器学习，这一方向在 1991 年的 IJCAI 上是热门话题，文章不少，但大多是实验性的结果，理论性的成果不多，仍未有大的突破。在 20 世纪 90 年代的人工智能低潮中，杨强仍坚持改善机器学习理论研究，并成为国际人工智能界“迁移学习”领域的发起人和带头人，以及“联邦学习”的发起人之一和带头人。

也正是在这次 IJCAI 上，国内另一位 IJCAI 的常客、清华大学的张钹特意找到杨强、张成奇等人，聊起了他们对年初的大辩论的具体看法。张钹告诉他们，国内研究者也有意参与到这场关于人工智能未来走向的讨论中，他们计划组织一个国内人工智能研究者和海外学者共同参与的人工智能交流会，为正处于迷茫期的人工智能研究者们找到未来的路。交流会初步定在 1992 年的暑假，在依托于中科院计算技术研究所的国家智能计算机研究开发中心举办。

14.3 智能中心：年轻人才的特区

中科院计算技术研究所创建于 1956 年，是中国第一个专门从事计算机科学技术综合性研究的学术机构，堪称中国计算机事业的“摇篮”。1990 年 3 月，国家智能计算机研究开发中心（下称智能中心）在北京友谊宾馆科学会堂宣布成立，工作地点就在计算技术研究所的“小白楼”。这里堪称 20 世纪 90 年代计算机人才的“人才特区”。二十世纪八九十年代国内出现出国潮，大批学生出国，学成回国的人员尤其是计算机领域回国的人员极少。21 世纪初美国自然科学基金会（NSF）组织代表团到中国考察时曾做过一个统计，当时在美国获得博士学位后回国到大学或科研机构工作的计算机领域“海归”不到 10 人，其中一半在智能中心。

20 世纪 80 年代正是国家从计划经济开始向市场经济转变的关键时期，科技研发是这一时期受经济改革影响最大的职能体系，科学院尝试进行“一院两制”的改革，大批科研人员“下海”，资金、人员和设施均相当匮乏。李国杰归国之初住宿条件紧张，计算技术研究所的领导只好把李国杰及其家人安排到中科院第二招待所暂住。说是招待所，其实就是一个宽阔的地下室，李国杰全家在那里一住就是八个月，也不能自己做饭吃。后来计算技术研究所给李国杰安排了住处，整栋楼只有他们家没有煤气罐，全楼的人都看着他一家人去拉蜂窝煤块，对此他也没有觉得有什么好抱怨的——“我来得比人家晚，没有煤气罐也很正常”。

不仅是生活条件艰苦，当时的办公条件也比较差，开始几个月李国杰没有自己的办公室，只好在导师夏培肃的办公室。国内的研究条件也比较落后，几乎没有什么科研设备，早有准备的李国杰当时还特意自己花钱从美国买了一台微机带回国用于研究。

20 世纪 90 年代国家尚未对“海归”给予待遇上的特殊照顾，计算技术研究所和智能中心能吸引半数“海归”，一方面是因为有全新的机制、先进的设备和宽松的科研环境，另一方面则是因为它们可以承担“863 计划”的关键项目以及拥有良好的学术交流氛围。

由于研究高新技术的人才奇缺，李国杰不得不从零开始组建队伍，把一批从未接触过人工智能和计算机的年轻人培养成这一领域的专家。为此，智能中心采取了与计算技术研究所不同的策略，一方面不断派员工出国学习（如曙光一号就是智能中心组织陈鸿安、樊建平、刘金水、李如昆、王永杰等人到美国硅谷进行封闭式开发研制出来的），同时积极组织学术交流，邀请国外知名教授来智能中心上课。

李国杰极度注重青年人才的培养，他回国的时候有一个发现：在国外有很多刚毕业的博士担任学术会议、论坛的主席和组织者，但在国内从事计算机研究的年轻人在这一方面并不活跃。他积极支持计算机学会（CCF）相关的青年计算机学术交流活动，希望通过论坛和学术交流让年轻人有更多机会，并借论坛得到成长。后来李国杰在之后的曙光和龙芯等大项目中大胆起用年轻人也正是因为这一点。在李国杰等人的推动下，计算机学会的青年学者活动日趋活跃，相继举办了多场针对青年学者的青年计算机工作者会议与学术会议。1998 年，计算机学会成立了青年研究者专属的中国计算机学会青年计算机科技论坛（CCF Young Computer Scientists & Engineers Forum，YOCSEF），李国杰也长期在该论坛的顾问委员会中。

计算机学会与计算技术研究所的渊源颇深。早期计算机学会的挂靠机构正是计算技术研究所，一直到 2007 年 1 月按照科协对学会全面改革要求，计算机学会才与挂靠单位中科院计算技术研究所脱钩。计算机学会从 1986 年开始举办面向青年计算机学者的全国青年计算机学术会议（NCYC），1989 年又在这一会议的基础上召开了第一届国际青年计算机工作者会议。智能中心成立后，在李国杰的张罗下，智能中心成为 1991 年召开的第二届国际青年计算机工作者会议（ICYCS）的承办单位。

国际青年计算机工作者会议于 1991 年 7 月 18 日至 20 日在北京香山饭店召开，来自 18 个国家和地区的青年学者遵循"面向未来"的大会宗旨进行了热烈的交流与探讨，李国杰发表了题为"高效的组合搜索"的大会报告，这也是他连续两届在这一会议上做报告。其他报告嘉宾包括航空航天部的李伯虎教授，北京航空航天大学的李未教授，以及黄铠教授的首位博士生、美国密歇根州立大学的倪明选教授，美国普渡大学的何塞·福特斯（José A.B. Fortes）教授等。会上就计算机体系结构、软件和工具、人工神经网络、数据库技术、计算机图形学、计算机算法设计及分析、并行处理、自然语言理解、人机界面、软件工程、面向对象程序设计、机器人学和专家系统等研究方向进行了论文分享和讨论。

国际青年计算机工作者会议两年召开一届，在两届大会的间隔召开人工智能研讨会，正是计算技术研究所人才智能中心人才培养策略的一部分。当时智能中心培养了多名攻读计算机体系架构和人工智能方向的博士生，这些博士生自发组织了几个小组，其中有一个理论研究小组，他们发起了一个不定期的讨论班，讨论班的主要组织者是白硕，这个讨论班专门讨论计算机科学和人工智能的各种前沿问题，虽然没有特地做什么广告宣传，但清华大学、北京大学及周边的大学对此感兴趣的研究生都知道这个讨论班，张钹的学生、当时还在清华大学读博士的贺思敏（后为计算技术研究所研究员），北大统计系的冯建峰（后为复旦大学数学科学学院特聘教授），中科院心理研究所的博士后傅小兰（后为心理研究所所长）等人都是讨论班和智能中心活动的常客。

白硕本科就读于清华大学，1984 年考取了马希文的研究生，1990 年在程民德处取得计算机科学理论专业博士学位，博士毕业后加入中科院计算技术研究所，担任计算技术研究所理论组的组长。马希文在北京大学计算语言学研究所内曾组织了多次人工智能跨学科讨论班，白硕耳濡目染，来到中科院计算技术研究所后也将讨论班打造成了智能中心的常规项目。

李国杰曾撰文回忆当时邀请国外的知名学者来智能中心讲课的场景。如邀请RISC之父大卫·帕特森（David Patterson）教授时，帕特森教授回信询问他飞机是买头等舱还是公务舱，李国杰这才知道大学者过来讲学是不坐经济舱的，但智能中心肯定无法报销，只好要人家自己出钱。再比如，知识工程之父爱德华·费根鲍姆（Edward Feigenbaum）要游览长江三峡，买了重庆到宜昌的头等舱，智能中心也无法报销，也要他自己买票，但派了白硕全程陪同他和他的夫人游览。

白硕的组织能力在智能中心发挥得淋漓尽致，一方面是因为他与清华大学、北京大学和中科院这三个王牌研究机构都有关联，另一方面是因为他一直对前沿方向很感兴趣，也不读死书，更愿意和人讨论和交流。白硕后来离开学术界，在上交所当总工，但他一直与学术界保持来往，也得到学术界的认可，很是难得。

14.4 人工智能暑期班：中国人工智能国际化起步

作为智能中心讨论班的特别环节，在 1991 年 IJCAI 上确定人工智能讨论会在 1992 年夏天举行。为体现人工智能讨论会比讨论班的规格更高，该讨论会更名为 AI Summer School，最终的演讲者包括张钹、李国杰、高文、白硕、杨强、张成奇、彭云、林德康、李明、赵峰、林方真等。出生于 1935 年的张钹年纪最大，其余的人都是刚拿到博士学位没几年的年轻学者。除了李国杰、彭云年过四十，其他人大多三十出头。

这也是留学潮开始后，在国外获得人工智能教职的海外博士们第一次成批回国并以开班的方式进行交流。此前的国际青年计算机工作者会议或者学术交流活动虽然也有邀请海外博士来演讲，但在分享的密度、时间的跨度和重要性上都无法和 AI Summer School 相比。

人工智能暑期班的演讲者之一张成奇还记得当时的情景。这次关于学术前沿的大讨论虽是以"大辩论"为背景召开的，但在形式上并没有效仿《人工智能》杂志稿件来往的方式，而是十余位学者就某个议题分享自己的研究及观点，时间为一个星期，每人负责半天，颇有点达特茅斯会议的意思。从传统的符号主义人工智能逻辑到专家系统，从知识的表示和推理到利用语言学知识来探索归纳法的逻辑机制和计算结构，从神经网络到机器学习理论研究的新进展，无论哪个题目都引发了学者们极大的热情，计算技术研究所南楼的阶梯教室座无虚席。

前来旁听的不仅有智能中心的员工，还有不少附近高校的学生。对这些学生来讲，在这个从传统人工智能进入以神经网络为代表的第二代人工智能，新的理论框架和工具被提出的关键时刻，这一批海外归来的“教一代”所带来的新思想扩宽了他们的眼界，帮助他们实现了人工智能知识体系认知上的升级换代，也为中国人工智能实现“弯道超车”播下了种子。

而“弯道超车”的路径也很简单，那就是走出去，更多参与到新的人工智能体系建设的讨论中去。

尽管从 20 世纪 80 年代末开始，人工智能的热度在全球范围内开始呈现回落的趋势，但对中国研究者的影响相对较小。一方面，我国人工智能研究起步较晚，经过十余年的发展，国内人工智能的研究已经迅速扩展为具有全国范围网点布局的多领域研究，并受到国家高技术规划、国家自然科学基金及产业部门的支持和重视，到 20 世纪 90 年代初正处于惯性向前的时期；另一方面，国内人工智能研究仍然处于早期发展的阶段，虽然已经拥有庞大的人工智能研究队伍，但在国际人工智能领域还没能形成自己的地位，研究人员依然在消化之前这一领域的研究成果。如果无法实现突破，对中国人工智能的发展是很不利的。

唯一一名在 1993 年 IJCAI 上发表论文的国内代表王献昌在后来的参会总结中指出，国内人工智能研究与国际水平相差较大的原因大概有以下几点：一是研究水平层次较低，研究人员不了解国际最新动态；二是研究水平仅处于跟踪水平；三是研究缺少新思想；四是缺少必要的国际交流和让别人了解我们工作的机会；五是英语表达差；六是基础研究水平弱。“教一代”们在海外站稳脚跟，有助于招收更多的中国留学生，扩大中国在国际人工智能社区的知名度和影响力。

王献昌也成为出国留学进修大军中的一员。参加 1993 年 IJCAI 的经历，让他接触到了国内人工智能研究的天花板，了解到了国际交流的必要性，这更坚定了他出国学习的决心，他先后在日本新一代计算机研究所和加拿大阿尔伯特大学进行客座访问和做博士后，后成为成都软智科技有限公司的董事长兼总经理。

20 世纪最后几届 IJCAI 可谓国内人工智能研究者的一个低产期。1995 年的 IJCAI，国内研究者颗粒无收；1997 年的 IJCAI 上，国内有张东摩[1]博士的两篇论文入选；1999 年的 IJCAI 上，国内也仅有中科大陈小平[2]的一篇论文入选。到了 21 世纪，随着科研经费的增长，国内外学术交流的加强，这种情况才发生变化。

另一个变化原因则是微软亚研的推动。1998 年 11 月 5 日，微软公司投巨资在北京成立微软中国研究院，并于 2001 年 11 月 1 日将其正式更名为微软亚洲研究院。2004 年，微软亚洲研究院被《麻省理工科技评论》评为全球最顶级的计算学研究院。微软亚研带来的诸多学术研究和论文撰写的方法和技巧，帮助国内学者与国际接轨，是中国人工智能发展的重要促进力量。微软亚研的故事是贯穿本书第二卷的重要内容，笔者后续会详细叙述。

杨强也在 1999 年回到国内，担任微软亚研的研究员。1998 年，李开复筹建微软中国研究院时力邀杨强"回中国来看一看"，恰逢杨强次年有一段学术休假期，于是便利用这一机会来到了微软中国研究院。杨强帮助微软开发中国最早的搜索引擎，他在微软亚研做项目到 2000 年，直到微软决定把搜索引擎拿到总部去研究。

在微软亚研的经历让杨强感觉到中国正在崛起，于是他开始动了回来的念头。与家人商量后，他去了香港科技大学，与国内及国际的学术界、产业界均保持紧密的合作。2012 年，在任正非的推动下，华为开始关注大数据并在香港成立了诺亚方舟实验室，杨强任首任主任。2013 年 7 月，杨强当选国际先进人工智能协会（AAAI[3]）院士，是第一位获此殊荣的华人，之后又于 2016 年 5 月当选 AAAI 执行委员会委员，是首

1 张东摩是南京航空航天大学朱梧槚教授的博士生，跟随南京大学陈世福教授做博士后，研究非经典逻辑，现居澳大利亚。

2 陈小平长期从事人工智能与机器人的交叉研究与教学，帮助中国科学技术大学机器人实验室先后获得 10 项世界冠军，2007、2014 年两次夺得机器人世界杯总分第一。

3 为更好表达其国际属性，AAAI 在 2007 年 3 月 1 日将名称由"Association for the American of Artificial Intelligence"（美国人工智能协会）改为"Association for the Advancement of Artificial Intelligence"（国际先进人工智能协会），简称不变。

位 AAAI 华人执行委员会委员，2017 年 8 月当选 IJCAI 理事会主席，是第一位担任 IJCAI 理事会主席的华人科学家。而杨强的老友张成奇也在 2019 年当选 IJCAI 的常务理事并在 2024 年的 IJCAI 担任大会主席，共同携手为提高中国人工智能的国际影响力而努力。

当年这批在海外获得教职的年轻研究者中，有不少已不约而同地将重心放到中国。杨强成了微众银行的首席人工智能官；张成奇这位澳大利亚人工智能学会的会长在深圳的南科大和福田保税区设立了办公室，每年有一大半的时间在国内；林方真和杨强一样，来到香港科技大学任教；林德康 2016 年从谷歌离职，回国创业；赵峰 2009 年从微软总部调到微软亚研，后来和张亚勤一起建设清华智能产业研究院；凌晓峰担任了苏州大学人工智能研究院院长，这批当年的年轻研究者，已经成为今日中国人工智能的重要力量。

在这批人中，彭云最后选择留在美国马里兰大学。实际上，在获得博士学位后，彭云在 1987 年回国，加入成立不久的中科院软件研究所，以实现母亲“盼教以踏着父母之足迹，以建设新中国为志，为共产主义革命事业奋斗到底”的遗愿。但当时国内整个科研环境堪忧，彭云“好好做研究”的想法难以实现，于是在 1989 年重新去了美国，一直到现在。

在一次采访中，彭云对他当年的选择做了解释：“本来想在美国干出一番大事业再回国，哪里知道事业未成人已经老了。”彭云本想在美国做出更大成绩后再回国，但一直未能实现，于是羞于面对那些对自己寄予厚望的父老乡亲。冯唐易老，李广难封，当中场景，令人唏嘘。

三十年河东，三十年河西。从 1979 年起，中国的人工智能研究开始追赶世界，当中也经历若干起落，今日的中国人工智能研究开始走向巅峰，成为国际人工智能研究的重要力量。这些辉煌成就，离不开一代又一代志存高远的研究者的努力。站在第三波人工智能浪潮的转折点上，我们也期望新一代的年轻研究者能为人工智能理论的新的突破做出更大的贡献。

第 15 章

1993

1993 年：306 渐入佳境

从时间表上看，“863-306”主题项目正式启动是在 1987 年，但在智能计算机的具体研究路线上则花了两三年的时间来调研和确认，真正做出成绩则到了 1993 年前后。专家组明确指出中国的智能计算机要从软件和硬件两方面入手，硬件上发展高性能计算机，满足市场需求；软件上通过智能接口的研究，实现人与机器交互。

硬件和软件两个方向的关键人物分别是李国杰和高文。李国杰主导了高性能计算机“曙光”系列的开发与研制，而智能接口研究在高文的协调主导下进入了一个创新成果层出不穷的时代，在全球人工智能研究的低谷期为中国的人工智能研究保留了火种。

15.1 明修栈道，暗度陈仓，“曙光一号”问世

“863-306”主题项目的名称是智能计算机，项目立项之初深受日本第五代计算机系统的影响。但专家组在反复调研，评估了我国现有信息基础设施的状况并预估了经费预算额度后，一致决定不走日本第五代计算机的路，明修栈道，暗度陈仓，发展国家急需的高性能计算机。李国杰在《我做曙光这十年》一文中说：“在专家组的支持下，我们果断地选择以并行处理技术为基础的高性能计算机为主攻方向，以共享存储多处理机为第一个目标产品。十年来，我们顶着‘智能计算机’的帽子，但一直以满足市场需要的高性能计算机为目标，从未动摇。”

应当说专家组这种与“标杆”背道而驰的做法还是有一定风险的，跟在日本后面亦步亦趋，万一做不成也还可以说情有可原，然而独辟蹊径，万一失败则要承担全部的风险。在这一问题上，专家组采取了实事求是的态度，从 1989 年 10 月“863 计划”第二届智能计算机专家组成立，李国杰进入专家组开始，就已经在为改道高性能计算机铺路了。

高性能计算机起源于大型计算机。20 世纪 70 年代，我国有几家单位研制出大型机，主要有北京大学的 150 机、国防科技大学的 151 机、电子部 15 所的 DJS 机等。其中国防科技大学的慈云桂教授向国家提出研制每秒计算一亿次的超级计算机，在资金不足的情况下，国家为这项任务分配了 2 亿元人民币，最终慈云桂只花了 5000 万元（其中包括建科研楼、机房的费用）。1983 年 12 月 22 日，中国第一台每秒钟运算

一亿次以上的“银河 -I”巨型计算机研制成功，中国也成为继美国、日本之后，第三个能独立设计和制造巨型计算机的国家。慈云桂 1990 年积劳成疾去世，在这一年 11 月在华盛顿召开的第二届国际人工智能工具会议（2nd Intl. Conf. on Tools for Artificial Intelligence, Washington, D.C., Nov. 1990.）上，大会组织为慈云桂默哀，可见慈云桂及银河机在当时世界范围的影响力。

“银河 -I”是以美国第一台可持续性能达到每秒 1 亿次以上速度的向量超级计算机“Cray-1”为范本研制的，它在总体方案上瞄准“Cray-1”，借鉴其成功的设计思想，同时设法从外国引进当时国内没有或是不能保证质量的核心元器件。但在软件和实际应用上，“银河 -I”还存在不少问题，无法满足部分用户的需求。

之所以从智能计算机转向高性能计算机，也是因为这一部分没有被满足的需求。

长期以来，在计算机界有这样一种看法：如果中国的微电子产业无法得到发展，自己不能做先进的微处理器芯片，那么中国的计算机产业就会受制于人，也就没有希望。孔祥重教授建议李国杰，中国应该先从鼠标、显示器、板卡等基础设备做起，也是这种看法的体现。但“863-306”专家组认为，发展计算机的方针不能按照先发展微电子再发展计算机，进而推广应用这样的步骤进行，而应该配合国家正在实施的重大电子信息“三金工程”（即金桥工程、金卡工程和金关工程，“三金工程”的目标是建设中国的“信息准高速国道”）和国民经济信息化，以从上到下的方式推进，带动高性能计算机，尤其是多处理机服务器的发展，进而通过计算机与通信的发展带动微电子产业的发展。

“863-306”主题战略转移的决策催生了曙光系列。在“曙光一号”的研发过程中，当时李国杰不仅确定了高性能计算机多处理机服务器的方向，还主导了“顶天立地”的技术路线。

“顶天立地”是“863-306”专家组内部讨论的形象化提法，即在发展高技术（顶天）的同时实现产业化（立地），这一技术路线更详细的描述是“计算机的研制以市场为导向，研制成果一定要具有市场竞争力。不论是采用先进技术还是降低产品成本，缩短研制周期，都要在全世界范围内做优化选择。购买比自己做合算的就买，要研制那些花钱也买不到或者买来不划算的，以及能反映技术特色或附加值高的关键部件”。后来“顶天立地”的说法也被用到整个“863-306”工作组路线中，高性能计算机也是智能计算机的一部分，硬件“顶天”赶超世界水平，软件“落地”解决智能问题，这才少了一些批评的声音。

李国杰选择以多处理机服务器作为突破口也和在美国考察的结果有关。从美国考察归来后，李国杰得出两条结论：第一，传统的小型机和大型机市场正在萎缩，多处理器在性价比上具备明显的优势；第二，国外并行处理技术尚不成熟，这也为我们迎头赶上提供了难得的机会。另外从我国的国情看，研制大型机的原理并不困难，同时也有“银河 -I”的底子，但工艺落后，研制周期很长，而多处理机服务器采用 CMOS RISC 芯片，不仅功耗低，印刷电路板与组装工艺也与 PC 的生产工艺相似，难点在于系统软件，这方面国内虽然与世界水平存在差距，但因为中国的人力成本远低于西方，所以可以集中人力，从而具有很大的竞争力。

在曙光的开发过程中，李国杰还借鉴了类似“银河 -I”引进国外关键部件的研发模式。如前文所述，当时我国并不能自己生产高性能微处理器芯片，但随着软硬件产品的标准化，20 世纪 90 年代计算机体系结构趋于稳定，只要掌握了并行处理的关键技术，在基本体系结构不变的框架内，用很短的时间就可以更换新的 CPU 芯片，通过升级 CPU 芯片实现配套设施的更新换代。

尽管如此，这一路线在执行过程中还是遇到了各种困难。

首先是资金不够。时任国家科委高新司司长的冀复生回忆说，当初“863 计划”并没有把高性能计算机列入其中。然而“863-306”专家组认为，高性能计算机是将来整个国家计算机方向的一个制高点，更是各项科研工作的基础。专家组在得出“计算机硬件的潜力还很大，并不是开发人工智能应用系统的瓶颈”的结论后，尽管并未得到决策部门的支持，但依然努力争取，最终在“863 计划”的专家负责制原则下科学家力主推动，项目得以上马。然而这也注定了高性能计算机开发的经费需要“863-

306”专家组从整个“盘子”中去协调，相比银河机2亿元人民币的预算，最终分给“曙光一号”的只有区区 200 万元。

另一个困难是人才和经验的缺乏。如前所述，高性能计算机多处理机服务器的关键点在系统软件上，但这方面的人才智能中心根本招不到，李国杰只能下决心自己培养。幸亏 Unix 操作系统是部分开源的，智能中心的年轻科研人员天天埋着头一行一行地读 UNIX 操作系统的源程序，在智能中心头两年基本没有什么科研成果，不少人在等着看智能中心的笑话。

在资金、人才都相当紧缺，计算机设备生产条件不足的情况下，智能中心决定组织陈鸿安、樊建平、刘金水、李如昆、王永杰五人到美国，利用美国的产业环境去进行高性能计算机的封闭式开发，这一方式被李国杰称为“洋插队”。在硅谷不仅购买软件、零部件方便，有的软件还可以免费使用，国内国外两步走，软件硬件两手抓，这种“借腹生子”的做法大大缩短了机器的研制周期，不到一年时间就完成了“曙光一号”的研发。

“曙光一号”的诞生是中国超级计算机历史上里程碑式的事件。“曙光一号”诞生后仅 3 天，西方国家便宣布解除 10 亿次计算机对中国的禁运。然而李国杰清醒地认识到，在高性能计算机方面的工作基本上是在“补课”，实际上我们只是缩短了与世界先进水平的距离，离跨进世界先进行列还差很远。同时曙光一号的设计体系与国际标准不接轨，不能兼容国际上主流的操作系统和应用软件，推广起来十分困难。

为此，李国杰与计算技术研究所在“曙光一号”的基础上又用 500 万元和两年的时间推出了“曙光 1000”，为曙光之后实现商业化打下了坚实的基础。在“十五”期间，李国杰又冒着巨大的风险领导胡伟武启动了通用 CPU 芯片“龙芯”的研发工作。之后胡伟武的学生陈云霁与弟弟陈天石一起攻关，陈天石正是李国杰回国后带的第一个研究生姚新的学生。两兄弟一个做硬件一个做软件，将计算机体系架构与人工智能结合起来发布了寒武纪芯片，寒武纪公司也成为全球第一个量产商业人工智能晶片的公司，这是后话了。

15.2 智能接口

由于在硬件上选择的是通用计算机，所以在整个智能计算机计划中，智能接口是实现智能化的关键一环。智能接口是为了建立和谐的人机交互环境，使人与计算机之间的交互能够像人与人之间的交流一样自然、方便，它对于改善人机交互的友好性，提高人们对信息系统的应用水平，以及促进相关产业的发展具有重要意义。“863-306”主题中智能接口涵盖的研究方向包括汉字识别、语音识别、语音合成、机器翻译、工程图识别、文本识别、多媒体处理、计算机视觉、虚拟现实等，凡是和计算机输入输出有关的研究都包含在内，而这也正是人工智能的重点应用方向。

新一届专家组中负责智能接口的正是高文。1991 年 7 月，高文在获得东京大学电子工学博士学位后回到哈尔滨工业大学任教。1992 年，经过学校推荐和专家委员会答辩，他最终入选“863-306”专家组，当时高文仅 36 岁，是当时整个“863 计划”15 个专家组中年龄最小的专家组成员。

在高文进入“863-306”专家组时，专家组对日本第五代计算机计划已经有了一个明确的评价：这并不是一个成功的计划，在当时基础准备和硬件条件都不成熟的前提下，提出如此庞大的目标是不实际的。

既然日本的路线走不通，英美的路线则成了“863-306”专家组重点研究的目标。英美路线的特点是比较注重基础理论的研究，重点在软件工程上，更注重建立信息系统工厂（ISF）。英国的“Alvey 工程”将智能计算机和信息系统工厂的研究划分为五个领域，包括软件工程、智能知识库系统、人机接口、超大规模集成电路和 CAD 技术、并行结构。不难看出，知识库和人机接口都是新一代计算机技术研究的主要领域。高文在日本进修，最接近日本第五代计算机核心，对日本第五代计算机的经验教训有深刻体会，让他负责智能接口，正体现了“863-306”专家组对智能接口的重视。

专家组还明确地提出对智能计算机的理解和定位。研制智能计算机的任务之一就是尽量克服现有计算机在应用中的瓶颈，努力减小“人与计算机之间的隔阂”。专家组认为，未来的智能计算机的特征之一就是“傻瓜化”，它的主要功能之一就是帮助建立和谐的人机环境。正是在这样的战略思路的指导下，“863-306”主题把支撑多媒体技术的软硬件平台、可视化计算、图形图像处理、先进的人机接口列为关键技术，把各类多媒体的应用系统列为重点应用开发项目。“863-306”专家组在 1987 年开始推荐的第一批课题中就有不少智能接口方面的研究课题。

如前文所述，高文的母校哈工大在重点学科评比时就已经打出了“声图文”的旗帜，在日本的五代机计划中，“智能接口”方向的目标就是对自然语言、图片、文字进行智能的判读、处理与交互,“863 计划”的“计算机智能接口”的叫法也由此而来，哈工大计算机专业的学术带头人李仲荣则是“863-306”筹备组的成员，负责智能接口方向。

高文 1991 年拿到博士学位，当时导师李仲荣病重，于是他将哈工大计算机学科博士点的重担交给了高文。高文进入“863-306”专家组，也是专家组对哈工大和李仲荣之前相关工作的肯定。

一方面是导师关于母校学科建设的嘱托，一方面是国家高科技项目的需要，高文两个重担一肩挑，这也让他不断接触和了解人工智能其他领域的相关研究。高文博士论文研究的内容主要是图像压缩和肺部图像辅助诊断，在负责智能接口之后，通过课题评审、课题考察、学术交流，也让他对智能接口涵盖的技术方向以及国内这些方向的主要研究团队有了深入了解。而这段时间高文带的博士生也迎合了母校的专业方向和“863 计划”的需要，第一个博士生陈熙霖跟着高文研究的是模式识别和计算机视觉，这一方向还有山世光等人。在其他方向上，王海峰等研究的是自然语言理解，吴枫等人研究的是视频解码，可谓需要什么就研究什么。

智能接口也是“863-306”主题几个方向上最早做出成绩的。1990 年后，经过几年的研究，智能接口方面的部分研究课题也陆续取得了突破性的进展，如“863-306”主题下最早获得国家科技进步奖的项目就是 1990 年张忻中等人完成的“印刷体汉字文本识别系统”和吴佑寿等人完成的“多字体多字号印刷体汉字识别系统”，这两个项目都获得了三等奖，而“863-306”项目中第一个获得国家科技进步奖二等奖和一等奖的项目也均出在智能接口领域，分别是 1993 年石青云团队完成的“指纹自动识别系统”和 1995 年陈肇雄团队完成的“智能型英汉机器翻译系统”，这也是最早一批获得“863 计划”课题资助和成果化的项目。

随着理论研究和技术突破的不断深入，专家组也制定了一套系统评价标准和方法，并开展了一系列的评测活动。1991 年 6 月，国家科委高科技司和“863-306”专家组在京联合组织了“汉字识别、语音识别评比与研讨会”，共有 19 个系统参加了统一的评测，此后在 1992 年、1994 年、1995 年、1998 年、2003 年、2004 年、2005 年专家组又组织了多次评测。

而这几年也正是“863-306”主题项目，尤其是智能接口领域厚积薄发，接连出成果的时期。除了保证研发目标和研究内容的先进性之外，“863 计划”更关注研究成果向产业转型的可能性以及成本的可控性，因此多智能接口评测中成长出了一批企业，汉王、科大讯飞、中科信利等企业均是从参加评测开始，逐步成长为各自领域中的知名企业的。

1987 年，在中科院自动研究化所攻读博士学位的刘迎建获得了他技术生涯中的第一个“863 计划”资助项目“脱机手写汉字样本采集与识别”。刘迎建是戴汝为从普渡大学访问回国后招收的博士生，戴汝为回国后在国内大力推广傅京孙的结构模式识别，刘迎建的汉王手写识别系统最早采用的就是结构模式识别的方法。

项目启动后，刘迎建和汉王又获得了多个“863 计划”课题资助，课题组 80% 以上的经费来源是“863 计划”的经费。为改善系统的识别率，汉王前后使用了结构模式识别、统计模式识别、基于神经网络的识别方法，在 1991 年课题研发期间需要针对每个汉字构建神经网络进行大样本的计算，而课题组的资源远远不够。经“863-306”专家组的协调，中科院计算技术研究所“863 计划”并行计算机项目组向汉王课题组开放资源，大半的神经网络计算在并行计算机上不到两个月完成，为课题组节省了一半时间。改进的神经网络识别方法对稿纸上的工整手写汉字的识别率达到 90% 以上，该成果也获得 1992 年度中科院自然科学一等奖，课题组在 1992 年底响应中科院把研发成果转化为应用产品的号召，正式挂牌成立了科技公司。2010 年，汉王科技在深圳证券交易所正式挂牌上市。

智能接口方向的另一家由“863-306”课题组孵化出的上市公司是科大讯飞。科大讯飞脱胎于王仁华教授的语音识别课题组。1993 年，在中科大召开的全国语音识别与合成研讨会上，王仁华教授提出的试用播音员录音的基因片段加处理的方法获得了高文的首肯，高文当即拍板，首次行使专家组成员一年 20 万项目资助经费“先斩后奏”的权利，把自己这一年可以“先斩后奏”的 20 万元全部拨给了科大讯飞进行研究。在此之后，王仁华教授的课题获得了“863 计划”的滚动支持，而科大讯飞也在此后的 1995 年、1998 年的评测中表现优异，最终也成立了公司，实现产业化经营，并在 2008 年在深圳证券交易所挂牌上市，成为中国第一个由在校大学生创业的上市公司，也是中国语音产业至今唯一的上市公司。

多说一句，王仁华教授在 1993 年访问美国麻省理工学院时，当时在麻省理工学院任职的中科大校友邓力招待过他，并交流了不少语音技术问题。高文也于 1992 年到麻省理工学院计算机系做过访问学者，这个世界不大。

15.3 机器翻译

“863-306”主题下第一个国家科技进步奖一等奖“智能型机器翻译系统”也来自智能接口领域。在机器翻译领域，国内最早的尝试是 20 世纪 50 年代的“俄汉机器翻译研究”。1975 年，国内研究者重新开始进行机器翻译的研究，1982 年成为机器翻译研究的一个重要的转折点，在这一年，PC 开始应用在机器翻译的研究开发上，机器翻译研究进入繁荣期。

也正是在这一年，中国科学院计算技术研究所的高庆狮团队也提出英汉机器翻译的语义单元理论雏形。1985 年，高庆狮为博士生陈肇雄选定了机器翻译的方向，经过三年的钻研后，陈肇雄提出了子类文法（sub-category grammar），在语法规则中引入了上下文相关条件测试，实现了数据与操作的一体化处理，突破了复杂多义区分、多种知识交叉分析等一系列关键难题，在理论上实现了重大突破。这一研究的相关论文《智能型机器翻译理论体系》在 1988 年的第 12 届国际计算机语言学大会上宣读，得到了国际专家的高度评价，博士学业没有完成的陈肇雄也被中科院破格提升为副研究员，该研究也于这一年获得了“863 计划”的 44 万元资助。

计算技术研究所研究机器翻译可追溯到 20 世纪 50 年代与二刘的合作。1980 年，高庆狮团队开始研究英汉机器翻译，“863-IMT”也正是借鉴了前人的诸多研究成果。当时在项目中，除了计算技术研究所，还有北京科技大学、中国科技情报所、珠海科健公司、北京工业大学等合作单位，所以说该系统也是多方面通力合作的结果。在高庆狮提出的早期语义单元理论雏形的基础上，研究人员在规则中引入了上下文相关测试，实现了数据域操作一体化处理技术，提出了子类语法，把句法分析和语义分析结合起来，实现了句法和语义的一体化，很好地解决了复杂多义区分、上下文相关处理、基于不完备知识的推理、多种知识一体化分析、动态多路径选择等一系列机器翻译难题，使“863-IMT”的机译准确率提高了十几个百分点。

1992 年，陈肇雄课题组开发完成智能型英汉机器翻译系统并通过国家级鉴定，随后陈肇雄将数万个词汇、数十万个对应词和数十万个翻译规则压缩到 100 KB 并将其固化在芯片中，领导开发了世界上第一台袖珍英汉翻译机——快译通 EC-863A，型号中的“863”明确点出了项目脱胎于“863 计划”。这款产品由于抓住了国人学习外语和在国外长大的子女学习中文的需求，所以推出后销量非常好，“智能型英汉机器翻译系统”（IMT/EC-863）被评为 1995 年国家科技进步奖一等奖，陈肇雄也被评为全国十大杰出青年科学家。

乘胜追击，陈肇雄创建了华建电子，随后又将华建电子和四通一起组成了中关村软件集团，他本人也转型为技术管理干部。陈肇雄的导师高庆狮则一直活跃在研究的第一线，他曾经表示目前机器翻译的正确率不到 60%，依然有很大的提升空间，他有把握做到 80%以上，希望“863-306”专家组能提供 3000 万元左右的科研经费。然而，在我国很少会一次投入 3000 万元做机器翻译的项目，直到高庆狮去世也未能实现。

“快译通”的成功不仅仅开拓了一个新的产业，更将中国的机器翻译带进了一个快速发展的时期。相比世界水平，中国的机器翻译起步并不算晚。在 20 世纪 80 年代的理论积累中，中国的研究者们又探索出了一条全新的道路，并通过参与日本发起的“亚洲五国机器翻译”项目，使中国的机器翻译走向世界。在“快译通”后，过去十余年中人才、技术和资源的积累得到了激活，国内出现了许多商业化系统，对中国机器翻译以及后续的自然语言处理的发展产生了深远的影响。

还有一个机器翻译系统是由董振东牵头、军事科学院研制的“KY-1”（科研一号）英汉机译系统，该系统后来进一步开发成中国第一个机器翻译商品化系统“译星”。

董振东自20世纪70年代就开始从事机器翻译研究工作，先后担任军事科学院研究员、机器翻译研究组组长，五国机器翻译国际合作项目中方技术负责人，中国软件公司语言工程实验室主任，他称自己“这一辈子做了两件事，一件是别人不愿做的事，一件是别人做不了的事”，前一件事指的“科研一号”和“译星”，后一件事指的则是他在 20 世纪 90 年代所建立的大型知识系统“知网”。董振东认为，自然语言系统需要更强大的知识库的支持，而知识是一个包含各种概念与概念之间的关系，以及概念的属性与属性之间的关系的系统，知识库需要以通用的概念为描述对象，建立并描述这些概念之间的关系。在建立知识库的路径上，董振东认为靠专家编写的方式是不可能实现真正意义上的全面知识库的，因此需要现有的知识工程师来设计知识库的框架，建立常识性知识库的原型，在此基础上再向专业性知识库延伸和发展。因为在知网上取得的成就，业内也有研究者将董振东与道格拉斯·莱纳特（Douglas Lenat）和查尔斯·菲尔墨（Charles J. Fillmore）并称为“语义三巨人”，可见董振东对中国自然语言处理的学术影响力。

在 1996 年以前的“863 计划”智能计算机主题中，智能接口是出成绩最多的一个方向。除了上述成果，获得国家科技进步奖的还有刘积仁团队的工程图纸自动输入处理、CAD 及档案管理系统（1995 年，三等奖），潘保昌团队的 AV-100 表格自动阅读机，舒文豪团队的联机手写汉字输入分析系统（1995 年，三等奖），其他方向上比较突出的是李国杰团队负责的曙光一号智能化共享存储多处理机系统，该系统获得 1995 年国家科技进步二等奖。也正是因为如此，在 1996 年的专家组换届中，汪成为推荐智能接口的责任专家高文成为新一届智能计算机主题的专家组组长，在之后担任专家组组长的五年内，高文坚持的“稳住一头，放开一片”的策略，在资金有限的情况下保证了给重点攻关课题团队提供持续的支持，也为之后智能领域的研究打下了基础。

15.4 863-306：中国人工智能的摇篮

20 世纪 80 年代中期，我国酝酿和制定“863 计划”之时，正是人工智能的辉煌时期，日本第五代计算机和美国 ALV 计划刚刚开始实施，人们对其寄予了莫大的期望。这种情绪对于“863 计划”及智能计算机主题的上马有着促进作用，但同时也提高了我们对这些项目的期望。到 20 世纪 80 年代后期，“863 计划”开始实施，领域专委会和专家组成立之后，人工智能研究却遇到了发展瓶颈，一批被寄予厚望的人工智能项目进展不顺利，人们也发现当中的技术难度很大，很多技术问题并非当前能解决的，由此也在世界范围内引发了一波对人工智能的“信任危机”。人工智能研究获得的经费大大减少，而在这一波浪潮中一拥而上的人工智能公司也纷纷改弦更张，另谋出路。从事人工智能研究的学生走出校门时，也遭遇了求职困难的情境。大多数人工智能的研究者对于大环境的变化缺乏准备。

在信息技术飞快发展，智能技术的未来发展方向扑朔迷离的这种大转折中，“863 计划”及智能计算机主题的专家们对人工智能的发展和智能计算机的实现路径保持了清醒的头脑，积极地开展相关研究与战略规划工作，根据人工智能技术的发展现状以及我国的国情，通过充分的调查研究，在当时国家研发投入极其有限，难以支持很多前景不明的探索方向的情况下，对智能计算机主题的目标、研究内容、实现路径等进行了及时的调整。在此过程中，虽然智能计算机主题计划的内容被反复修改，但人工智能的基础研究和关键技术研究部分被保留下来，通过对当中优质项目的支持，我国仍然保持着一支相对稳定的人工智能队伍，在世界人工智能困难和萧条的大环境下，这一点显得难能可贵。

“863 计划”还为我国的人工智能发展提供了充足的人才储备。从启动之初，专家组就感觉到与世界强国相比，我们最大的不足不是在资金上，而是对世界信息领域的发展动态和关键技术所知甚少上。于是，专家组一直将培养青年一代作为“863-306”的重大战略决策之一。

这一工作由李未负责，他在暑期组织了多期高级人才培训班，邀请计算机领域和人工智能领域的国内外著名专家来培训班授课，大大开阔了学员们的眼界，拓宽了学员们的创新思路，提高了他们的实际动手能力。

此外，我国建立的第一批人工智方面的国家重点实验室，包括我国信息科学的“金三角”——中科院自动化研究所的模式识别国家重点实验室、清华大学智能技术与系统国家重点实验室、北京大学视觉与听觉信息处理国家重点实验室，他们的研究课题很大一部分来自“863 计划”，这也为这些实验室在人工智能人才的培养上，尤其是博士研究生的培养上做出了贡献。

如今人工智能领域的很多技术专家是在国家“863 计划”的推动下成长起来的。最典型的例子是高文，他不仅在“863 计划”的项目中深入理解和了解了多个领域的研究动向，帮助项目成长，自己也有所收获，带领团队在数字视频广播编码传输与接收系统，个人计算与移动计算相结合的算通机技术，基于多功能感知理论的中国手语识别与合成研究，人脸识别理论、技术、系统及其应用等多个项目上获得国家科技进步二等奖，在智能计算机主题中也担任项目负责专家，而后成为主题专家组组长。从做基础性研究到做设备研究，再到让项目实现产业化，高文从成长、成熟到成功，都与“863 计划”有着密切的联系。

更多的专家在“863 计划”中的成长路径则是从帮助老师做资料分析的帮手（戏称“球童”），到成为课题骨干（戏称“主力队员”）、课题负责人（戏称“教练员”）、主题专家组成员（戏称“裁判员”），再到“863 计划”重点项目负责人（戏称“领队”）。

曾担任智能计算机系统主题专家组组长助理的国防科学技术大学教授王怀民，最早作为陈火旺教授的研究生参与了软件自动化发展战略研究，后来成为科研骨干，关注专家组的战略研究，最后成为专家，亲自参与新的“863 计划”项目的战略规划。

专家组成员梅宏院士则是在“863 计划”启动早期在上海交大随孙永强教授参与了函数式面向对象语言研究的 863 课题。1992 年梅宏到北大随杨芙清院士从事博士后研究，参与了获得 1998 年国家科技进步二等奖的 863 项目“大型软件开发环境青鸟系统”的研究。

顺便提一下，杨芙清的两项 863 课题研究使“青鸟工程”迈向了新阶段，后来占据了中国 IT 培训半壁江山的北大青鸟 1999 年借壳北京天桥上市，到 2000 年底，北大青鸟集团已成为拥有 5 家上市公司的集团公司，成为从学术研究到产业转化的典型。作为北大青鸟阶段 863 课题的第二负责人，梅宏从 863“运动员”向“教练员”转变，在 2000 年后参与了“863-306”主题专家组的收尾工作，开始了 15 年的 863 专家的经历。

除此之外，“863-306”专家组还成为二十世纪八九十年代人工智能研究者交流的平台。1981 年成立的中国人工智能学会虽是全国性的一级学会，但是由于历史原因挂靠在了社科院下，而当时国内人工智能的研究者主要分布在计算机学会、自动化学会和其他学会中，很少参加人工智能学会的活动。在缺乏一个有较强影响力的人工智能学会的情况下，集中全国力量攻关的 863 智能计算机系统主题就成了人工智能研究者交流的主阵地。当时为了联合和统一全国与人工智能有关的学会的活动，第一届主题专家组的副组长戴汝为也做了不少努力，成立了旨在联合各人工智能学会的筹备委员会，但由于各种原因，成立统一的人工智能学会的目的没有实现。

在整个“863 计划”中，“863-306”专家组是表现最好的几个专家组之一。这不仅是因为“863-306”课题的科研成果层出不穷，形成了客观的产业转化，更因为在那场三十多年前席卷全球的第五代智能计算机的浪潮中，专家组在整个国家高科技实力与国际水平存在较大差距、匆忙“应战”的条件下，实事求是，选择了最适合中国智能计算机发展的道路。在 20 世纪 90 年代全球进入人工智能低谷期的十余年中，通过对“863-306”主题持续进行投入，为计算机与人工智能领域培养和锻炼了一批人才，缩短了与国际水平的差距，也为第三次人工智能浪潮兴起时，中国能够迅速跟进奠定了基础。

大事记（1979—1993）

1979 年

1 月	吴文俊应普林斯顿高等研究院邀请赴美交流几何定理的机器证明
2 月	中国自动化学会模式识别与机器智能专业委员会成立
7 月	中国电子学会计算机学会在吉林大学举办了“计算机科学暑期讨论会”
8 月	第五第六届 IJCAI（国际人工智能联合会议）在日本召开，中国学者首次组队参会
9 月	上海交通大学研制成功我国第一台中国第一台示教再现式机器人试验装置
10 月	《人民日报》报道中科院声学研究所“实时语音识别系统”
11 月	第一届全国模式识别学术会议召开
12 月	清华大学计算机系建成我国第一个微机实验室和国内高校首个语音实验室

1980 年

4 月	洪加威在第十二届国际计算机协会的计算理论会上提出“三个中国人算法”
7 月	王湘浩等人在吉林大学主办人工智能研究班，国内 16 所高校派教师参加
9 月	袁萌、何华灿、汪培庄等在北京发起全国模糊数学和人工智能中级研讨班
10 月	第一届全国人工智能学术会议暨人工智能学会筹备会在北京科学会堂举行
12 月	第五届 ICPR 在美国迈阿密举行，中国加入国际模式识别学会

1981 年

2 月　中国人工智能学会常务筹备小组在北京成立

6 月　中文信息学会成立

8 月　中国电子学会信号处理分会在青岛成立

9 月　中国人工智能学会成立大会暨全国第二届人工智能学术研讨会在长沙召开，中国人工智能学会成立

11 月　清华大学自动化系成立信息处理与模式识别的博士点

东北大学成立中国第一个以计算语言学为主导学科的计算机科学理论博士点

1982 年

4 月　中国计算机学会人工智能专业学组在杭州成立

5 月　吴立德在 TPAMI 上发表中国研究者首篇论文

6 月　中国社会科学院接受中国人工智能学会挂靠

7 月　冯志伟在 COLING 上发表中国研究者首篇论文

1983 年

7 月　北京大学举办国内的首次理论计算机科学研究班

8 月　中国学者首次在 IJCAI 上发表论文

马希文在北京大学开设我国第一个计算语言学课程

12 月　中国第一台每秒钟运算达一亿次以上的“银河 -I”巨型计算机研制成功

中国机械工程学会工业机器人专业委员会成立

北航完成中国第一个实用的中文 CDWS 自动分词系统

1984 年

6 月　《计算机视觉：一个兴起中的研究领域》发表，国内学术期刊上首次系统地介绍了计算机视觉

8 月　中国获得 1988 年第九届 ICPR 的举办权

中科院自动化研究所筹备模式识别国家重点实验室

9 月　张钹在 ECAI 的论文被评为规划与搜索领域收录的八篇论文中的最佳论文

1985 年

3 月　中国计算机学会（CCF）成立

中科院软件研究所成立

4 月　傅京孙去世

9 月　马颂德获欧洲计算机图形学年会最佳论文奖

10 月　合肥智能所研制成功我国第一个计算机农业专家系统

12 月　中国第一台水下机器人“海人一号”试航成功

1986 年

3 月　“863 计划”启动

11 月　中国计算机学会人工智能学组与模式识别学组合并为人工智能与模式识别专委会

清华大学电子系实现 6763 个印刷体汉字识别

1987 年

7 月　第一届全国机器学习研讨会在黄山召开

我国第一部人工智能自主产权著作《人工智能及其应用》出版

“863 计划”智能计算机第一届专家组成立，“863 计划”智能计算机专项正式启动

“863 计划”智能机器人第一届专家组成立，“863 计划”机器人专项正式启动

10 月　北京语言大学成立全国第一个语言信息处理研究机构——语言信息处理研究所

第一届全国知识工程研讨会在泰安举行

12 月　中科院自动化研究所模式识别国家重点实验室通过国家验收

1988 年

1 月　《视觉计算理论》中文版出版

李兆平发表中国学者在 NIPS 上首篇论文

7 月　我国信息论领域的首个国际学术会议 IEEE 国际信息论年会（ITW）在北京召开

国家首批重点学科评比结果公布

12 月　《人工智能》杂志发表机器定理证明专辑并在开篇介绍吴文俊的“吴方法”

北京大学视觉与听觉信息处理国家重点实验室通过验收

1989 年

8 月　第一届国际青年计算机工作者会议召开

11 月　首届全国信号处理与神经网络学术会议在广州召开

1990 年

2 月　智能技术与系统国家重点实验室通过验收

3 月　智能计算机研究开发中心成立，李国杰任主任

4 月　世界首台声控中文打字机研制成功

5 月　智能计算机发展战略国际研讨会在北京饭店举行

8 月　吴文俊成立中国科学院系统科学研究所数学机械化研究中心，并任中心主任

10 月　首届全国人机语音通讯学术会议（NCMMSC）召开

通用型集成式专家系统开发环境“天马”通过验收

12 月　中国神经网络首届学术大会召开

1991 年

6 月　国家科委基础研究和高科技司、“863-306”主题专家组组织的“汉字识别、语音识别评比与研讨会”在北京召开

8 月　第十二届 IJCAI 召开，陆汝钤担任国内首位 IJCAI 顾问委员会委员

9 月　全国首次人工智能与智能计算机学术会议在北京召开

11 月　首届全国计算语言学联合学术会议在杭州召开

12 月　中国神经网络委员会成立

1992 年

6 月　张成奇在《人工智能》上发表文章，这是中国学者首次在该期刊上发表文章

6 月　智能型英汉机器翻译系统 IMT/EC-863 通过国家级鉴定

7 月　中科院计算技术研究所举办“人工智能暑期班”

11 月　国际联合神经网络学术大会在北京举办

12 月　以北大为作者单位之一，徐雷和合作者的论文被 NIPS 录取为 Oral Presentation，这是中国学术单位首次进入 NIPS

1993 年

我国和日本、韩国共同发起成立亚太神经网络联合会

10 月　“曙光一号智能化共享存储多处理机系统”通过国家科委组织的技术鉴定

后记

2016 年，我所在的公司雷峰网全力转向人工智能的报道。这一年，在哈尔滨工业大学（深圳）朱晓蕊老师的牵线搭桥下，我带队参加了在韩国大田举办的 IROS 2016 大会，开了国内新媒体现场报道国际人工智能顶级学术会议的先河。在之后的几年中，雷峰网均保持每年报道超过 10 场国际人工智能顶级学术会议的频率，学术报道和产业报道两开花，雷峰网也成为报道人工智能领域最具特色的垂直媒体之一。

也正是在这一时期，本书的编写被提上了日程。

2018 年 10 月国庆假期后，林军和我在办公室里提起了本书以及他与高文老师之前的沟通情况，希望我参与这本书的写作。谈及这本书，林军的言语中满是兴奋，他提及高文老师已经列了一个顾问委员会的专家名单，但因为自己同时还在编写中国互联网史《沸腾十五年》的续作《沸腾新十年》，两线作战压力太大，所以希望我能在先前他和高文老师汇报的基础上做进一步的梳理。

我和林军相识于 2008 年，当时他正在写《沸腾十五年》。作为中国第一代报道互联网行业的科技记者，林军对科技史的写作有着强烈的热情。在《沸腾十五年》的后记中，他将对中国互联网史和信息产业史的报道称为“一生的事业”，甚至从某种程度上来讲，雷峰网的建立正是基于对科技史写作的延续。毫无疑问，在人工智能风起云涌的当下，本书也是他这份事业的重要组成部分。

虽然决定参与到本书的写作中来，但我本身比较慢热，对我来说，这本书的写作难点在于，虽然我参与了不少人工智能学术会议的报道，和一些高校、研究院、实验室也有联系，但从给出的第一版提纲来看，中国人工智能的故事，大多要从我认识的老师们的师辈、祖辈讲起，而对于这段历史，我是知之不多的。

在查阅资料时，越来越多的信息开始浮现出来，给我留下了深刻的印象。例如，我曾为 NIPS 2017 近 8000 人的宛如春运的参会现场感到惊讶——这届大会的流程主席萨米•本吉奥甚至开起了玩笑，他说如果按这样的增长趋势，到 2035 年，NIPS 的参会者数量将会超过地球的总人口，但资料显示，20 世纪 80 年代末的 IJCAI 等学术会议已经达到类似的规模，当时的人们对人工智能同样满怀信心，很多人估计人工智能"将在 5 年内取得重大突破"，但随之而来的却是第二波人工智能浪潮的破灭，直到近十余年，人工智能才开始复苏，进入新一轮的繁荣期。

历史可能会重复，但人不会两次踏进同一条河流。基于这一想法，我逐渐想清楚了中国人工智能发展的框架，并对第一版的提纲进行了大刀阔斧的修改。之前的框架是按人工智能领域的不同分支（如机器定理证明、专家系统、计算机视觉等）来划分章节的，我提出采用类似《沸腾十五年》编年写作的方式，每个年份一章，讲述当年对中国人工智能产生深远影响的人和事，同时这本书也将拆为三卷，以更好反映中国人工智能"螺旋式上升"的发展过程。随后我又和林军拜访了高文老师，汇报了我们的新想法。2019 年春天，这本书正式开始编写。

如今看来，我当初不知天高地厚胡乱做加法的做法恐怕是这本书一拖再拖的主要原因。但当时的我没有认识到这一点，直到真正进行采访和写作，才发现这部书的写作难度远远超出预期。

人工智能始于 1956 年的达特茅斯会议。由于历史原因，中国人工智能的起步比世界晚了 20 余年，与世界水平相差一个代际。本书从 1979 年开始讲述中国人工智能的历史，在此之前，虽然也有一些有远见的学者接触和了解到人工智能，但总体来说，中国的人工智能是在一穷二白的基础上开始发展起来的。

万事开头难。可以想象，从中国人工智能起步之初到现在中国成为人工智能大国，当中有多少研究者遇到了令人难以想象的困难，并为克服这些困难付出了艰苦卓绝的努力。其中不仅有技术的进步与挫折，还伴随着人工智能的“冷热交替”、研究者们学术生涯的跌宕起伏。在我看来，在“人工智能”成为一个热词之前，那些鲜为人知的第一批拓荒者的故事，宛如一部孤勇者的英雄史诗，尽管我竭尽所能，但所写、所记、所载恐怕难以完全复原和反映前辈们历经挫折、失败而后奋发、赶超的那段历史的原貌。

另一个问题是资料的收集与整理。在写作本书的过程中，我们拜访了多达三位数的中国人工智能历史的见证者，但由于时间跨度过大，一些我们希望在本书中提及的前辈或已驾鹤西去，或年事已高婉拒了我们的拜访请求，其人其事，只能通过其学生、亲友、当时的相关报道、会刊、论文集等拼出一个相对完整的图景。

在此过程中，素材的相互印证与还原也至关重要。这不仅仅是一个简单的排列组合问题，无论是对同一件事的客观描述还是主观判断，由于当事人视角不同或记忆存在偏差，以及当事人看待问题不同的历史观和方法论，有时我们获得的是截然不同的信息与结论。遇到这种情况，我们一方面需要和拜访对象逐一求证（在必要的情况下扩大拜访对象的范围），或查阅更多相关资料，以最大程度地接近史实，另一方面要努力提高自身水平，集众家之长，形成自己的认知。用林军常说的一句话就是：比起资料整理，事实的选取和形成价值判断更为重要。

随之而来的，是对信息的筛选与取舍。尤其是在自媒体盛行的信息时代，形成“历史”变得容易，甚至在网络传播的过程中，对“历史”的描述往往也会被扭曲，出现错误。为此我们采取的一个原则是，除非是官方的或足够权威，否则尽量不用任何网络资料作为本书的参考内容。纸质资料的广泛使用或许会降低我们筛选信息的效率，但在对历史的复原上是至关重要的。

筛选与取舍的另一重意思是，既然我们将这本书称为“史”，那么什么样的事迹应该被记录，应该给予多少篇幅，都需要有一个令人信服的依据。除了高文老师列出的顾问委员会的专家名单，在 2021 年 10 月一稿完成后，我们还寄出了数十本打印版的征求意见稿，在随后的一年中，我们也根据得到的反馈进行了相应的修订与调整，当中细节，不再一一细叙。

在编写与修订的过程中，林军起到了“发动机”的作用。彼时他还在写作另一本科技史图书《沸腾新十年》。在《沸腾新十年》的写作过程中形成的展现历史事件叠加效应的方法、以小见大的写作技巧，以及完善认知框架的方法论等，均被充分应用到本书中，也使得我对中国人工智能发展的认识进一步清晰和完善。2021 年年初《沸腾新十年》付梓之后，林军也更多地参与到本书的写作与讨论中来，并对多个模块进行了进一步的梳理，甚至将它们推倒重来，使得本书在写作后期真正实现了质的飞跃。

在本书的完善上，同样起到重大作用的还有以高文老师为首的顾问委员会成员，以及一百余位受访者，这个名单包括：高文、李国杰、钱跃良、沈向洋、徐扬生、杨士强、张宏江、周志华、庄越挺、白硕、蔡自兴、陈长汶、陈小平、陈俊龙、陈世卿、陈益强、承恒达、初敏、邓力、丁晓青、杜子德、冯志伟、Frank K. Soong（宋謌平）、郭维德、巩志国、何华灿、胡郁、胡事民、黄昌宁、黄铠、黄泰翼、华先胜、贾佳亚、焦李成、李海洲、李明、李生、李国东、李世鹏、林方真、林德康、林尧瑞、凌晓峰、刘初长、刘大有、刘群、刘劼、刘挺、倪明选、马颂德、裘宗燕、权龙、潘毅、芮勇、石纯一、史忠植、宋柔、孙富春、孙剑、田奇、王飞跃、王海峰、王开铸、王田苗、王孝宇、吴立德、须成忠、徐东、徐雷、徐志伟、荀恩东、杨强、姚新、姚天顺、颜水成、余凯、俞凯、俞勇、张钹、张长水、张成奇、张大庆、张民、张正友、赵峰、赵铁军、赵小兵、宗成庆、钟义信、周明、朱靖波、朱小燕……

这个名单只能说挂一漏万，他们不仅在采访中给了我们诸多第一手资料，加深了我们对人工智能的认识，还热心为我们推荐其他知情的受访者，扩大我们的采访名单，更是在其后的修订中给予了我们详细的建议。例如，在“中国第一位人工智能博士”的认定上，我们与多位老师进行了交流讨论（为此我还特地查阅了自 1983 年新中国首次授予博士学位以来，计算机、自动化等相关学科最早的近百篇博士论文），让我感受到做学术研究的严谨精神；在雷峰网 GAIR 2021 大会期间，李国杰院士就

“顶天立地”含义的论述，引发了我对中国人工智能发展走自己的道路的思考，在后续的第 2 卷、第 3 卷中，我们也将以“如何走自己的道路”为主线展开进一步的论述。

本书的出版还要感谢我与林军的好友，资深出版人、山顶视角创始人王留全，他也是林军《沸腾十五年》的编辑。我们相识超过十年，他从知道本书开始便和我们联系，并为本书的写作和出版提供了大量宝贵的意见。之后他又和帮助我们与出版社对接的叶赞一起，承担了大量与出版社对接、协调的工作，在进入修订阶段，出版社方面本书的责任编辑王振杰与文字编辑李佳也给了诸多修改建议，他们严谨而细致的工作给我留下了深刻的印象，每一个写满批注的返回文档，也成为我们不断进步、创作更好内容的动力。

我同样还想感谢雷峰网的同事们在本书写作过程中提供的帮助：感谢雷峰网总经理麦广炜在组织与资源上给予的大力支持，在与雷峰网总编辑王亚峰的多次讨论中，我进一步完善了对中国人工智能发展路径的认知，也为后两卷的撰写奠定了价值认知的框架基础；雷峰网 AI 科技评论的主编陈彩娴协助我完成了后期修订中部分重要信息的补充，贾伟、汪思颖、黄善清、幸丽娟、张路、蒋宝尚、李雨晨等同事进行了重要的信息整理并参与了部分模块的搭建。感谢各位同事在本书写作过程中的付出，这本书因为有了你们的参与而与众不同。

科技的发展日新月异，科技史的写作也应该是一个动态的过程。目前《中国人工智能简史》第 2 卷、第 3 卷已经在酝酿之中，相比第 1 卷，第 2 卷、第 3 卷的写作将会进入一个加速期，不仅仅是写作速度的加快，我们还希望在后两卷中讲述在经过了最初的拓荒期后，中国人工智能加速发展，与世界接轨，成为人工智能社区不可忽视的一支力量的过程。随着人工智能从实验室技术走向行业落地，我们欣喜地注意到，在最近深度学习引发的新一波人工智能浪潮中，一家家的中国公司，围绕人工智能发展的四大要素（算力、算法、数据、场景），在缩小与世界差距的同时，也逐步走出了一条属于自己的道路，在补上算力、算法的短板后，必将发挥在数据、场景上的优势，创造属于自己的黄金时代。

著名作家海明威曾提出写作的“冰山原则”：冰山在海里移动很是庄严宏伟，这是因为它只有八分之一露在水面上。在人工智能这个激动人心的行业，同样有许多沉睡的历史故事需要我们去挖掘。在后续的写作中，我们也将尽己所能，在唤醒沉睡信息的同时去芜存菁，将历史中最精彩的一面展示给读者。相信在各位良师益友的帮助下，《中国人工智能简史》的后两卷能尽快推出。

岑峰

2023 年春

参考文献

第一章

[1] 中国电子学会计算机学会 .“计算机科学暑期讨论会”论文集 [C]，1979.

[2] 吴文俊 . 初等几何判定问题与机械化证明 [J]. 中国科学，1977，6.

[3] 蒋新松，娄启明，杨守庚，王天然 . 参加第七届国际人工智能会议的总结 [J]. 机器人，1982，4(2).

[4] 曾宪昌，李卫华 . 定理证明在微型机上的实现 [J]. 计算机学报，1981，4.

[5] 王湘浩，何志均，李家治，石纯一，管纪文，马希文，刘叙华 . 关于人工智能 [J]. 计算机科学，1983，2.

[6] 蒋新松，刘海波 . 机器人与人工智能考察报告（一）[J]. 机器人，1980，2(5).

[7] 蒋新松，陈效肯 . 日本机器人与人工智能考察报告（二）[J]. 机器人，1981，3(1).

[8] 赵子都 . 定理机器证明 [J]. 自然辩证法研究，1994，10(5).

[9] 王湘浩、刘叙华 . 广义归结 [J]. 计算机学报，1982，2.

[10] 蔡自兴 . 中国人工智能 40 年 [J]. 科技导报，2016，15.

[11] 张景中 . 几何定理机器证明研究展望 [J]. 中国科学院院刊，1997，2.

[12] 会议秘书组 . 计算机科学暑期讨论会在长春召开 [J]. 吉林大学自然科学学报，1979，3.

[13] 陆广地 . 吴文俊的贡献及其对数学发展的推动——深切悼念吴文俊院士 [J]. 广西民族大学学报（自然科学版），2017，23(2).

[14] 王涛 . 吉林大学创办计算数学专业的人和事 [J]. 数学文化，2016，7(3).

[15] 尼克 . 人工智能简史 [M]. 北京：人民邮电出版社，2017.

第二章

[1] 戴汝为 . 再谈“开放的复杂巨系统”一文的影响 [J]. 模式识别与人工智能，2001，14(2).

[2] 高技术需要高思维——访童天湘 [J]. 哲学动态，1990，4.

[3] 童天湘 . 关于“机器思维”问题——国外长期争论情况综述 [J]. 国外社会科学，1978，4.

[4] 童天湘 . 控制论的发展和应用 [J]. 哲学研究，1979，3.

[5] 李家治，汪云九，涂序彦，郭荣江 . 人工智能国外研究情况综述 [J]. 自动化学报，1979，1.

[6] 戴汝为，张雷鸣 . 思维 (认知) 科学在中国的创新与发展 [J]. 自动化学报，2010，2.

[7] 孙林 . 人工智能哲学问题座谈会部分发言摘要 [J]. 国内哲学动态，1982，2.

[8] 继燕 . 中国人工智能学会成立 [J]. 自然辩证法通讯，1981，6.

[9] 人工智能学报 [J]，1982，1.

第三章

[1] 李介谷 . 纪念傅京孙教授逝世十周年（专题）[J]. 模式识别与人工智能，1996，8(2).

[2] 戴汝为 .“人机结合”的大成智慧 [J]. 模式识别与人工智能，1997，7(3).

[3] 向世明 . CAA 模式识别与机器智能专委简介 [J]. CAA－PRMI 专委会通讯，2018，1.

[4] 刘志远 . 对话中国智能机器人学开拓者——蔡自兴 [J]. 2015 世界机器人大会特刊，2015.

[5] 刘迎建 . 汉字识别技术的发展及应用前景 [J]. 百科知识，1994，2.

[6] 蔡自兴 . 国际模式识别和机器智能的一代宗师——纪念傅京孙诞辰 90 周年 [J]. 科技导报，2020，20.

[7] 王飞跃 . 智能控制五十年回顾与展望 : 傅京孙的初心与萨里迪斯的雄心 [J]. 自动化学报，2021，10.

[8] 石青云 . 模式识别的现状与发展趋势 [J]. 信息与控制，1988，6.

[9] L. Kanal. 模式识别工作综述：1968——1974（下）[J]. 陈祖荫，译 . 机器人，1980，6.

[10] 郝宏 . 我国模式识别领域的开拓者——记模式识别与知识工程专家戴汝为 [J]. 中国科学院院刊，1993，1.

[11] 边肇祺 . 学习傅京孙教授学术上的创新和求实精神 [J]. 模式识别与人工智能，1995，2.

[12] 戴汝为 . 语义、句法模式识别方法及其应用 [J]. 模式识别与人工智能，1995，8(2).

[13] 寻找生命的平和——记中国科学院院士、北京大学信息科学中心教授石青云 [J]. 中国高等教育，2002，1.

[14] 常迥，万发贯，汪凯仁 . 关于第五届国际模式识别会议的报告 [J]. 国外自动化，1981，4.

[15] 蔡自兴，等 .《人工智能及其应用》第 5 版 [M]. 北京：清华大学出版社，2016.

[16] 蔡自兴 . 朴实文字——蔡自兴散文选集 [M]. 长沙：湖南人民出版社，2012.

第四章

[1] 傅凝 . 中国计算机学会人工智能专业学组成立暨第一次学术报告会简讯 [J]. 计算机学报，1982，4.

[2] 陈树楷 . 一九八二年度学术活动述评 [J]. 计算机学报，1983，2.

[3] 陆汝钤 .《天马》专家系统开发环境的设计思想 [J]. 计算机研究与发展，1991，10.

[4] 金海东 .《天马》的知识自动获取 [J]. 计算机研究与发展，1991，11.

[5] 赵致琢 . 第一届全国知识工程研讨会在泰安举行 [J]. 计算机学报，1988，4.

[6] 高全泉 . Tuili（推理）语言的编译方法与实现技术 [J]. 软件学报，1991，2.

[7] 高全泉 . Tuili 实现系统中的多推理机结构 [J]. 计算机学报，1991，10.

[8] 智能软件学组供稿 . 第一届全国知识工程研讨会在泰安召开 [J]. 计算机研究与发展，1988，4.

[9] 白硕，李国杰 . 非单调逻辑十五年 [J]. 模式识别与人工智能，1995.

[10] 陈世福，潘金贵，陈兆乾，谢俊元 . 勘探地下水专家系统 NCGW 的设计与实现 [J]. 计算机学报，1989，6.

[11] 崔媛媛 , 赵佳 . 陆汝钤：给机器智慧的人 [J]. 创新科技，2007，12.

[12] 史忠植 . 论知识工程的研究 [J]. 哲学研究，1985，9.

[13] 史忠植 . 数据库技术的研究与发展 [J]. 计算机研究与发展，1987.

[14] 胡军岩 . 人工智能与智能 CAD[J]. 轻工机械，1993，3.

[15] 顾险峰 . 人工智能中的联结主义和符号主义 [J]. 科技导报，2016，7.

[16] 王飞跃 . 赛博空间的涌现——从遗失的控制论历史到重现的自动化愿景 [J]. 汕头大学学报（人文社会科学版），2017，33(3).

[17] 萨师煊，等 . 数据库技术的发展——第 12 届国际 VLDB 会议评介 [J]. 计算机科学，1987，2.

[18] 徐家福，戴敏，吕健 . 算法自动化系统 NDADAS[J]. 计算机研究与发展，1990，2.

[19] 张德政，彭嘉宁，范红霞 . 中医专家系统技术综述及新系统实现研究 [J]. 计算机应用研究，2007，12.

[20] 郭荣江 . 计算机医学诊断系统 [J]. 电子技术应用，1982，6.

[21] 黄可鸣 . 专家系统二十年 [J]. 计算机科学，1986，4.

[22] 童天湘 . 知识工程与第五代计算机 [J]. 社会科学辑刊，1985，6.

[23] 童天湘 . 知识工程与第五代计算机（续）[J]. 社会科学辑刊，1986，2.

[24] 史忠植，杨至成，方健梅 . 知识工程 [J]. 计算机学报，1986，7.

[25] 史忠植 . 高级人工智能 [M]. 北京：科学出版社，1997.

[26] 潘云鹤主编 . 中国智能 CAD'94[C]. 北京：清华大学出版社，1997.

[27]《何志均老师纪念文集》编委会 . 何志均老师纪念文集 [M]. 杭州：浙江大学出版社，2018.

第五章

[1] 王巍 . 乔姆斯基与人工智能 [J]. 自然辩证法研究，1996，12(10).

[2] 陈波 . 中国逻辑学 70 年：历程与反思 [J]. 社会科学文摘，2019，12.

[3] 黄昌宁 . 1992—1993 年我国计算语言学研究述评 [J]. 语文建设，1994，7.

[4] 冯志伟 . 我国计算语言学研究 70 年 [J]. 语言教育，2019，4.

[5] 冯志伟 . 机器翻译发展的曲折道路 [J]. 术语标准化与信息技术，1996，3.

[6] 冯志伟 . 机器翻译——从梦想到现实 [J]. 中国翻译，1999，4.

[7] 马希文，郭维德 . W-JS：有关“知道”的模态逻辑 [C]. 计算机研究与发展，1982，1.

[8] 中国科学院计算技术研究所三室五组 . 俄汉机器翻译试验 [J]. 电子计算机动态，1960，4.

[9] 冯志伟 . 我国机器翻译研究工作的发展 [J]. 情报学报，1985，3.

[10] 冯志伟 . 国外主要机器翻译范围工作情况简述 [J]. 语言学动态，1978，6.

[11] 刘涌泉 . 中国计算机和自然语言处理的新进展 [J]. 情报科学，1987，1.

[12] 刘涌泉 . 计算语言学在我国的发展 [J]. 现代语文，2002，7.

[13] 刘涌泉 . 机器翻译的发展概况和我国机器翻译的特点 [J]. 情报学刊，1980，1.

[14] 赵铁军，李生，高文 . 机器翻译研究的现状与发展方向 [J]. 计算机科学，1996，3.

[15] 熊小芸，陈硕 . 跻身于人工智能与计算机视觉研究的前沿——访计算机视觉专家马颂德研究员 [J]. 世界科学，1994，4.

[16] 冯志伟 . 计算语言学的历史回顾与现状分析 [J]. 外国语，2011，34(1).

[17] 冯志伟 . 计算语言学漫谈 [J]. 语文建设，1998，5.

[18] 朱敏 . 马希文的逻辑学思想 [J]. 心智与计算，2010，2.

[19] 真鸣 . 全国青年计算机工作者的一次盛会 [J]. 计算机学报，1987，12.

[20] 张怀森 . 乔姆斯基《句法结构》40 年及中国转换生成语法研究 20 年概览 [J]. 邯郸师专学报（社会科学版），1998，1.

[21] 刘倬 . 三次机器翻译试验 [J]. 外语界，1980，2.

[22] 马希文 . 什么是理论计算机科学 [J]. 自然杂志，1984，6.

[23] 马希文 . 以计算语言学为背景看语法问题 [J]. 国外语言学，1989，3.

[24] 王宗炎 . 停滞、复苏、前进——机器翻译二十年 [J]. 国外语言学，1987，2.

[25] 刘涌泉 . 中国的机器翻译 [J]. 情报科学，1987，1.

[26] 陈群秀 . 中国计算语言学的发展 [J]. 中国计算机用户，1990，11.

[27] 杜金华，张萌，宗成庆，孙乐 . 中国机器翻译研究的机遇与挑战——第八届全国机器翻译研讨会总结与展望 [J]. 中文信息学报，2013，4.

[28] 张在云 . 一位信息时代新语言学者的人生历程——记中国语文现代化学会副会长冯志伟先生 [J]. 现代语文 (语言研究版)，2009，7.

[29] 俞士汶 . 计算语言学概论 [M]. 北京：商务印书馆，2003.

[30] 宗成庆 . 统计自然语言处理 [M]. 北京：清华大学出版社，2008.

[31] 姚天顺 . 自然语言理解 [M]. 北京：清华大学出版社，2002.

第六章

[1] 姚国正，汪云九 . D.Marr 及其视觉计算理论 [J]. 机器人，1984，6.

[2] 方家骐 . 计算机视觉：一个兴起中的研究领域 [J]. 计算机应用与软件，1984，3.

[3] 宣国荣 . 计算机视觉 [J]. 计算机应用与软件，1985，4.

[4] 顾伟康 . 计算机视觉学的发展概况 [J]. 浙江大学学报，1987，20(4).

[5] 刘成君，戴汝为 . 计算机视觉研究的进展 [J]. 模式识别与人工智能，1996，8(12).

[6] 王天珍 . 计算机视觉与重建——计算机视觉理论界引人注目的争论 [J]. 模式识别与人工智能，1998，11(3).

[7] 阮秋琦，袁保宗 . 计算机听视觉信息处理的现状及发展 [J]. 电信科学，1993，9(4).

[8] 江世亮 . 他们奋战在神经网络研究的前沿——访中科院生物物理所汪云九研究员及其同事 [J]. 世界科学，1990，8.

第七章

[1] 方劲松 . “自己想做的事，就一定要做下去”——记安大人工智能所张铃教授 [J]. 当代建设，1994.

[2] 陆玉昌，张再兴 . 第六届欧洲人工智能会议论文综述 [J]. 机器人，1985，6.

[3] 魏宏森，林尧瑞 . 人工智能的历史和现状 [J]. 自然辩证法通讯，1981，4.

[4] 徐雷 . 关于 SA 算法的几点看法 [J]. 清华大学学报（自然科学版），1988，1.

[5] 王永利 . 人生因追求而壮丽——记张钹院士 [J]. 中国科技月报，2000，9.

[6] 张铃，张钹 . 神经网络中 BP 算法的分析 [J]. 模式识别与人工智能，1994，3.

[7] 王家钦 . 智能技术与系统国家重点实验室 [J]. 中国基础科学，1995.

[8] 石纯一，黄昌宁，等 . 人工智能原理 [M]. 北京：清华大学出版社，1991.

[9] 清华大学计算机科学与技术系 . 智圆行方：清华大学计算机科学与技术系 50 年 [M]. 北京：清华大学出版社，2008.

[10] 清华大学计算机科学与技术系 . 智圆行方——清华大学计算机科学与技术系系史 第二册（2009-2018）[M]. 北京：清华大学出版社，2018.

第八章

[1] 张大鹏 . 第五代计算机 (FGCS) 发展概述 [J]. 机器人，1986，2.

[2] 国家智能计算机研究开发中心赴美考察组 . 访西蒙教授、纽威尔教授谈智能机 [J]. 计算机研究与发展，1991，1.

[3] 慈云桂，胡守仁 . 关于加速发展我国计算机技术的战略思想 [J]. 自然辩证法通讯，1984，5.

[4] 吴立德 . 谈谈第五代计算机 [J]. 自然杂志，1984，7.

[5] 鲁汉榕 . 日本第五代计算机研究结果概述 [J]. 系统工程与电子技术，1986，12.

[6] 秦学礼 . 第五代计算机开发动向 [J]. 微电子学与计算机，1987，4.

[7] 涂序彦 . 关于“第五代计算机”的几个问题 [J]. 机械工业自动化，1986，1.

[8] 童天湘 . 我国研制第五代、第 N 代计算机的战略设想 [J]. 科学学研究，1985，3.

[9] 钱学森 . 关于“第五代计算机”的问题 [J]. 自然杂志，1985，1.

[10] 高翔 . 全国第五代计算机研讨会述评 [J]. 系统工程与电子技术，1985，8.

[11] 管纪文 . 迎接第五代计算机的挑战——赴日参加国际第五代计算机系统的学术会议的汇报 [J]. 国外自动化，1985，3.

[12] 梅宏，钱跃良 . 计算 30 年——国家 863 计划计算机主题 30 年回顾 [M]. 北京：科学出版社，2016.

第九章

[1] 卢桂章 .“863”计划 智能机器人研究进展 [J]. 机器人技术与应用，1995，1.

[2] 汪楠 .“七五”期间我国机器人发展目标 [J]. 技术经济信息，1986，2.

[3] 刘海波 . 21 世纪智能机器人发展预测 [J]. 机器人，1991，13(4).

[4] 吴澄 . 863/ CIMS 的实践与 CIMS 的新阶段 [J]. 计算机集成制造系统，1995，1.

[5] 863 计划智能机器人主题专家组 . 863 计划对中国机器人发展的巨大作用和深远影响 [J]. 机器人技术与应用，2001，3.

[6] 863 计划自动化技术领域智能机器人（512 主题）第四届专家组成员简介 [J]. 高科技通讯，1995.

[7] 冯吉才，赵熹华，吴林 . 点焊机器人焊接系统的应用现状与发展 [J]. 机器人，1991，13(2).

[8] 蔡鹤皋 . 工业机器人的发展趋势 [J]. 黑龙江自动化技术与应用，1994 年第 2 期和第 3 期 .

[9] 谈大龙 . 关于我国智能机器人研究的几点想法 [J]. 机器人，1992，4.

[10] 蒋新松 . 国内机器人技术发展之我见 [J]. 科学时代，1998，3.

[11] 蒋新松 . 我国制造业自动化技术的发展战略与方向 [J]. 机械工业发展战略与科技管理，1995，1.

[12] 黄晓凰，黄信安 . 机器人的“中国老爸”和中国“飞豹”之父——厦门大学航空工程系著名校友张启先、陈一坚院士 [J]. 厦门科技，2005，3.

[13] 蔡自兴，张钟俊 . 机器人技术的发展 [J]. 机器人，1987，3.

[14] 蔡自兴 . 中国机器人学 40 年 [J]. 科技导报，2015，21.

[15] 蔡自兴 . 中国智能控制 40 年 [J]. 科技导报，2018，17.

[16] 马颂德 . 基础技术研究与队伍建设——863 计划自动化领域智能机器人主题基础研究工作回顾 [J]. 机器人技术与应用，2001，5.

[17] 八六三计划智能机器人主题办公室 . 迈向二十一世纪的中国机器人——国家八六三计划智能机器人主题十五年辉煌历程 [J]. 高科技与产业化，2001，1.

[18] 蒋新松 . 人工智能及智能控制系统概述 [J]. 自动化学报，1981，2.

[19] 董瑞翔 . 试论我国发展机器人技术的战略 [J]. 磨床与磨削，1991，3.

[20] 梁南元 . 书面汉语的自动分词与一个自动分词系统——CDWS[J]. 北京航空学院学报，1984，4.

[21] 蒋厚宗 . 忆蒋新松院士 [J]. 共产党员，1998，6.

[22] 张钹 . 智能机器人的现状及发展 [J]. 科技导报，1992，6.

[23] 蔡自兴 . 智能机器人研究的进展、趋势与对策 [J]. 机器人，1996，4.

[24] 吴林 . 智能机器人主题型号工作的回顾 [J]. 机器人技术与应用，2001，5.

[25] 徐光荣 . 蒋新松传 [M]. 北京：航空工业出版社出版，2016.

第十章

[1] 洪家荣 . 机器学习——回顾与展望 [J]. 计算机科学，1991，2.

[2] 陈宏林 . 人机“界”未了——陈熙霖教授谈计算机智能接口技术 [J]. 微电脑世界，1999，37.

[3] 洪家荣 . 示例学习的扩张矩阵理论 [J]. 计算机学报，1991，6.

[4] 赵美德，李星元，洪家荣，陈彬 . 示例学习的广义扩张矩阵算法及其实现 [J]. 计算机学报，1994，17(5).

[5] 李仲荣，吴忠明 . 自制电子模拟计算机 [J]. 哈尔滨工业大学学报，1957，2.

[6] 哈工大人在海外编委会 . 哈工大人在海外 [M]. 哈尔滨：哈尔滨工业大学出版社，2020.

[7] 哈尔滨工业大学计算机系系史资料 .

第十一章

[1] 吕成国，周健，诸光，王承发，徐近霈 . 高噪声有变异语音库的建立 [C]. 第五届全国人机语音通讯学术会议（NCMMSC1998）论文集，1998.

[2] 孙金城，等 . 汉语普通话语音数据库 [J]. 声学快报，1991，16(6).

[3] 张家騄，吕士楠，齐金钤，孙金城，邹景云 . 汉语文语转换系统的研究 [J]. 信号处理，1989，1.

[4] 王凡 .“语言信息产业前途无量”——陈肇雄和他的智能型机器翻译研究 [J]. 语文建设，1993.

[5] 周勇，王仁华，刘必成 . 114 微机自动查号系统 [J]. 中国科学技术大学学报，1987，17(3).

[6] 李爱军，王天庆，殷志刚 . 863 语音识别语音语料库 RASC86——四大方言普通话语音库 [C]. 第七届全国人机语音通讯学术会议（NCMMSC7）论文集，2003.

[7] 李子殷 . 合成无限词汇汉语语言的初步研究 [J]. 声学学报，1981，5.

[8] 黄泰翼，高雨青 . 计算机语音识别的最新进展和展望 [C]. 第一届全国人机语音通讯学术会议（NCMMSC1990）论文集，1990.

[9] 吕士楠，林凡，张连毅 . 捷通华声 TTS 技术 [J]. 邮电商情，2001，21.

[10] 徐波，高文，黄泰翼 . 口语自动翻译及其最新进展——CSTAR_98 概况 [C]. 第五届全国人机语音通讯学术会议（NCMMSC1998）论文集，1998.

[11] 杨顺安，许毅，曹剑芬 . 普通话音节合成系统的研究 [J]. 中文信息学报，1987，2.

[12] 王仁华 . 人工神经网络及其在语音识别中的应用 [J]. 自然杂志，1990，6.

[13] 王仁华 . 人机语声通信 [J]. 自然杂志，1984，2.

[14] 余凯，贾磊，陈雨强，徐伟 . 深度学习的昨天、今天和明天 [J]. 计算机研究与发展，2013，9.

[15] 曹洪 . 数字信号处理单片机的发展及其在数字信号处理中的应用 [J]. 数字信号，1988，3.

[16] 黄学东，蔡莲红，方棣棠，迟边进，周立，蒋力 . 一个计算机汉字语音输入系统 [J]. 计算机学报，1987，6.

[17] 聂敏 . 语音识别及其关键技术 [J]. 微波与自动通信，1999，4.

[18] 李文良 . 语音识别与合成技术 [J]. 电子计算机动态，1981，7.

第十二章

[1] 陈丽江 . ACL SIGHAN 第一届国际中文分词竞赛评述 [C]. 第二届全国学生计算语言学研讨会论文集，2004.

[2] 黄昌宁 . 中文分词十年回顾 [J]. 中文信息学报，2007，3.

[3] 陈丽江 . 从 ACL-SIGHAN 国际分词竞赛看已知词和未登录词识别的平衡问题 [J]. 南京师范大学文学院学报，2005，1.

[4] 王广义 . 发展我国语言工程产业的纽带——中文信息学会自然语言处理专业委员会简介 [J]. 中文信息学报，1988，2.

[5] 张普 . 共和国的中文信息处理 60 年 [J]. 语言文字应用，2009，3.

[6] 鲁川，梁镇韩 . 计算机对汉语的理解和生成 [J]. 中文信息学报，1986，1.

[7] 宗成庆，夏威 . 计算机能理解自然语言吗——关于人工智能问题的哲学思考 [J]. 山东工业大学学报（社会科学版），1987，2.

[8] 徐小敏 . 他创造了一只“多头鸟”——记智能机器翻译系统发明人陈肇雄博士 [J]. 发明与革新，1994，10.

[9] 特邀国内著名专家笔谈九十年代中后期计算机发展趋势（三）——山西大学计算机系主任刘开瑛授讲定性定量相结合的自然语言处理综合集成技术研究 [J]. 电脑开发与应用，8(1).

[10] 郭进 . 统计语言模型及汉语音字转换的一些新结果 [J]. 中文信息学报，1993，7(1).

[11] 张忻中 . 我国汉字识别技术的历史、现状和展望 [J]. 中文信息学报，1995，9(1).

[12] 吴军，王作英，郭进，王政贤 . 一种基于语言理解的输入方法——智能拼音输入方法 [J]. 中文信息学报，1996，10(2).

[13] 曹洪 . 一种新型汉语单音节识别方法 [J]. 清华大学学报（自然科学版），1990，30(4).

第十三章

[1] 吴佑寿 . 十年回顾 [C]. 1999 年中国神经网络与信号处理学术会议论文集，1999.

[2] 韦钰，甘强 . 分子计算理论与神经网络 [J]. 东南大学学报，1990，20(6).

[3] 韦钰 . 生物电子学及其新进展 [J]. 电子学报，1988，6.

[4] 迟慧生，孙帆，吴佑寿 . 94 年世界神经网络大会（WCNN'94）述评 [J]. 电子科技导报，1995，1.

[6] 迟惠生，陈珂 . 1995 年世界神经网络大会（WCNN'95）述评 [J]. 电子科技导报，1996，1.

[7] 迟慧生，丁晓青 . '96 世界神经网络大会印象 [J]. 电子科技导报，1996，12.

[8] 80 年代光神经网络的研究 [J]. 从征，译 . 激光与光电子学进展 , 1991，28(11):1.

[9] 詹卫东 . 80 年代以来汉语信息处理研究述评 [J]. 当代语言学，2000，2(2).

[10] 徐厉罗 . 第二届全国神经网络——信号处理学术会议简况 [J]. 信号处理，1991，4.

[11] 葛耀良 . 访美归来话改革——访著名电子学家罗沛霖 [J]. 科学学与科学技术管理，1987，9.

[12] 吴佑寿 . 吴佑寿院士悼罗沛霖院士：音容犹在 [J]. 光明日报，2011，4.

[13] 张炘中 . 我国汉字识别技术的历史、现状和展望 [J]. 中文信息学报，1995，1.

[14] 吴佑寿 . 汉字计算机自动识别研究的进展 [J]. 科学通报，1991，4.

[15] 吴佑寿，丁晓青，朱夏宁，吴中权 . 实验性 6763 个印刷体汉字识别系统 [J]. 电子学报，1987，5.

[16] 陶国健 . 加强国际合作，实现普遍繁荣——访北京邮电大学副校长钟义信教授 [J]. 通讯产品世界，1996，6.

[17] 羊国光 . 基于神经网络模型的光学计算 [J]. 物理，1989，2.

[18] 震亚 . 全国神经网络信息处理学术会议 [J]. 数据采集与处理，1989，3.

[19] 徐厉罗 . 第二届全国神经网络——信号处理学术会议简况 [J]. 信号处理，1991，4.

[20] 何永保 . 人工神经网络系统应用研究的进展 [J]. 电子技术，1991，9.

[21] 刘瑞正，赵海兰 . 人工神经网络研究五十年 [J]. 计算机应用研究，1998，1.

[22] 王献昌 . 人工智能的研究趋向多元化——参加十三届国际人工智能联合大会总结报告 [J]. 计算机科学，1994，21(1).

[23] 古超英 . 人脸识别及其在公安工作中的应用研究 [J]. 中国人民公安大学学报，2006，3.

[24] 钟义信 . 神经网络：成就、问题与前景 [J]. 科学，1992，2.

[25] 庄镇泉，王东生，王煦法 . 神经网络与光计算 [J]. 半导体光电，1991，12(4).

[26] 叶以正 . 神经网络系统的集成电路实现 [J]. 微电子学与计算机，1988，9.

[27] 焦李成 . 神经网络研究的进展和展望 [J]. 电子学报，1990，1.
[28] 郭爱克，潘泓 . 神经网络研究和未来的科学革命 [J]. 科技导报，1990，4.
[29] 钱学森 . 钱学森书信 [M]. 北京：国防工业出版社，2007.
[30] 丁晓青，王言伟，等 . 文字识别：原理、方法和实践 [M]. 北京：清华大学出版社，2017.
[31] 张宜 . 历史的旁白：中国当代语言学家口述实录 [M]. 北京：高等教育出版社，2012.

第十四章

[1] 陆汝钤 . 人工智能发展近况 [J]. 计算机工程与应用，1987，4.
[2] 石纯一，徐卓群，陆汝钤 . 人工智能进展 [J]. 科技导报，1992，12.
[3] 蔡自兴 . 人工智能学派及其在理论、方法上的观点 [J]. 高科技通讯，1995，5.
[4] 洪家荣 . 认识论应当成为人工智能的主要基础——兼评当前国际上关于人工智能基础之论争 [J]. 计算机科学，1992，10(2).
[5] 王飞跃 . 申办人工智能国际联合大会记事 [J]. 科技导报，2009，15.
[6] 高文 . 行为型结构方法及其对人工智能研究的促进 [J]. 计算机研究与发展，1992，3.
[7] 张钹 . 人工智能的进展 [J]. 模式识别与人工智能，1995.

第十五章

[1] 李国杰 . 计算智能：一个重要的研究方向 [J]. 广东金融电脑，1994，6.
[2] 高翔 . 全国第五代计算机研讨会述评 [J]. 系统工程与电子技术，1985，8.
[3] 田中穗积 . 智能接口 [J]. 黄玉雄，译 . 世界科学，1987，10.
[4] 李国杰 . 我做“曙光”这十年 [J]. 中国计算机报，2001.
[5] 侯丽雅，章唯一 . 研制中国的智能计算机——日本第五代计算机计划的失败和我们的机会 [M]// 中国科学技术学会第二届青年学术年会论文集 工程技术研究与展望分册 . 北京：中国科学技术出版社，1995.
[6] 中国计算机学会官网 . CCF 大事记 [EB/OL]. [2022－05－19].